システム制御シリーズ
1
荒木光彦・佐野昭・美多勉 共編

古典制御理論
［基礎編］

荒木光彦 著

培風館

本書の無断複写は,著作権法上での例外を除き,禁じられています。
本書を複写される場合は,その都度当社の許諾を得てください。

シリーズ刊行に際して

　本シリーズの題名である「システム制御」は，もちろん科学技術の一分野である．しかし，科学技術の範疇に属する他の分野と比べると，一味違ったところがある．物理学・化学・生物学・天文学といった科学の諸分野は，特定の自然現象や研究対象について理解を深め知識を増やすことを目的としている．たとえば物理学の中の力学を学べば，物体が止まっていたり動いたりする現象について定量的な理解を得ることができる．一方植物の分類学は，目前の植物のどういった特徴を調べればその種類がわかるのか，そしてその「種類」と「特徴」があまたある植物全体の中でどういう位置を占めどんな意味をもっているのか，を教えてくれる．いずれの場合も，その分野で扱う自然現象の側面や対象とするもののクラスがかなり明確で，門外漢もなんらかのイメージをもつことができる．

　以上は科学の場合であるが，技術を扱う学問である工学でも，ほとんどの場合，事情は似かよっている．土木工学・機械工学・電気工学・化学工学・建築学などは一般の方々もよく知っていて，なんらかの具体的イメージをもっておられる．土木工学科を卒業しましたとか，電気工学の研究をしていますといえば，その人の専門分野について（少々的はずれのこともあるとはいえ）それなりのイメージをもっていただける．聞き手が専門的興味をもっている人でなければ，それ以上の説明を求められることは少ない．

　では，「システム制御(工学)」の教育・研究をしております，といった場合はどうであろうか．まず，「システム」というカタカナ語のお陰で，「なにかモダーンな」イメージが伝わるようである．また「(工学)」の部分を付けておけば，「技術に関連のあるテーマ」であることが明確になる．しかし，その中身となると，具体的内容はもちろんのこと漠然としたイメージさえも思い浮かべ

ていただけないようである．その結果，計算機をやっておられるのですね？，といいながらそれ以上の難しい説明は聞きたくないという意図を伝えられるか，ああ，情報ですか，と軽く片づけられてしまう場合がほとんどである．もちろん，稀ではあるが，「システムとはなにか」，「制御とはなにか」，「工学の中で占める位置は」，「学問としての意義は」といったことを本気で質問して下さる方もある．そういった方には全力を尽くして説明しようとするが，これがまた難しい．システム制御の説明をわかりやすくするには例題を使うのがよいということには，大部分の専門家の同意が得られるであろう．しかし，実際やってみると，最初に提示する例題によって聞き手のイメージが固定されてしまい，なかなか本来のパラダイムをわかってもらえない，という経験をすることが多い．

　シリーズの巻頭言にもかかわらず，雑談もどきのことを長々と書いてしまったが，上に述べたことは「システム制御」という分野の本質であり，この分野のシリーズを出版する場合の難しさ・留意点に深くかかわっている．「システム制御」という技術（と限定しておきます）は，工学に限らず「なんらかの目的をもって人間が行う活動」すべての基礎となり得る．その意味で，本質的に一般的であり，普遍的である．あえていえば，特定の対象の上に定住しない「放浪の技術」というのが「システム制御」の本質である．その反面，「技術」であるかぎりは，特定の対象に適用されたときはじめて本来の意義を発揮する．この面では極めて個別的にならざるを得ない．この普遍性と個別性のせめぎあいが本分野の大きな特色である．それは研究を進める上での難しさでもあり，また醍醐味でもある．教育においてもしかりである．普遍的法則の中に個別的適用例をバランスよく配置してわかりやすく説明しながら，普遍性という本質をいかにまっとうに理解してもらうか，といったところがシリーズ執筆上の要点であろう．普遍性と個別性のバランスといったことはどの分野でも唱えられていると思うが，システム制御の分野ではそれが学問自体の本質にかかわるという点で際立っている．著者の方々は，皆，各方面で顕著な業績をもつ気鋭の研究者である．以上のような点は先刻御承知の上で，バランスのとれたわかりやすい説明をしていただけることを確信している．

2000年9月

　　　　　　　　　　　　　　　　　　　　　　　　　編　　者

序　文

　本書は，ラプラス変換を使ったシステムの取り扱いから出発して，周波数応答に基づくフィードバック制御系の解析・設計法に至るまで，自動制御に関する基本的なテーマをなるべく体系的に述べたものです。大学学部学生および企業の技術者を標準的読者とし，授業や講習会のテキストもしくは自習のための参考書として使うことを考えて執筆しました。

　本書を読むための前提としては，高等学校および大学初年度程度の物理・数学，特に，指数関数や三角関数の微積分と物理現象を微分方程式で書き表す方法についての知識を想定しています．複素関数の理論についてもあらかじめ履修していることが望ましいのですが，標準的読者にそれを期待するのは無理でしょうから，必要な知識を1.4節にまとめておきました．無限遠点や解析的延長といった難しそうな言葉が出てきますが，それほど深刻に考えずにごく表面的なところをとりあえず憶えておいて，むしろ2章以後をどんどん読み進んでいただくことを勧めます．

　本書で扱うフィードバック制御という分野は，工学の中でも特に理論が——単なる計算法という枠をこえて——発達していて，しかもそれが実際の技術的問題を解決する上で役に立っているという特色をもっています．その結果，フィードバック制御を使いこなすためには，ある程度の数学的知識が必要となり，本書も工学の本か数学の本かわからないような内容になっています．しかし，本書は，つぎのような意味で工学の本という立場から書かれています．すなわち，数学の本であれば，普通，基礎となる定義(や公理)からはじめて，順番に理論を組み上げていきます．後で証明する予定の定理を先に使ってしまう，といったことはあまり起こらないと思います．ところが，本書では後の章で展開される理論についても，先に結論だけ与えておいて，それを使って例題

を解くといったことを平気でやっております。それは，「フィードバック制御はどういうものか」ということ——すなわちフィードバック制御の全体像——をなるべく早く理解していただきたいと思ったためです。このように，本書では記述の順序が論理的順序と必ずしも一致していないので，不安に感じられる方もいらっしゃると思います。しかし，理論の骨格はしっかり組み上げてあるつもりですから，あまり心配しないで読み続けていただくよう御願いします。

　記述にあたって，計算上のちょっとしたノウハウ(例えば，2.4節の逆ラプラス変換の計算法)や，公式・定理を適用するときの落し穴(例えば，制御系が不安定になっているのに2.5節の最終値公式を使ってしまうといったこと)などについては頁数をおしまず説明を加えたつもりです。もちろん，計算機が自由に使える現在，筆算で逆ラプラス変換を計算する必要は(応用上)あまりないし，また，不安定な系に最終値定理を使ってしまって大失敗，といったことは(少々意地の悪い)試験問題の場合以外にはあまり起こらないと思います。しかし，筆者の講義経験から，簡単な例題が自分で自由に計算できるようになり，また理論的な要点(証明とは少し違った面での)が十分理解できて，はじめて自信をもって次の段階へ進んでいける，というのが実情と思います。また，問の形で比較的重要な事項を述べたところも多いので，問にも十分注意しながら読み進んで下さい。

　以上が，本書で自動制御を勉強しようという読者あてのまえがきです。つづいて，本書を教科書に採用しようかどうか，と考えておられる先生のために，内容をおおざっぱに説明します。基礎編の1章から5章までは古典制御理論として親しまれてきた事項を述べたものです。ただし，1980年代はじめまでの古典理論ではほとんど無視されていた2自由度制御，および周波数依存型のモデル化誤差の存在という2点を強調したので，従来の教科書とはかなり趣きの異なったものになっていると思います。この中で，1章から3章までを入門編と位置づけ，その部分を読んだだけでフィードバック制御とはどのようなものであって，その問題点がどのあたりにあるかを理解してもらえるようにしたつもりです。その目的のために，3.5節で簡単な比例制御系を取り上げ，定常偏差・操作量の飽和・モデル化誤差の影響などといった問題を少し詳しく説明し，3.6節で制御系設計に関連する事項も述べました。4章は過渡応答についての詳しい理論，5章は周波数応答の理論にあてています。基礎編6章には状態方程式についての基礎的な知識をまとめました。これは，計算機を使ってシミュレーションを行うときに必要となりますし，また現代制御理論との橋渡し

としても重要と考えたからです．なお，本書では古典制御理論に関する事項をなるべく省略せずに述べました．これは，「テキストには，はじめて学ぶときの説明書という役割とともに，後でその分野の知識が必要となったときのハンドブックとしての役割もある」という観点からです．この内容をすべて初学者に理解してもらうのは大変ですから，講義に使っていただく場合には，題材を取捨選択して下さるよう御願いします．

続巻の設計編では，周波数応答に基づくフィードバック制御系の設計法を述べます．ここでは，古典的設計法にとどまらず H_∞ 理論や H_2 理論といった最近の設計法の基礎にもふれる予定です．

「古典制御理論」という書名について一言加えさせていただきます．文学や芸術の世界で「古典」といえば，もちろん「古い」という意味も含まれますが，それ以上に「長い歴史の選別を経て生き残ってきた（もしくは生き残るであろう）重要な作品」という主張が込められています．本書の場合もその意味でこの書名を選んだつもりです．本書では，ラプラス変換を利用して周波数領域で自動制御系を解析・設計する理論を扱います．この理論は1940年頃からスタートし，1950年代には体系だった解析・設計法としてまとめられました．実務家の間では，この方法がその後も使い続けられてきたのですが，理論家の興味は状態方程式をベースとした理論に移り，周波数理論は（一部を除き）あまり研究の対象とされませんでした．ところが，1980年代になって，ロバスト性という問題に関連して周波数理論が再び注目を浴び，H_∞ 理論や H_2 理論という形で発展しました．本書は基礎的なレベルの教科書ではありますが，その内容は，1950年代の古典制御理論ではなく，1980年代以後の周波数理論の枠組みの中で従来の理論の見直しをも含めて記述したつもりです．周波数理論の長所は人が手で計算したり直観的に理解したりするのに適している点，短所は計算機の中での取り扱いに不向きである点といえましょう．状態方程式の理論の長所・短所はちょうどこれと逆で，両者が相補うことによって強力な道具となるものと考えています．この観点から，本書で取り扱うような理論は，将来ともに受け継がれていくべきものである，というのが古典制御理論という書名を選んだ理由です．つづいて用語について若干説明しておきます．最近の制御理論の文献では ω を単に「周波数(frequency)」といってしまうことが多いのですが，本書では「角周波数(angular frequency)」という本来の用語を使っています．ベクトル軌跡，ベクトル線図という呼称については，前者は軌跡そのものを指し，後者は軌跡を描いた図面全体（バックグランドの座標を含む）を

指すものというニュアンスで使っています．ゲイン曲線・位相曲線とボード線図，ゲイン位相曲線とゲイン位相線図についても同様です．ホール線図，ニコルス線図はどちらかというとバックグランドになる座標曲線に重点があるわけですが，同様の解釈で通しています．

　本書の執筆にあたって，原稿を通読して不備なところを御指摘いただいた神戸大学阿部重夫教授，京都大学萩原朋道助教授に謝意を表します．また，根気よく何度もワープロをやり直して下さった永坂典子さん，計算機や数値計算で助けていただいた田中俊二君に感謝します．図 1.4 のガバナーの写真はフジテック㈱の御好意によりご提供いただいたものです．

　　2000 年 9 月

荒 木 光 彦

目　次

1. 自動制御とは — 1
1.1 自動制御の例 … 1
1.2 フィードバック制御
—— 連続量の制御の基本的手法 … 2
1.3 制御理論の歴史 … 4
1.4 複素数の関数 … 7
練習問題 … 10

2. ラプラス変換と微分方程式 — 11
2.1 ラプラス変換と逆ラプラス変換 … 11
2.1.1 ラプラス変換の定義　11
2.1.2 逆ラプラス変換　12
2.2 ラプラス変換の計算 … 13
2.2.1 ラプラス変換の線形性と基本的なラプラス積分の計算　13
2.2.2 ラプラス変換の一覧表　14
2.2.3 ラプラス変換と逆ラプラス変換の計算例　16
2.3 微分方程式の解法 … 17
2.3.1 ラプラス変換と微分・積分との関係　17
2.3.2 ラプラス変換による微分方程式の解法　19
2.4 逆ラプラス変換の実用的な計算法 … 22
2.4.1 部分分数展開による計算法　22
2.4.2 留数定理による計算法　26
2.5 ラプラス変換と逆ラプラス変換の主な性質 … 27
2.5.1 逆ラプラス変換に現れる関数形　27
2.5.2 初期値公式と最終値公式　29

2.5.3　時間軸方向に平行移動された関数のラプラス変換　31
2.5.4　たたみこみ積分のラプラス変換　32
2.5.5　フーリエ変換との関係　33
練習問題 ………………………………………………………………… 34

3. 伝達関数とフィードバック制御 ———————————— 35

3.1　伝達関数 ………………………………………………………… 35
　3.1.1　システムとその伝達関数　35
　3.1.2　複数の入・出力があるシステム　38
　3.1.3　伝達関数の極・零点と安定性に関する用語　39
3.2　過渡応答と基本的な伝達関数 ………………………………… 40
　3.2.1　過渡応答と安定性　40
　3.2.2　比例要素　43
　3.2.3　積分要素　44
　3.2.4　一次遅れ要素　46
　3.2.5　二次遅れ要素　48
　3.2.6　むだ時間要素　52
　3.2.7　伝達関数の直列結合と積分器・微分器を含む条件　53
3.3　ブロック線図 …………………………………………………… 55
　3.3.1　ブロック線図の規約　55
　3.3.2　ブロック線図の等価変換　56
3.4　フィードバック制御系 ………………………………………… 58
　3.4.1　フィードバック制御系の構造とフィードバック方程式　58
　3.4.2　閉ループ伝達関数　60
　3.4.3　フィードバック制御系の安定性　62
　3.4.4　定常偏差　63
　3.4.5　制御対象のモデルについて
　　　　――外乱とモデル化誤差　65
3.5　制御系の自由度と簡単なフィードバック制御系 …………… 66
　3.5.1　制御系の自由度および単位フィードバック　66
　3.5.2　比例制御　69
　3.5.3　制御対象が一次遅れの場合の比例制御　70
　3.5.4　モデル化誤差の影響　73
　3.5.5　制御対象が「一次遅れ＋積分」の場合の比例制御　75
3.6　フィードバック制御系の設計 I
　　　――時間応答に基づく考察 ………………………………… 77
　3.6.1　定常偏差が0になる条件　78
　3.6.2　フィードバックの効果　82

3.6.3　ステップ応答の特徴量　84
　　　3.6.4　制御系の性能評価
　　　　　　——過渡応答と定常偏差　86
　　　3.6.5　制御系の分類　89
　練習問題 ………………………………………………… 90

4. システムの応答と安定性 ───────────────── 93
　4.1　システムの応答の一般式 ………………………… 93
　　　4.1.1　静止状態応答と初期値応答　93
　　　4.1.2　静止状態応答の主要な構成成分　95
　　　4.1.3　過渡応答の一般式　96
　　　4.1.4　モードと定常応答および過渡応答　98
　4.2　システムの極・零点とステップ応答の性質 …… 100
　　　4.2.1　極とステップ応答　100
　　　4.2.2　零点とステップ応答　102
　　　4.2.3　ダイポール　104
　　　4.2.4　ステップ応答に行き過ぎが生じない条件　104
　4.3　ラウス・フルビッツの安定判別法および安定性の定義に
　　　ついて ………………………………………………… 107
　　　4.3.1　ラウスの安定判別法　107
　　　4.3.2　フルビッツの安定判別法　109
　　　4.3.3　安定性の定義について　110
　4.4　フィードバック制御系の解析 …………………… 112
　　　4.4.1　Wellposedness 条件　113
　　　4.4.2　フィードバック制御系の安定条件　114
　　　4.4.3　根軌跡と安定限界　118
　4.5　むだ時間システムの応答と安定性 ……………… 120
　　　4.5.1　むだ時間を直列に含むシステムの応答　120
　　　4.5.2　むだ時間を含むフィードバック制御系の応答と
　　　　　　安定条件　121

5. 周波数応答 ─────────────────────── 123
　5.1　周波数応答とベクトル線図 ……………………… 123
　　　5.1.1　周波数応答の定義と意味　123
　　　5.1.2　ベクトル線図　125
　　　5.1.3　周波数応答の合成　127
　　　5.1.4　むだ時間を直列に含むシステムの周波数応答　129

5.2 ナイキストの安定判別法
　　——一巡伝達関数の周波数応答を使ったフィードバック
　　制御系の安定判別法 ……………………………………… 130
　　5.2.1 一巡伝達関数の極が虚軸を含む左半平面にある場合　131
　　5.2.2 一巡伝達関数の極が一般的な位置にある場合　136
　　5.2.3 ナイキスト軌跡が単純な形の場合　138
　　5.2.4 むだ時間を含むシステムの安定条件　140
5.3 ボード線図とゲイン位相線図 ………………………………… 141
　　5.3.1 ボード線図　141
　　5.3.2 積分要素のボード線図　144
　　5.3.3 一次遅れのボード線図　144
　　5.3.4 二次遅れのボード線図　146
　　5.3.5 むだ時間要素およびゲイン要素のボード線図　147
　　5.3.6 逆数要素のボード線図　147
　　5.3.7 ボード線図の合成　148
　　5.3.8 ゲイン位相線図　150
5.4 ボード線図・ゲイン位相線図を使ったフィードバック制御系
　　の安定判別法 …………………………………………………… 151
　　5.4.1 ボード線図による安定判別　152
　　5.4.2 ゲイン位相線図による安定判別　153
5.5 安定な伝達関数の周波数応答の性質 ………………………… 155
　　5.5.1 全域通過関数と最小位相関数への分解　155
　　5.5.2 ボードの定理
　　　　　——ゲイン特性と位相特性の関係　156
5.6 周波数応答からステップ応答を推定する方法 ……………… 157
　　5.6.1 周波数応答と過渡応答の関係を与える基本式　157
　　5.6.2 ステップ応答の推定　158
　　5.6.3 周波数応答の特徴量　159
　　5.6.4 二次系近似法
　　　　　——振動系の行き過ぎ量と行き過ぎ時間の推定　161
　　5.6.5 理想フィルタ近似
　　　　　——振動系の行き過ぎ時間などの推定　163
5.7 1自由度単位フィードバック制御系の周波数応答と
　　ステップ応答 …………………………………………………… 165
　　5.7.1 ホール線図　165
　　5.7.2 ニコルス線図　167
　　5.7.3 開ループ周波数応答から閉ループ制御系のステップ応答
　　　　　を求める方法　167

5.8 フィードバック制御系の設計II
　　——古典的汎用設計法の考え方 …………… 172
　5.8.1 古典的設計法について　173
　5.8.2 古典的汎用設計法が前提とする制御対象の性質　175
　5.8.3 定常偏差の改善　175
　5.8.4 速応性の改善　180
　5.8.5 位相進み・遅れ補償法
　　　　——サーボ系の設計法　182
　5.8.6 PID調節計　185
5.9 より一般的立場からみた制御系設計 ……………… 190
　5.9.1 一般的な目標値・外乱に対する応答，ロバスト性および
　　　　検出雑音の影響の評価　191
　5.9.2 感度関数・相補感度関数からみた制御系設計の全体像　194
　5.9.3 制御系設計と制御理論　196

6. 状態方程式 ———————————————— 197

6.1 線形システムの状態方程式 ……………………………… 197
6.2 伝達関数行列 ………………………………………………… 200
6.3 状態方程式の諸形式 ……………………………………… 201
　6.3.1 簡単な形の状態方程式　201
　6.3.2 モード分解型の状態方程式　203
　6.3.3 可制御標準型の状態方程式　203
　6.3.4 可観測標準型の状態方程式　204
6.4 伝達関数行列の実現 ……………………………………… 205
　6.4.1 1入力1出力システムの実現　205
　6.4.2 多入力多出力システムの実現　207
　6.4.3 状態方程式による計算の精度　208
練習問題 …………………………………………………………… 210

参考文献 ——————————————————— 213

解　答 ——————————————————— 217

索　引 ——————————————————— 243

1 自動制御とは

本章では,まず自動制御とはどのようなことかを説明し,つづいて連続量の制御の基本的手段である**フィードバック制御**について述べる。そのあと制御理論の歴史にふれ,最後に複素数の関数について必要事項をまとめておく。

1.1 自動制御の例

自動制御とはどのようなことであろうか。抽象的には「ある目的に適合する操作を自動的に行う」仕組みが**自動制御装置**であり,その仕組みを「作り,設置し,そして使う」のが**自動制御する**ことであるといえばよかろう。これを具体例について説明する。

第1の例として,冬にストーブで部屋の暖房をしている場合を考える。朝起きると,ストーブを全出力にして部屋を暖めていく。適当に暖まれば火を弱める。窓をあけたり,人が出入りしたりすると室温が下がる。そういうときには火を少し強くする。逆に,日がさしてくれば暑くなりすぎるから,火を少し弱くする。人間はざっと上のような操作を行って部屋の温度を快適に保っている。こういう操作を全部機械にやらせてしまおう,というのが自動制御の一例

図 1.1 部屋の暖房

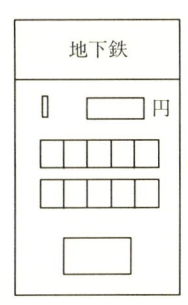

図 1.2 切符の自動販売機

である．

第2の例として，切符の自動販売機を考える．自動販売機にコインを入れていくと合計金額を表示してくれる．合計が一定額を越えると，その額で買える切符を示すランプが点灯する．望みの切符のランプがついたところでそのボタンを押せば切符とおつりを出してくれる．このような自動販売機もやはり自動制御システムの一例である．ただし，**自動制御システム**とは自動制御装置を組み込んだ機械や装置全体のことで，**自動制御系**または単に**制御系**とよぶこともある．

上の2つが身近にみられる自動制御の代表例であるが，この2つはつぎの点で異なっている．はじめの例では，温度という「物理量を望ましい値にする」ことが目的である．一方，2番目の例では，「ある条件が満たされたとき，それに対応する動作を行う」のが主な仕事である．このように，自動制御の問題は大きく2つに分類することができる．われわれが日常的に接する物理量は連続的に変化するので，前者の問題を**連続量の制御**とよぶ．一方，ランプをつけたり切符を出したりという動作は1つ1つ区別できるでき事であるから，後者の問題を**離散事象の制御**という．本書では，この中の連続量の制御に関する理論を扱う．

1.2　フィードバック制御——連続量の制御の基本的手法

連続量の制御をどのように行えばよいかを，先にあげた部屋の暖房の例について考えてみる．ストーブとしてはガスストーブを使い，コックをひねってガスの量を変えることによって室温を調節するものとする．

人間は，部屋が暑すぎたり寒すぎたりするとストーブを調節する．これを自動化するにはまず温度を測らなければならない．自動制御の問題では，「対象となるものの物理量を測る」ことを，特に**検出**といい，この目的で使われる測定器（この例では温度計）のことを**検出器**(detector)とよんでいる．検出器は，人間の「感覚器」に対応する部分である．つぎに，暑すぎれば火を弱く，寒すぎれば火を強くという操作を行うわけだが，これを自動化するには「どういう操作を行えばよいかをある規則に従って決定して指令を出す」装置を組み込んでおかなければならない．この装置が自動制御における「頭」の部分で，用意された規則が「頭のよさ」を決めることになる．この部分を**制御器**(controller)または**補償要素**(compensator)とよび，その中で使う規則のことを**制御則**

1.2 フィードバック制御

(control law)とよんでいる．最後に，制御器が出してきた指令を実行するための装置(今の例であれば実際にストーブのコックをひねるためのモータなど)が必要になる．このように，「制御のための動作を実行する」装置のことを**操作器**(actuator または manipulator)とよぶ．操作器は人間の「手」に相当する．以上のように，

 (ⅰ) **検出器**で ……………… 対象の物理量を**検出**し
 (ⅱ) **制御器**で ……………… 何を行うべきかを**決定**し
 (ⅲ) **操作器**で ……………… 実際の**操作**を行う

というのが，自動制御系の基本動作である．

上述のように，自動制御系は

制御対象(controlled object または plant)
    ：自動制御を行う対象(部屋，ロボットの腕，ボイラーなど)

に検出器・制御器・操作器からなる**制御装置**を付加して構成されるシステムで，その中の信号の流れは図 1.3 のようになる．ただし，図中の線の上に記入した言葉は自動制御分野の術語であって，その意味はつぎのとおりである(これらの語句を一度に憶えるのは難しいでしょうから，必要に応じて参照して下さい)．

制御量　　y：制御したい量
目標値　　r：制御量をいくらにしたいかについて，外部から与えられる指令値
検出量　　y_m：検出器によって計測される量
検出信号　w：検出器から得られる測定値

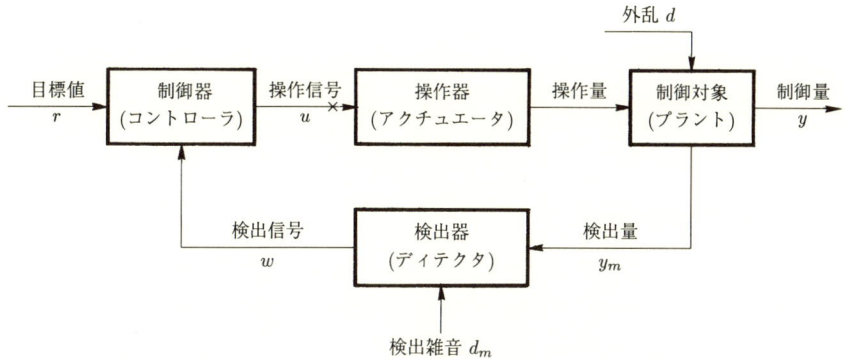

図 1.3　フィードバック制御系の信号の流れ

  操作量　　　：操作器の動く(または出す)量
  操作信号　u：操作器の動きを指示する信号
  外乱　　　d：制御量の変動を引き起すような操作量以外の量
  検出雑音 d_m：検出器に加わる雑音

これらの量は時々刻々変化するもので，時間 t の関数になる．一般に，時々刻々変化する量 $x(t)$ のことを**信号**とよぶ．たとえば，$x(t)$ が t の正弦関数である($x(t)=\sin t$)とき x を**正弦波信号**，t のステップ関数である(ステップ関数については 2 章参照)とき x を**ステップ信号**とよぶ．本書では，図 1.3 の制御系において，(狭い意味の)制御対象および検出器と操作器が与えられたときに，制御器にどのような動作をさせればよいか(いいかえれば，どんな制御則を使えばよいか)という問題を考えていく．そこで，記述を簡単にするために，以下では，本来の制御対象に操作器を付け加えた部分を**広い意味の制御対象**または単に「制御対象」とよぶ．

 以上で説明した自動制御装置の動作の本質は，「結果をみながら操作の仕方を決める」ところにある．このような自動制御の方法を**フィードバック制御**または**閉ループ制御**とよぶ(フィードバックとは，「出口から入口へ信号を送り返す」というような意味です)．また，図 1.3 の×印から操作器，狭い意味の制御対象，検出器，制御器を経て×印へと一巡する信号の経路を**フィードバックループ**とよぶ†．さらにフィードバックループを含むシステムを**フィードバックシステム**または**閉ループ系**(特に自動制御の方法としてフィードバックを使っている場合には，**フィードバック制御系**または**閉ループ制御系**)とよぶ．フィードバック制御は連続的な物理量を制御するための重要な手法であるが，より高度な機能を追及したい場合には，フィードフォワード，予測，適応，学習といった機構を付け加えることも多い．また逆に，それほど高い精度が要求されない場合や制御量の検出が困難な場合には，操作量を一定の計算式に従って定める**開ループ制御**が使われることもある．

1.3　制御理論の歴史[1~6)]

 現在の技術につながるような自動制御は，18 世紀末の蒸気機関にはじまるといわれている．当時の蒸気機関の制御は，図 1.4(a)，(b)に示したようにガ

---
† 図 1.3 では操作信号のところに×印をつけましたが，これは説明のために適当な一点を選んだだけにすぎません．

1.3 制御理論の歴史

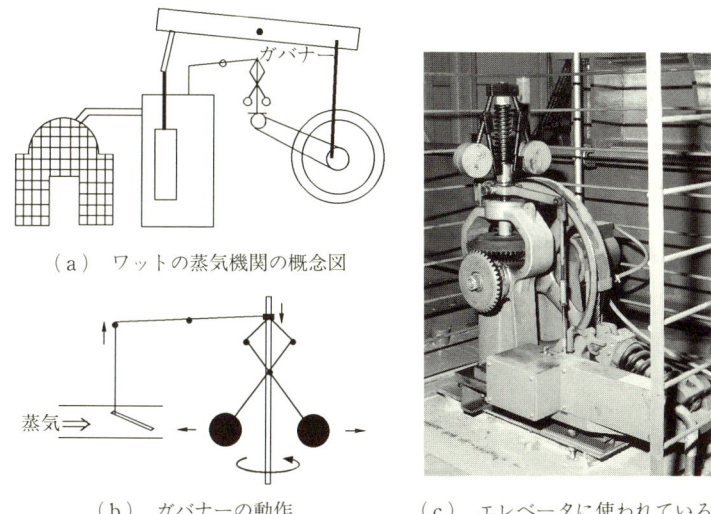

(a) ワットの蒸気機関の概念図

(b) ガバナーの動作

(c) エレベータに使われているガバナー

図 1.4 ガバナー

バナーとよばれる装置を使って行われていた．このガバナーは，検出器，制御器，操作器の 3 つを兼ねているもので，**直接制御装置**(direct controller)とよばれている．初期のガバナーは，操作量 u を

$$e \equiv 目標値\ r - 制御量\ y \tag{1.1}$$

に比例させる，すなわち

$$u = Ke \tag{1.2}$$

という動作を行っていた．式(1.1)の e のことを**偏差**，式(1.2)の制御則のことを**比例制御**，または**ゲインフィードバック**とよぶ(より詳しくは 3 章参照)．上のような機械的ガバナーは，現在，ほとんど用いられなくなっているが，その信頼性ゆえに最近までエレベータの安全装置などに姿をとどめていた(図 1.4(c))．

さて，フィードバック制御の基本的な考え方は
 (i) 制御量 $y >$ 目標値 r ならば 操作量を減らし
 (ii) 制御量 $y =$ 目標値 r ならば 操作量はそのまま
 (iii) 制御量 $y <$ 目標値 r ならば 操作量を増やす

という動作で $y = r$ を実現しようというものである．比例制御はこの動作を最も簡単な形で実行しようとしたものであるが，脚注に述べるように完全には実

行していないので，定常状態において誤差を生じることになる[†]。18世紀末～19世紀初の技術者達はこの誤差を取り除くためにさまざまな工夫をこらし，現在の「積分性補償」に対応する制御則を実現していった。これによって，定常状態では必ず $e=0$ (すなわち $y=r$) となることが保証できるようになった。しかし，その一方，パラメータ調整に失敗するとフィードバック制御が原因と

表 1.1 制御理論の歴史

時 期	キーワード	理論の特色
1. 揺籃期(19世紀～1940年頃)	・微分方程式に基づく解析 ・ラウス・フルビッツの安定判別法 ・積分性補償と定常偏差	科学の時代 (解析の理論)
2. 古典制御理論の時代(1940年頃～1960年頃)	・伝達関数，ブロック線図，周波数応答 ・ナイキストの安定判別法，安定余裕，周波数応答を使った過渡応答の評価，感度関数，ボードの等式 ・位相進み・遅れ補償，PID調節計 ・非線形システム，最適制御など	技術の時代 (設計の理論)
3. 現代制御理論の時代(1960年頃～1980年頃)	・状態空間，線形システム理論 ・最適制御(LQG，最短時間等) ・適応制御，学習制御 ・絶対安定性，複合系の安定性 ・むだ時間系，分布定数系 ・統計的理論(カルマンフィルタ，同定法等) ・INA法，SRD法，特性根軌跡法 ・可変構造系	哲学と科学の時代 (基礎的研究)
4. ポスト・モダン(1980年頃～？)	・計算機の利用(数値計算法，CAD) ・数値計算を前提とした理論(LMI等) ・2自由度制御(PID，LQG，H_∞，デッドビート) ・ロバスト制御，H_∞理論，H_2理論 ・非線形制御 ・ディジタル制御理論再訪，新しいサンプル/ホールド方式 ・複雑な制御対象や高度な要求への対応	総合の時代

[†] たとえば，(ii) の $y=r$ となったときを考えて下さい。このとき，$e=0$ となりますから，式(1.2)に従えば u も 0 となってしまいます。したがって，(u がもともと 0 であった場合以外は)「操作量はそのまま」という動作が実現できていません。この事実から予想できるように，(i)，(ii)，(iii) の動作を正しく行うためには，操作量 u の値を「記憶」しておく必要があります。「積分性の補償」はこのような記憶をもつ制御の方法です。

なって振動現象を生じる可能性を包含することになった(以上の事柄は,後章で詳しく説明します)。フィードバック制御系に現れるこのような振動現象は,天文学者のG. B. AiryやJ. C. Maxwellなどによって詳しく解析され,それが自動制御の理論,すなわち**制御理論**のはじまりとなった。その後の制御理論は,表1.1に示したような発展をとげ,現在に至っている。本書は,「線形モデルに基づく自動制御系の設計」を扱うもので,表中の第1期・第2期の理論の主要部分,および第4期に発展した現代的な周波数応答法の入門的事項について述べる。

1.4 複素数の関数[8]

本書では複素数の関数を道具として使うことが多いので,必要な知識をまとめておく。2乗して-1になる数(の中の1つ)をjで表し,**虚数単位**とよぶ。x, yを実数とし,つぎの形の「数」

$$s = x + yj \tag{1.3}$$

を考え,それを**複素数**とよぶ。xをsの**実部**,yをsの**虚部**とよんで

$$x = \mathrm{Re}(s), \quad y = \mathrm{Im}(s) \tag{1.4}$$

で表す。複素数の加減乗除はつぎのように定める。

$$\begin{aligned}(x_1+y_1j) \pm (x_2+y_2j) &= (x_1\pm x_2)+(y_1\pm y_2)j \\ (x_1+y_1j) \times (x_2+y_2j) &= (x_1x_2-y_1y_2)+(x_1y_2+x_2y_1)j \\ \frac{x_1+y_1j}{x_2+y_2j} &= \frac{x_1x_2+y_1y_2}{x_2^2+y_2^2}+\frac{x_2y_1-x_1y_2}{x_2^2+y_2^2}j\end{aligned} \tag{1.5}$$

除算の規則は,左辺の分母分子にx_2-y_2jを掛けて得られることに注意されたい。

式(1.3)の複素数sはxを横座標,yを縦座標とする平面上の1点で表すことができる(図1.5)。原点Oから点sまでの距離

$$r = (x^2+y^2)^{1/2} \tag{1.6}$$

をsの**絶対値**といって$|s|$で表す。また,ベクトル$\overrightarrow{\mathrm{O}s}$が実軸正の部分となす角$\theta$を$s$の**偏角**といって$\arg(s)$で表す。偏角は

$$\sin\theta = \frac{y}{|s|}, \quad \cos\theta = \frac{x}{|s|} \tag{1.7}$$

を満たす。図1.5の平面に$|s|\to\infty$に対応する一点を付け加えた集合を(広義の)**複素平面**または**ガウス平面**といい,新しく付け加えた点を**無限遠点**とよんで∞で表す。

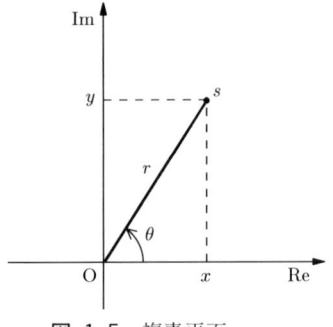

図 1.5 複素平面

複素数 s を変数とする複素数値をとる関数

$$f(s) \equiv f_R(x, y) + f_I(x, y)j \tag{1.8}$$

を**複素関数**とよぶ．$|s| \to \infty$ のとき $f(s)$ が c に収束すれば，$f(\infty) = c$ と記す．また，$s \to c$ のとき $|f(s)| \to \infty$ であれば，$f(c) = \infty$ と記す．その他の極限は実数の場合と同様である．

$$\lim_{s \to s_0} \frac{f(s) - f(s_0)}{s - s_0} \equiv f'(s_0) \quad (\text{有限値}) \tag{1.9}$$

が存在するとき，$f(s)$ は $s = s_0$ で微分可能であるという．$f(s)$ が平面上の**領域**（一つながりの開集合）D のすべての点で微分可能であるとき **D で正則**であるといい，$s = s_0$ の近傍で正則であるとき**点 s_0 で正則**であるという．s の多項式

$$A(s) = a_n s^n + a_{n-1} s^{n-1} + \cdots + a_1 s + a_0 \tag{1.10}$$

は無限遠点を除いた複素平面全体で正則な関数である．s の有理関数

$$f(s) = \frac{B(s)}{A(s)} = \frac{b_m s^m + b_{m-1} s^{m-1} + \cdots + b_1 s + b_0}{a_n s^n + a_{n-1} s^{n-1} + \cdots + a_1 s + a_0} \tag{1.11}$$

について，

$$\text{分母の次数 } n \geq \text{分子の次数 } m$$

のとき，有理関数 $f(s)$ は**プロパー**（proper）であるといい，

$$\text{分母の次数 } n > \text{分子の次数 } m$$

なら**強プロパー**または**真にプロパー**（strictly proper）であるという．プロパーな有理関数について「分母の次数－分子の次数」を**相対次数**（relative degree）とよぶ．プロパーな有理関数について，分母が 0 となる s の値 p_i，すなわち

$$a_n s^n + a_n s^{n-1} + \cdots + a_1 s + a_0 = 0 \tag{1.12}$$

の根 p_i を $f(s)$ の**極**（pole）という．p_i が式(1.12)の r_i 重根であるとき極の**位数**（order）が r_i であるという．分子が 0 となる s の値 z_i，すなわち

1.4 複素数の関数

$$b_m s^m + b_{m-1} s^{m-1} + \cdots + b_1 s + b_0 = 0 \tag{1.13}$$

の根 z_i を $f(s)$ の**零点**(zero)といい，その**位数**も極の場合と同様に定義する。プロパーな有理関数は複素平面から極を除いた領域で正則である。

無限個の点を含む集合 D_0(たとえば，実軸，ある円の内部など)で $f_0(s)$ が定義されているものとし，領域 D は集合 D_0 およびその集積点を含んでいるとする。集合 D_0 上で $f_0(s)$ と等しくしかも D で正則な関数 $f(s)$ は(もしあるとすれば)ただ1つに定まることがわかっている。このような関数を $f_0(s)$ の(D への)**解析的延長**とよぶ。たとえば，実数 x に対して定義された指数関数 e^x は無限遠点を除く全平面へ解析的に延長できる。その解析的延長は

$$e^{x+jy} = e^x(\cos y + j \sin y) \tag{1.14}$$

で与えられる†。上の関係式で $x=0$，$y=a$ および $x=0$，$y=-a$ とおいて加減算を行えばつぎの公式が得られる。

$$\cos a = \frac{1}{2}(e^{aj} + e^{-aj}), \quad \sin a = \frac{1}{2j}(e^{aj} - e^{-aj}) \tag{1.15}$$

この関係があるので，変数 t の指数関数(ω は実数，c は複素数とする)

$$x(t) = ce^{\omega j \cdot t} = |c|e^{(\omega t + \theta)j} \quad \theta = \arg(c) \tag{1.16}$$

のことを角周波数 ω の**複素正弦波**とよぶ。

指数関数を使えば，複素数 s をその絶対値 r と偏角 θ によって

$$s = re^{\theta j} \tag{1.17}$$

と表せる。上式を複素数の**極座標表示**といい，式(1.3)の方を**直交座標表示**とよぶ。極座標表示を使った場合，2つの複素数 $s_1 = r_1 e^{\theta_1 j}$，$s_2 = r_2 e^{\theta_2 j}$ の積と商は次式で与えられる。

$$s_1 \times s_2 = r_1 r_2 e^{(\theta_1 + \theta_2)j}, \quad \frac{s_1}{s_2} = \frac{r_1}{r_2} e^{(\theta_1 - \theta_2)j}$$

領域 D_0 で定義された正則な関数 $f_0(s)$ を順次解析的に延長していって，再びもとの領域 D_0 にもどってきた場合(図1.6)，新しく定義された関数の値 $f_i(s)$ がもとの $f_0(s)$ と相異なることがあり得る。このような関数を**多価関数**とよぶ。たとえば，正の実数 x に対して定義された対数関数 $\ln x$ を解析的に延長すれば，$s = x + yj$(ただし $s \neq 0$ とする)に対して

$$\ln s = \ln|s| + (\arg(s) + 2k\pi)j \quad k = 0, \pm 1, \pm 2, \cdots \tag{1.18}$$

という無限個の値をとる多価関数($s \neq 0$ で正則)が得られる(本書では**自然対数**

---

† 式(1.14)では y の単位をラジアンとする。y ラジアンを弧度法で表せば $\dfrac{180}{\pi}y$ 度になる。

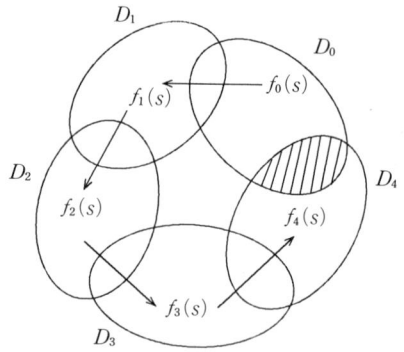

図 1.6 解析的延長と多価関数
$D_0 \to D_1 \to D_2 \to D_3 \to D_4$ と延長していって $f_4(s)$ を作ったとき，斜線の部分で $f_0(s)$ と $f_4(s)$ が一致するとは限らない．

を ln，**常用対数**を log で表す）．同様に $x^{1/n}$ を解析的に延長すると，

$$s^{1/n} = |s|^{1/n} \exp\left\{\frac{1}{n}\arg(s) + \frac{2k\pi}{n}\right\}j \qquad k=0, 1, \cdots, n-1 \quad (1.19)$$

という n 通りの値をとる多価関数が得られる（exp{ } で**指数関数**を表す）．

練習問題

1.1 電車の速度をフィードバック制御する場合の制御量，検出量，操作信号，検出器，操作器などが何になるか考えてみよ．

1.2 複素数 s_1, s_2, s_3, s_4 をつぎの通りとする．

$$s_1 = 2+2j, \quad s_2 = -\sqrt{3}+j, \quad s_3 = -2-j, \quad s_4 = 1-\sqrt{3}j$$

（1）複素平面上に s_1, s_2, s_3, s_4 を記せ．またその絶対値 r_i と偏角 θ_i（s_3 についてはおおよその値でよい）を求め，各複素数を極座標表示せよ．

（2）つぎの値を求め（乗算と除算については，直交座標と極座標の両方を使って計算してみること），複素平面上に示せ．

$$s_1 + s_2, \quad s_1 - s_3, \quad s_1 \times s_2, \quad s_2 \times s_4, \quad s_2/s_1, \quad s_4/s_2$$

（3）つぎの値を求め，複素平面上に示せ．

$$s_1{}^2, \quad s_2{}^2, \quad s_2{}^{-3}, \quad s_4{}^3, \quad s_1{}^{2/3}, \quad s_2{}^{-1/2}, \quad s_2{}^{1/5}, \quad s_4{}^{1/2}$$

（4）つぎの値を求め，複素平面上に示せ．

$$\ln s_1, \quad \ln s_2$$

2
ラプラス変換と微分方程式

　この章では，ラプラス変換の基礎知識と常微分方程式の解法をまとめておく。ラプラス変換に習熟している読者は読みとばしていただいてよいが，つぎの事項には注意しておかれたい。自動制御の問題でラプラス変換を使う場合には，図 2.6 の「(4) t 領域の解 $x(t)$」のところまで計算を実行することは稀で，その一歩手前の「(3) s 領域の解 $X(s)$（しかも，その虚軸上の値だけ）」を使って解析・設計を行うことが主眼となる。これは，この段階の解を使えば，制御系に要求されるいろいろな性質が扱いやすい形で表現できて，しかも制御器の特性と制御系の特性との関係が簡単に把握できるからである。

2.1　ラプラス変換と逆ラプラス変換

2.1.1　ラプラス変換の定義

　$f(t)$ を $-\infty < t < \infty$ で定義された区分的に連続かつ微分可能[†]な関数で，
$$f(t) = 0 \qquad t < 0 \tag{2.1}$$
を満たすものとする（図 2.1）。さらに，無限積分
$$I = \int_0^\infty f(t) e^{-st} dt \tag{2.2}$$
が，少なくとも一つの複素数 s に対して収束するものとする。以上の条件を満たすとき，$f(t)$ は**ラプラス変換可能である**といい，式(2.2)の積分を**ラプラス積分**とよぶ。ただし，変数 t は実数であるが，関数 $f(t)$ の値は複素数であってもよい。積分 I が $s = s_0$ で収束すれば，I は領域 $\mathrm{Re}\, s > \mathrm{Re}\, s_0$ のすべての点で収束することがわかっている[10]。したがって，
$$\mathrm{Re}\, s > a \tag{2.3}$$
では積分が収束するが，$\mathrm{Re}\, s < a$ では収束しないという実数 a が存在する。a をラプラス積分(2.2)の**収束座標**といい，式(2.3)の領域を**収束域**とよぶ。定義

[†] 詳しくは，有限区間 (T_1, T_2) には有限個の不連続点 $t_1, \cdots, t_n$ しかなくて，$t \neq t_i$ で微分可能，$t = t_i$ では右側および左側の微分係数が有限である関数。

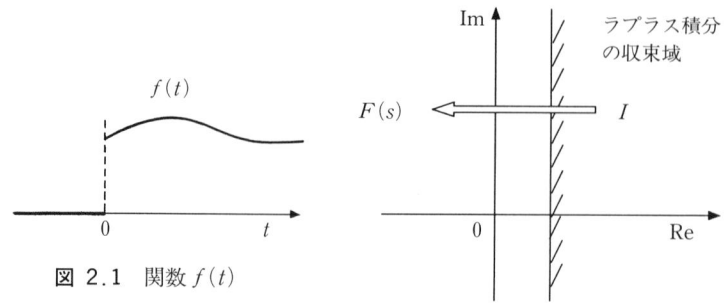

図 2.1　関数 $f(t)$

図 2.2　ラプラス変換の定義

式(2.2)からわかるように，ラプラス積分 I は s の関数であるが，この関数は収束域で正則になる[10]．さらに，以下で扱うような $f(t)$ については，この関数を収束域の外部へ解析的に延長することができる(図 2.2)．そのような解析的延長を行って得られる解析関数を，あらためて $F(s)$ または $\mathcal{L}[f(t)]$ という記号で表し，$f(t)$ の**ラプラス変換**とよぶ．$\mathcal{L}$ は，実数 t の関数 $f(t)$ から，複素数 s の関数 $F(s)$ への写像

$$\mathcal{L}: \quad f(t) | \longrightarrow F(s) \tag{2.4}$$

を表しているが，この写像のこともやはり**ラプラス変換**とよぶ†．

2.1.2　逆ラプラス変換

ラプラス変換 $\mathcal{L}$ に対して，その逆変換

$$\mathcal{L}^{-1}: \quad F(s) | \longrightarrow f(t) \tag{2.5}$$

が存在して，連続点での $f(t)$ の値はつぎの複素積分で与えられる[10]．

$$f(t) = \frac{1}{2\pi j} \int_{\mathrm{Br}} F(s) e^{st} ds \tag{2.6a}$$

また不連続点では

$$\frac{1}{2}\{f(t-0) + f(t+0)\} = \frac{1}{2\pi j} \int_{\mathrm{Br}} F(s) e^{st} ds \tag{2.6b}$$

が成り立つ．ただし，積分路 Br は直線

$$s = c + j\omega \quad -\infty < \omega < \infty \tag{2.7}$$

で，その向きは ω が増加する向きとする(2.4.2 の図 2.7)．ここに，c は

---

† 関数空間から関数空間への写像 $\mathcal{L}$ についても，またその写像によって得られる像 $F(s)$ についても，同じ「ラプラス変換」という言葉を使うのは紛らわしくて困ったことですが，日本語ではこの用法が定着しています．英語では前者を Laplace transformation, 後者を Laplace transform といいます．

2.2 ラプラス変換の計算

$\mathrm{Re}\,s \geq c$ で $F(s)$ が正則になるような実数である．式(2.6)右辺の積分を**ブロムヴィッチ積分**，式(2.7)の積分路 Br を**ブロムヴィッチの積分路**という．また，写像 $\mathcal{L}^{-1}$ を**逆ラプラス変換**，関数 $f(t)$ のことを $F(s)$ の**逆ラプラス変換**とよぶ．さらに式(2.4)，(2.5)で関係づけられる $f(t)$ と $F(s)$ を**ラプラス変換対**とよび，それぞれの関数を指すのにつぎのような用語を使う．

$f(t)$：t 領域の関数，t 関数，原関数，表関数
$F(s)$：s 領域の関数，s 関数，像関数，裏関数

2.2 ラプラス変換の計算

2.2.1 ラプラス変換の線形性と基本的なラプラス積分の計算

式(2.2)より明らかなように，a, b が定数であれば，等式

$$\mathcal{L}[af_1(s)+bf_2(s)] = a\mathcal{L}[f_1(s)] + b\mathcal{L}[f_2(s)] \tag{2.8}$$

が成り立つ．この性質をラプラス変換の**線形性**とよぶ．基本的な関数のラプラス変換がわかっていれば，それらの和や差のラプラス変換は上式を使って容易に求められる．そこで，まず3つの例についてラプラス積分を計算しておく．

(ⅰ) **定数(ステップ関数)**：$t \geq 0$ で一定値 c をとる関数

$$f_{\mathrm{const}}(t) = c \qquad t \geq 0 \tag{2.9}$$

のラプラス積分 I_{const} は，$\mathrm{Re}\,s > 0$ で絶対収束してつぎの通りになる．

$$I_{\mathrm{const}} = \int_0^\infty c e^{-st} = \left[\frac{c}{-s} e^{-st}\right]_0^\infty = \frac{c}{s} \tag{2.10}$$

(ⅱ) **指数関数**：p を定数(複素数であってもよい)とする．

$$f_0(t) = e^{pt} \qquad t \geq 0 \tag{2.11}$$

のラプラス積分 I_0 は，$\mathrm{Re}\,s > \mathrm{Re}\,p$ で絶対収束して

$$I_0 = \int_0^\infty e^{pt} e^{-st} = \left[\frac{1}{-(s-p)} e^{-(s-p)t}\right]_0^\infty = \frac{1}{s-p} \tag{2.12}$$

となる．なお，$p=0$ とすれば(ⅰ)の $c=1$ の場合になる．

(ⅲ) **t のベキ乗×指数関数**：k を 0 または正の整数とする．

$$f_k(t) = t^k e^{pt} \qquad t \geq 0 \tag{2.13}$$

のラプラス積分 I_k は，$\mathrm{Re}\,s > \mathrm{Re}\,p$ で絶対収束することが容易に確かめられる．部分積分法を使えば，$k \geq 1$ について

$$I_k = \int_0^\infty t^k e^{pt} e^{-st} dt$$

$$= \left[t^k \frac{1}{-(s-p)} e^{-(s-p)t} \right]_0^\infty - \int_0^\infty k t^{k-1} \frac{1}{-(s-p)} e^{-(s-p)t} dt$$

$$= \frac{k}{s-p} I_{k-1}(s) \tag{2.14}$$

が成り立つ。上の漸化式と式(2.12)より I_k が求められる。結果を $f_k(t)$ のラプラス変換 $F_k(s)$ の式として書いておく。

$$F_k(s) = \frac{k!}{(s-p)^{k+1}} \qquad k = 0, 1, 2, \cdots \tag{2.15}$$

上の例で、式(2.12)、式(2.14)の積分は $\mathrm{Re}\, s < \mathrm{Re}\, p$ で発散するが、式(2.15)のラプラス変換 $F_k(s)$ は s のすべての値に対して定義された関数であることに注意されたい(2.1.1 の説明参照)。

2.2.2 ラプラス変換の一覧表

式(2.15)とラプラス変換の線形性を使えば、定数、多項式、指数関数、三角関数およびそれらの積のラプラス変換が求められる。その結果を表2.1にまとめておく。表の左欄に記入したのは $t \geq 0$ における $f(t)$ の値であって(ただし、左欄下から2行目の $\delta(t)$ を除く)、$t < 0$ では $f(t) = 0$ (仮定(2.1)参照)とする。この点をより明確にするために

$$\mathbf{1}(t) = \begin{cases} 0 & t < 0 \\ 1 & t \geq 0 \end{cases} \tag{2.16}$$

という記号を使うことがある(これは 2.2.1(i) の $f_{\mathrm{const}}(t)$ で $c=1$ とした場合に他なりません)。この記号を使えば、たとえば表2.1の左欄の1行目、2行目、5行目を

$$\mathcal{L}[\mathbf{1}(t)] = \frac{1}{s}, \qquad \mathcal{L}[t\,\mathbf{1}(t)] = \frac{1}{s^2}, \qquad \mathcal{L}[e^{-at}\,\mathbf{1}(t)] = \frac{1}{s+a} \tag{2.17}$$

と表現することができる。$\mathbf{1}(t)$ のことを**単位ステップ関数**とよぶ(図2.3(a))。表2.1の左欄下から2行目にある $\delta(t)$ は、$t \neq 0$ で 0 であって -0 から $+0$ までの積分が1になるような関数(正確には超関数)を指す。$\delta(t)$ のことを**単位インパルス関数**または**ディラックのデルタ関数**とよぶ。この $\delta(t)$ は、図2.3(b)に示したような矩形波の $\varDelta \to 0$ の極限として理解するか、もしくは単位ステップ関数を微分したものであると考えればよい。ただし、$\delta(t)$ のラプラス変換が1になることを本書のレベルで正しく説明するのは難しいので、この行は天下りの結果として憶えておいていただきたい(次節で述べる微分・

2.2 ラプラス変換の計算

表 2.1 ラプラス変換表($t<0$ では $f(t)=0$)

$t\geqq 0$ における $f(t)$ の値	$f(t)$ のラプラス変換 $F(s)$	$t\geqq 0$ における $f(t)$ の値	$f(t)$ のラプラス変換 $F(s)$
1	$\dfrac{1}{s}$	$\sin\beta t$	$\dfrac{\beta}{s^2+\beta^2}$
t	$\dfrac{1}{s^2}$	$\cos\beta t$	$\dfrac{s}{s^2+\beta^2}$
$\dfrac{1}{2!}t^2$	$\dfrac{1}{s^3}$	$t\sin\beta t$	$\dfrac{2\beta s}{(s^2+\beta^2)^2}$
$\dfrac{1}{k!}t^k$	$\dfrac{1}{s^{k+1}}$	$t\cos\beta t$	$\dfrac{s^2-\beta^2}{(s^2+\beta^2)^2}$
$e^{-\alpha t}$	$\dfrac{1}{s+\alpha}$	$e^{-\alpha t}\sin\beta t$	$\dfrac{\beta}{(s+\alpha)^2+\beta^2}$
$te^{-\alpha t}$	$\dfrac{1}{(s+\alpha)^2}$	$e^{-\alpha t}\cos\beta t$	$\dfrac{s+\alpha}{(s+\alpha)^2+\beta^2}$
$\dfrac{1}{2!}t^2 e^{-\alpha t}$	$\dfrac{1}{(s+\alpha)^3}$	$te^{-\alpha t}\sin\beta t$	$\dfrac{2\beta(s+\alpha)}{\{(s+\alpha)^2+\beta^2\}^2}$
$\dfrac{1}{k!}t^k e^{-\alpha t}$	$\dfrac{1}{(s+\alpha)^{k+1}}$	$te^{-\alpha t}\cos\beta t$	$\dfrac{(s+\alpha)^2-\beta^2}{\{(s+\alpha)^2+\beta^2\}^2}$
$\delta(t)$	1	$\dfrac{1}{k!}t^k e^{-\alpha t}\sin\beta t$	$\dfrac{P_k(s)}{\{(s+\alpha)^2+\beta^2\}^{k+1}}$
$\dfrac{1}{k!}t^k e^{pt}$	$\dfrac{1}{(s-p)^{k+1}}$	$\dfrac{1}{k!}t^k e^{-\alpha t}\cos\beta t$	$\dfrac{Q_k(s)}{\{(s+\alpha)^2+\beta^2\}^{k+1}}$

$$P_k(s)=\sum_{i=0}^{N_P}(-1)^i{}_{k+1}C_{2i+1}(s+\alpha)^{k-2i}\beta^{2i+1} \quad (N_P \text{ は } \dfrac{k}{2} \text{ を越えない最大の整数})$$

$$Q_k(s)=\sum_{i=0}^{N_Q}(-1)^i{}_{k+1}C_{2i}(s+\alpha)^{k+1-2i}\beta^{2i} \quad (N_Q \text{ は } \dfrac{k+1}{2} \text{ を越えない最大の整数})$$

積分と s との関係を状況証拠という形で理解の助けにして下さい)。

表の導出の仕方を右欄3行目について例示しておく。三角関数と指数関数の関係式(1.15)とラプラス変換の線形性より

$$\mathcal{L}[t\sin\beta t]=\dfrac{1}{2j}\{\mathcal{L}[te^{j\beta t}]-\mathcal{L}[te^{-j\beta t}]\}$$

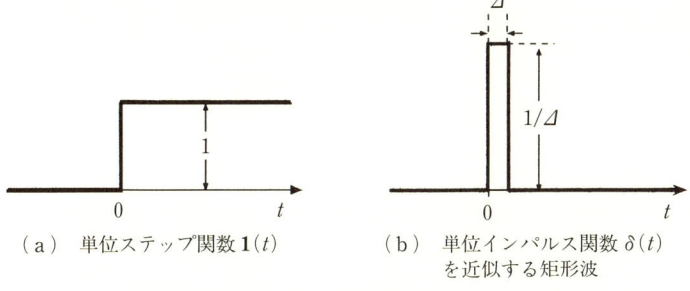

(a) 単位ステップ関数 $1(t)$ (b) 単位インパルス関数 $\delta(t)$ を近似する矩形波

図 2.3 単位ステップと単位インパルス

を得る。右辺に式(2.15)を代入すれば表の結果が得られる。

2.2.3 ラプラス変換と逆ラプラス変換の計算例
まず，表2.1の利用の仕方を例示しておく。

■ **例2.1** つぎの$f(t)$のラプラス変換を計算してみる。
$$f(t) = 5 + 2e^{-3t} + \frac{1}{4}t + 7\sin 2t \qquad t \geq 0$$

表2.1より，1，e^{-3t}，t，$\sin 2t$ のラプラス変換がそれぞれ $\frac{1}{s}$，$\frac{1}{s+3}$，$\frac{1}{s^2}$，$\frac{2}{s^2+4}$ であることがわかる。ゆえに，ラプラス変換の線形性よりつぎの答を得る。
$$F(s) = \frac{5}{s} + \frac{2}{s+3} + \frac{1}{4s^2} + \frac{14}{s^2+4}$$

■ **問2.1** 表2.1を利用してラプラス変換を求めよ（各問で与える式は，$t \geq 0$ での関数の値である。$t < 0$ では仮定(2.1)が成立する，すなわち関数の値は0とする）。
（1） $4 - 3e^{-2t} + 5\sin 3t$ （2） $e^{-2t}(5+t) - (3 + 2e^{-3t})\cos 4t$
（3） $\sin\left(2t + \frac{\pi}{6}\right)$ ［ヒント：加法定理を使って和の形に直せ］

■ **例2.2** 逆ラプラス変換の計算
$f(t)$ をラプラス変換した関数が
$$F(s) = \frac{4}{s^2} - \frac{2}{s+2} + \frac{2s+11}{(s+1)^2+9}$$
であったとする。表2.1より $\frac{1}{s^2}$，$\frac{1}{s+2}$，$\frac{s+1}{(s+1)^2+9}$，$\frac{3}{(s+1)^2+9}$ の逆ラプラス変換がそれぞれ t，e^{-2t}，$e^{-t}\cos 3t$，$e^{-t}\sin 3t$ であることがわかる。そこで，
$$F(s) = 4 \cdot \frac{1}{s^2} - 2 \cdot \frac{1}{s+2} + 2 \cdot \frac{s+1}{(s+1)^2+9} + 3 \cdot \frac{3}{(s+1)^2+9}$$
と表現してみれば，逆ラプラス変換が次式の通りになることがわかる。
$$f(t) = 4t - 2e^{-2t} + 2e^{-t}\cos 3t + 3e^{-t}\sin 3t \qquad t \geq 0$$

■ **問2.2** 表2.1を利用して逆ラプラス変換を求めよ。
（1） $\dfrac{4}{s} - \dfrac{1}{s+3} - \dfrac{3s+1}{(s+1)^2+4}$ （2） $\dfrac{1}{(s+2)^2} + \dfrac{5}{s^2+4}$

■ **例2.3** ラプラス積分を直接計算してみれば，図2.4(a)，(b)の関数のラプラス変換がつぎのようになることがわかる。
$$F_a(s) = \frac{1}{s}(e^{-T_1 s} - e^{-T_2 s}), \qquad F_b(s) = \frac{1}{Ts^2}(1 - e^{-Ts})$$

2.3 微分方程式の解法

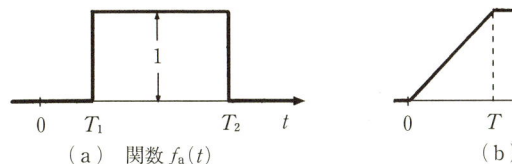

(a) 関数 $f_a(t)$　　　(b) 関数 $f_b(t)$

図 2.4　例 2.3 の関数

■ **例 2.4**　$\phi(t)$ を $0 \leq t < T$ で定義された関数として
$$f(t) = \phi(t - kT) \quad kT \leq t < (k+1)T, \quad k = 0, 1, 2, \cdots$$
で与えられる周期関数 $f(t)$ を考える(図 2.5 参照)。積分区間をわけてラプラス積分を計算すれば

$$I = \int_0^T \phi(t) e^{-st} dt + \cdots + \int_{kT}^{(k+1)T} \phi(t - kT) e^{-st} dt + \cdots$$

$$= \Phi(s) \cdot \sum_{k=0}^{\infty} e^{-ksT} = \Phi(s) \frac{1}{1 - e^{-sT}} \qquad \mathrm{Re}\, s > 0$$

ただし,
$$\Phi(s) = \int_0^T \phi(t) e^{-st} dt$$

となる。このように, $1/(1 - e^{-sT})$ という因子が現れることは, $t \geq 0$ で周期的な関数のラプラス変換の特徴である。この事実は, 同じ形の目標値波形を繰り返し加えるような制御の問題で重要となる(残念ながら, 本書の範囲ではこの問題を本格的に扱うことができません)。

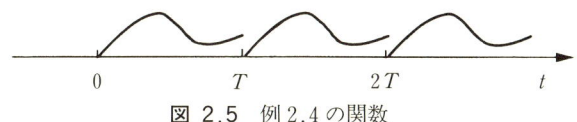

図 2.5　例 2.4 の関数

2.3 微分方程式の解法

2.3.1 ラプラス変換と微分・積分との関係

$f(t)$ はラプラス変換可能で, $t \geq 0$ において導関数 $f'(t)$ をもつとする。部分積分法により

$$\int_0^T f'(t) e^{-st} dt = [f(t) e^{-st}]_0^T - \int_0^T f(t)(-s) e^{-st} dt \qquad (2.18)$$

$f'(t)$ もラプラス変換可能であれば, 適当な s において式 (2.18) の両辺は $T \to \infty$ における極限をもち

$$\int_0^{\infty} f'(t) e^{-st} dt = -f(+0) + s \int_0^{\infty} f(t) e^{-st} dt \qquad (2.19)$$

となる($f(t)$がラプラス変換できるという仮定により $\lim_{T\to\infty} f(T)e^{-sT}=0$ となります)．ゆえに，

$$\mathcal{L}[f'(t)] = sF(s) - f(+0) \tag{2.20}$$

を得る．$f(t)$ の k 階微分 $f^{(k)}(t)$ ($k=1,\cdots,n$) もラプラス変換可能として，上式を繰り返し使えばつぎの結果が得られる．

$$\mathcal{L}[f''(t)] = s^2 F(s) - \{sf(+0) + f'(+0)\} \tag{2.21}$$

$$\mathcal{L}[f^{(n)}(t)] = s^n F(s) - \sum_{k=0}^{n-1} s^{n-k-1} f^{(k)}(+0) \tag{2.22}$$

つぎに，$f(t)$ を積分して得られる関数 $\int_0^t f(\tau)d\tau$ のラプラス積分は

$$\int_0^T \left\{\int_0^t f(\tau)d\tau\right\} e^{-st} dt$$

$$= \left[\frac{1}{-s} e^{-st} \int_0^t f(\tau)d\tau\right]_0^T + \frac{1}{s}\int_0^T f(t) e^{-st} dt \tag{2.23}$$

となる．$f(t)$ がラプラス変換可能であって $\lim_{T\to\infty} e^{-sT}\int_0^T f(\tau)d\tau = 0$ が成り立つものとすれば，

$$\mathcal{L}\left[\int_0^t f(\tau)d\tau\right] = \frac{1}{s} F(s) \tag{2.24}$$

を得る．上式を繰り返し使えば次式が得られる．

$$\mathcal{L}\left[\int_0^t d\tau_n \int_0^{\tau_n} d\tau_{n-1} \cdots d\tau_2 \int_0^{\tau_2} f(\tau_1) d\tau_1\right] = \frac{1}{s^n} F(s) \tag{2.25}$$

■ **問 2.3** 表 2.1 で与えられた $\sin\beta t$, $\cos\beta t$ のラプラス変換が式 (2.20)，(2.24) を満足していることを確かめよ．

以上のように，t 領域の関数 $f(t)$ を微分したり積分したりする操作と，s 領域の関数 $F(s)$ について s を掛けたり s で割ったりする操作との間に，表 2.2 の対応関係がある．s のことを**微分要素**(または微分器)，$1/s$ のことを**積分要素**(または積分器)とよぶ．ここで，表 2.1 の左欄 4 行目の k を 3 とおいて，表の上から 4 行分をながめてみよう．表の左側には $t^3/3!$ という関数を順次微分して得られる $t^2/2!$，t，1 という関数が並んでいるのに対応して，表の右側には 4 行目の $1/s^4$ に順次 s を掛けて得られる $1/s^3$, $1/s^2$, $1/s$ という関数が並んでいる．これによって，表 2.2 に示した微分演算と s の乗算との対応関係を十分把握しておいていただきたい．ここで，上の演算をもう 1 回続けることにして，第 1 行目のステップ関数(くどいようですが，この欄の 1 というの

2.3 微分方程式の解法

表 2.2 変数 s の意味

$f(t)$	$F(s)$
微分する	s を掛けて初期値の項を引く
積分する	s で割る

は $t \geqq 0$ での値であって，$-\infty < t < \infty$ で定義された関数としてみたときには $1(t)$ というステップ関数になることに注意して下さい。もちろん，他の欄も同様です。）を微分すれば，原点以外で 0，原点で ∞，-0 から $+0$ への積分が 1 となる関数，すなわちインパルス関数 $\delta(t)$ が得られる。したがって，インパルス関数のラプラス変換は $1/s$ に s を掛けたもの，すなわち 1 となるはずで，この結果が表 2.1 左欄の下から 2 行目に載っているわけである。

2.3.2 ラプラス変換による微分方程式の解法

まず，例題を示しておく。

■ 例 2.5 微分方程式
$$x''(t) + 3x'(t) + 2x(t) = 1$$
の $t \geqq 0$ における解を初期条件
$$x(0) = 1, \quad x'(0) = 2$$
のもとで求める問題を考える。両辺をラプラス変換すれば次式を得る。ただし，$X(s)$ は未知関数 $x(t)$ のラプラス変換である。また，左辺の $x''(t)$，$x'(t)$ については式 (2.21)，(2.20) を適用し，右辺のラプラス変換は表 2.1 から求めた。
$$\{s^2 X(s) - (s \cdot 1 + 2)\} + 3\{sX(s) - 1\} + 2X(s) = \frac{1}{s}$$
$X(s)$ を左辺に残して整理し，さらに $X(s)$ について解けば
$$(s^2 + 3s + 2) X(s) = \frac{1}{s} + \{(s \cdot 1 + 2) + 3 \cdot 1\}$$
$$\therefore \quad X(s) = \frac{1}{s^2 + 3s + 2} \left(\frac{1}{s} + s + 5 \right) = \frac{s^2 + 5s + 1}{s(s+1)(s+2)} \tag{2.26}$$
を得る。この $X(s)$ は
$$X(s) = \frac{1}{2} \frac{1}{s} + 3 \frac{1}{s+1} - \frac{5}{2} \frac{1}{s+2} \tag{2.27}$$
と書き換えることができるから（この書き換えについては次節例 2.7 参照），つぎの答を得る。
$$x(t) = \frac{1}{2} + 3e^{-t} - \frac{5}{2} e^{-2t}$$

上例に現れた微分方程式の解き方を，より一般的な場合へ拡張しておこう。$f(t)$ をラプラス変換可能な関数として，n 階の定係数常微分方程式

$$a_n x^{(n)}(t) + a_{n-1} x^{(n-1)}(t) + \cdots + a_1 x'(t) + a_0 x(t) = f(t) \quad (2.28)$$

の $t \geq 0$ における解を初期条件

$$x(0) = \alpha_1, \quad x'(0) = \alpha_2, \cdots, x^{(n-1)}(0) = \alpha_n \quad (2.29)$$

のもとで求める問題を考える。式(2.28)の両辺をラプラス変換して整理すれば，

$$(a_n s^n + a_{n-1} s^{n-1} + \cdots + a_1 s + a_0) X(s) - F_0(s) = F(s) \quad (2.30)$$

を得る。ただし，$F_0(s)$ は初期値にかかわる項で次式の通りである。

$$F_0(s) = \sum_{k=0}^{n-1} (a_{k+1} \alpha_1 + a_{k+2} \alpha_2 + \cdots + a_n \alpha_{n-k}) s^k \quad (2.31)$$

式(2.30)より

$$X(s) = \frac{F(s) + F_0(s)}{\phi(s)} \quad (2.32)$$

$$\phi(s) = a_n s^n + a_{n-1} s^{n-1} + \cdots + a_1 s + a_0 \quad (2.33)$$

を得る。式(2.32)を逆ラプラス変換すれば解 $x(t)$ ($t \geq 0$) が得られる。$\phi(s)$ のことを微分方程式の**特性多項式**(characteristic polynomial)，式(2.32)の $X(s)$ のことを **s 領域の解**，$X(s)$ を逆ラプラス変換して得られる(本来の)解 $x(t)$ のことを **t 領域の解**とよぶ。微分方程式の強制項 $f(t)$ が表 2.1 の範囲の関数であれば，$X(s)$ は s の強プロパーな有理関数となり，その逆ラプラス変換は次節で説明するように比較的簡単に計算できる。解法を要約すれば図 2.6 のようになる。この解法は連立微分方程式の場合や，初期時刻が 0 でない場合に対しても用いることができる(前者については例 2.6 参照。後者は時間軸を動かしてからラプラス変換を使えばよい)。

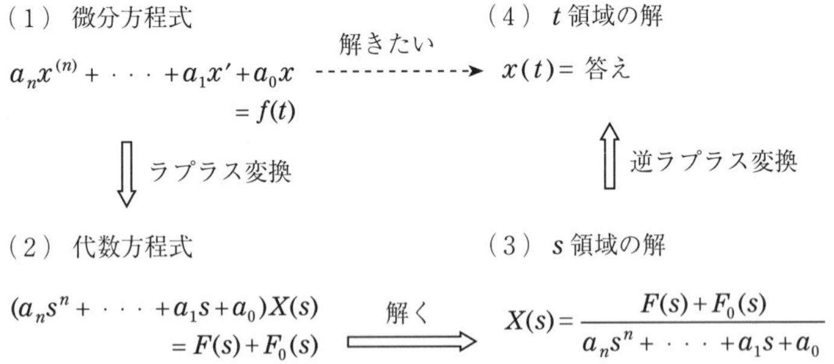

（1）微分方程式
$a_n x^{(n)} + \cdots + a_1 x' + a_0 x = f(t)$

解きたい →

（4）t 領域の解
$x(t) =$ 答え

⇓ ラプラス変換　　　　　　⇑ 逆ラプラス変換

（2）代数方程式
$(a_n s^n + \cdots + a_1 s + a_0) X(s) = F(s) + F_0(s)$

解く ⇒

（3）s 領域の解
$X(s) = \dfrac{F(s) + F_0(s)}{a_n s^n + \cdots + a_1 s + a_0}$

図 2.6　ラプラス変換による微分方程式の解法

2.3 微分方程式の解法

以上の議論の数学的裏付けについて少し説明しておく。式(2.28)から式(2.30)を導出するためには，微分方程式(2.28)の解の n 階微分までがラプラス変換可能であることをあらかじめ示しておかなければならない。この証明は不可能ではないが少々面倒なので，通常はもう少し違った観点から解法の妥当性を説明する。すなわち，式(2.30)は，ラプラス変換と(一応)かかわりなく「方程式を解くための道具として天下りに思いついた式」とみなす。この式から導いた $x(t) = \mathcal{L}^{-1}[X(s)]$ がもとの方程式(2.28)を満足していれば(これは直接代入して確認できる)解の一意性からそれが真の解に違いないはずだ，と考えるわけである[9]。

■ **問 2.4** s 領域の解を求めよ (t 領域の解は，問 2.6, 問 2.8 で求める)。
 (1) $x''(t) - 2x'(t) - 3x(t) = e^t$, $x(0) = 1$, $x'(0) = 0$
 (2) $2x''(t) + 5x'(t) + 2x(t) = 1$, $x(0) = 0$, $x'(0) = 0$
 (3) $x''(t) + 2x'(t) + 5x(t) = e^{-t}$, $x(0) = 0$, $x'(0) = 2$
 (4) $x''(t) + \omega^2 x(t) = 0$, $x(0) = a$, $x'(0) = b\omega$

■ **例 2.6 連立微分方程式の解き方**

連立常微分方程式
$$x_1'(t) = 2x_1(t) + 3x_2(t)$$
$$x_2'(t) = 2x_1(t) + x_2(t) + 1$$
を初期条件
$$x_1(0) = 1, \quad x_2(0) = 2$$
のもとで解く。2つの常微分方程式をラプラス変換して
$$sX_1(s) - 1 = 2X_1(s) + 3X_2(s)$$
$$sX_2(s) - 2 = 2X_1(s) + X_2(s) + \frac{1}{s}$$
を得る。$X_1(s)$, $X_2(s)$ について解けば
$$X_1(s) = \frac{s^2 + 5s + 3}{s(s+1)(s-4)}, \quad X_2(s) = \frac{2s^2 - s - 2}{s(s+1)(s-4)}$$
となる。これを逆ラプラス変換すれば，はじめの連立常微分方程式の解が得られる(問 2.6)。このように連立方程式の場合には，まずラプラス変換して，s 領域における未知関数 $X_1(s)$, $X_2(s)$ についての代数方程式を導いてから解くのが楽である。

■ **問 2.5** s 領域の解を求めよ。
$$x_1'(t) + 2x_2'(t) + x_1(t) + x_2(t) = e^{-2t}$$
$$2x_1'(t) + x_2'(t) = -3(x_1(t) + x_2(t))$$
$$x_1(0) = 1, \quad x_2(0) = 0$$

2.4 逆ラプラス変換の実用的な計算法

この節では，分母・分子の係数が実数で分母が n 次の強プロパーな s の有理関数（「強プロパー」については1.4節参照）

$$F(s) = \frac{N(s)}{M(s)} \tag{2.34}$$

の逆ラプラス変換の計算法を述べる．計算法としては，**部分分数展開による方法**と**留数定理を使う方法**とがある．前者は，$F(s)$ を表2.1に現れる関数の和として表現するものである．後者は，式(2.6)のブロムヴィッチ積分を閉路積分の極限として表現して留数定理を適用するもので，有理関数に限らずもう少し一般的な関数の場合へも拡張できる．2つの方法は，考え方においてはかなり異なるものだが，具体的な計算には非常によく似たところがある．いずれの方法でも，まず

$$M(s) = 0 \tag{2.35}$$

を解いて，$F(s)$ の極 p_i とその位数 r_i を求め，$M(s)$ を

$$M(s) = (s - p_1)^{r_1} \cdot (s - p_2)^{r_2} \cdot \cdots \cdot (s - p_m)^{r_m} \tag{2.36}$$

$$n = r_1 + r_2 + \cdots + r_m \tag{2.37}$$

の形にしておくことが計算の第1歩となる．以後の計算はつぎの通りである．

2.4.1 部分分数展開による計算法

式(2.34)の $F(s)$ は，A_{ik} ($i=1,\cdots,m$; $k=1,\cdots,r_i$) を定数として，

$$F(s) = \sum_{i=1}^{m} \sum_{k=1}^{r_i} \frac{A_{ik}}{(s-p_i)^k} \tag{2.38}$$

という形に書き直せる[7]．式(2.38)を $F(s)$ の**部分分数展開**とよぶ．式(2.38)の $\sum\sum$ の中の項の逆ラプラス変換は表2.1左欄最下行の通りであるから，ラプラス変換の線形性により

$$\mathscr{L}^{-1}[F(s)] = \sum_{i=1}^{m} \sum_{k=1}^{r_i} \frac{A_{ik}}{(k-1)!} t^{k-1} e^{p_i t} \tag{2.39}$$

を得る．以上で，定数 A_{ik} さえ求まれば $F(s)$ の逆ラプラス変換がただちに書き下せることがわかった．したがって，与えられた $F(s)$ に対して式(2.38)を満たす A_{ik} を求めることが計算の焦点となるが，そのための一般的手段として**未定係数法**がある．これは，式(2.38)の右辺を通分してその分子 $N(s\,;\,A_{ik})$ を求め，これが与えられた $F(s)$ の分子 $N(s)$ と恒等的に等しいという条

2.4 逆ラプラス変換の実用的な計算法

件から，A_{ik} についての連立一次方程式を作って解くというものである。この方法は一般的ではあるが手数がかかるので，つぎの例に示すような工夫をして用いるとよい。

■ **例 2.7 部分分数展開法——極が 1 位の場合**

例 2.5 で使った式 (2.27) は，式 (2.26) を部分分数展開したものに他ならない。その計算法を説明する。式 (2.26) より $X(s)$ の極が $0, -1, -2$ ですべて 1 位であることがわかる。したがって，式 (2.26) はつぎの形に部分分数展開できる。

$$\frac{s^2+5s+1}{s(s+1)(s+2)} = \frac{A_1}{s} + \frac{A_2}{s+1} + \frac{A_3}{s+2}$$

A_3 を例にとって計算法を説明する。両辺に $s+2$ を掛ければ

$$\frac{s^2+5s+1}{s(s+1)(s+2)} \times (s+2) = \frac{A_1}{s} \times (s+2) + \frac{A_2}{s+1} \times (s+2) + \frac{A_3}{s+2} \times (s+2)$$

を得る。上式で $s = -2$ とおけば，右辺第 1，第 2 項が 0 となって

$$\frac{(-2)^2+5(-2)+1}{(-2)(-2+1)} = A_3 \quad \therefore \quad A_3 = -\frac{5}{2}$$

を得る。A_1，A_2 も同様に計算できてつぎのようになる。

$$A_2 = \frac{(-1)^2+5(-1)+1}{(-1)(-1+2)} = 3, \quad A_1 = \frac{0^2+5\cdot 0+1}{(0+1)(0+2)} = \frac{1}{2}$$

■ **問 2.6** 逆ラプラス変換せよ。

(1) $\dfrac{s^2+6s+8}{(s+1)(s+3)(s+5)}$ (2) $\dfrac{1+5s}{(1+s)(1+2s)(1+3s)}$

(3) 問 2.4 の (1)，(2) の答え，例 2.6 の $X_1(s)$，$X_2(s)$，問 2.5 の答え。

■ **例 2.8 部分分数展開法——2 位以上の極がある場合**

$$F(s) = \frac{6}{(s+1)^2(s+2)(s+3)} \tag{2.40}$$

の極は $s = -1$ が 2 位，極 $s = -2, -3$ が 1 位であるから，つぎの形に部分分数展開できる。

$$F(s) = \frac{A_{11}}{s+1} + \frac{A_{12}}{(s+1)^2} + \frac{A_2}{s+2} + \frac{A_3}{s+3} \tag{2.41}$$

A_{12}，A_2，A_3 については例 2.7 と同じ方法（ただし，A_{12} については $(s+1)^2$ を掛けてから $s = -1$ とおく）が使えて

$$A_{12} = \frac{6}{(-1+2)(-1+3)} = 3, \quad A_2 = 6, \quad A_3 = -\frac{3}{2}$$

を得る。A_{11} の計算は未定係数法に立ち返って行う。ただし，今の場合は未定係数が 1 個（すなわち A_{11}）に減っているから，式 (2.41) を通分して得られる分子の 1 項だけ（ただし A_{11} が現れるもの）に注目して，それが式 (2.40) の分子の対応する項と等しいとおけばよい。最高次 s^3 の項に注目することにすれば

$$\begin{array}{ll}\text{式}(2.41)\text{の分子} & (A_{11}+A_2+A_3)s^3 \\ \text{式}(2.40)\text{の分子} & 0\cdot s^3\end{array}$$

であるから

$$A_{11}+A_2+A_3=0 \quad \therefore \quad A_{11}=-9/2$$

を得る．したがって，$F(s)$ の逆ラプラス変換はつぎの通りになる．

$$f(t)=-\frac{9}{2}e^{-t}+3te^{-t}+6e^{-2t}-\frac{3}{2}e^{-3t}$$

上例からわかるように，高位の極をもつ関数については，まず A_{iri} を例2.7 の方法で求めてから，残りの定数を未定係数法によって求めればよい．

■ **問 2.7** 逆ラプラス変換せよ．

(1) $\dfrac{1}{(s+1)^2(s-2)}$ (2) $\dfrac{2s+3}{(s+1)^3(s+2)^2}$

■ **例 2.9 部分分数展開法——複素極がある場合**

$$F(s)=\frac{s+2}{(s+3)(s^2+2s+5)} \tag{2.42}$$

を逆ラプラス変換する．まず，例 2.7 の場合と同様に計算を行ってみる．$F(s)$ の極は $s=-3$, $s=-1\pm 2j$ でいずれも 1 位であるから

$$F(s)=\frac{A_1}{s+3}+\frac{A_2}{s+1+2j}+\frac{A_3}{s+1-2j} \tag{2.43}$$

と部分分数展開できる．例 2.7 と同様にして

$$A_1=-\frac{1}{8}, \quad A_2=\frac{1}{16}(1+3j), \quad A_3=\bar{A}_2=\frac{1}{16}(1-3j)$$

を得る．これから

$$f(t)=-\frac{1}{8}e^{-3t}+\frac{1+3j}{16}e^{-(1+2j)t}+\frac{1-3j}{16}e^{-(1-2j)t}$$

という複素数を含んだ形の答えが得られる．ここで，指数関数についての公式 (1.14) を適用すれば，

$$f(t)=-\frac{1}{8}e^{-3t}+\frac{1}{8}e^{-t}(\cos 2t+3\sin 2t)$$

となり，実数だけを含む答えが得られる．

以上のように，複素極をもつ有理関数 $F(s)$ に通常の計算法を適用すると，部分分数展開の係数が複素数になり，その結果 $f(t)$ としても複素数を含んだ形の答えが得られる．これに公式 (1.14) を適用すれば，虚部が打ち消し合って実数だけを含む答が得られるわけだが，このような複素数の計算を避けたけれ

2.4 逆ラプラス変換の実用的な計算法

ばつぎの方法をとればよい。すなわち，$F(s)$ を

$$F(s) = \frac{A_1}{s+3} + \frac{Bs+C}{s^2+2s+5} \tag{2.44}$$

という形に部分分数展開することを考える。この展開の要点は，共役複素極に起因する1対の項を一つにまとめて1次式/2次式という形にしているところにある。この形のことを，**実数の範囲の部分分数展開**とよぶ。係数 A_1 は式 (2.43) の A_1 と同じ（すなわち $-1/8$）である。B と C を求めるには，未定係数法を使う必要がある。$A_1 = -1/8$ を代入して，式 (2.44) を通分すれば

$$F(s) = \frac{(8B-1)s^2 + (24B+8C-2)s + 24C-5}{8(s+3)(s^2+2s+5)} \tag{2.45}$$

を得る。これと，式 (2.42) を等置して分子の係数を比較すれば，

$$s^2 \text{の項：} \quad 8B-1=0 \quad \therefore \quad B=\frac{1}{8}$$

$$\text{定数項：} \quad 24C-5=16 \quad \therefore \quad C=\frac{7}{8}$$

を得る。したがって，$F(s)$ は

$$F(s) = -\frac{1}{8}\frac{1}{s+3} + \frac{1}{8}\frac{s+7}{s^2+2s+5}$$

と表せる。ここで，表 2.1 の右欄 5 行目，6 行目を参照して，$F(s)$ を

$$F(s) = -\frac{1}{8}\frac{1}{s+3} + \frac{1}{8}\frac{s+1}{(s+1)^2+4} + \frac{3}{8}\frac{2}{(s+1)^2+4}$$

と書き換える（このテクニックはすでに例 2.2 で使っている）。各項が表 2.1 に記載された関数になったから，同表を使って

$$f(t) = -\frac{1}{8}e^{-3t} + \frac{1}{8}e^{-t}\cos 2t + \frac{3}{8}e^{-t}\sin 2t$$

と逆ラプラス変換できる。

以上のように，実数の範囲の部分分数展開を利用すれば，複素極がある場合でも複素数の計算をせずに逆ラプラス変換が行える。ただし，この手法では，部分分数展開の係数を求めるのに（極が 1 位であっても）未定係数法を使わなければならないから，総合的な計算量が必ずしも少なくなるわけではない。

■ **問 2.8** 逆ラプラス変換せよ。

(1) $\dfrac{1}{(s+2)(s^2+2s+4)}$ (2) $\dfrac{s+1}{(s-1)(s^2+2s+5)}$

(3) 問 2.4 の (3), (4) の答え (4) $\dfrac{s^2+s+1}{(s+1)(s^2+4s+5)}$

2.4.2 留数定理による計算法

式(2.6)のブロムヴィッチ積分を閉路積分の極限に変換するために,ブロムヴィッチ積分路の $-R \leq \omega \leq R$ の部分に点 $\mathrm{P}(c, 0)$ を中心とする半径 R の半円を付け加えた閉路 ABCPA を考える(図2.7)。半円 ABC 上の積分については

$$\lim_{R \to \infty} \int_{\mathrm{ABC}} F(s) e^{st} ds = 0 \tag{2.46}$$

が成り立つ[10] から

$$\frac{1}{2\pi j} \int_{\mathrm{Br}} F(s) e^{st} ds = \lim_{R \to \infty} \frac{1}{2\pi j} \int_{\mathrm{ABCPA}} F(s) e^{st} ds \tag{2.47}$$

を得る。$R \to \infty$ のとき,閉路 ABCPA は $F(s)$ のすべての極を含み,またそれ以外には $F(s)e^{st}$ の特異点を含まないから,留数定理により[8]

$$\mathscr{L}^{-1}[F(s)] = \sum_{i=1}^{n} \mathrm{Res}[p_i | F(s) e^{st}] \tag{2.48}$$

を得る。右辺の留数は

$$\mathrm{Res}[p_i | F(s) e^{st}] = \frac{1}{(r_i - 1)!} \lim_{s \to p_i} \frac{d^{r_i - 1}}{ds^{r_i - 1}} [(s - p_i)^{r_i} F(s) e^{st}] \tag{2.49}$$

で与えられる[8]。上式には s による $r_i - 1$ 回の微分が現れるが,微分される関数を $(s - p_i)^{r_i} F(s)$ と e^{st} との積とみなして,積の微分法を適用すれば

$$\frac{d^{r_i - 1}}{ds^{r_i - 1}}[(s - p_i)^{r_i} F(s) e^{st}]$$

$$= \sum_{k=1}^{r_i} \frac{(r_i - 1)!}{(k-1)!(r_i - k)!} \frac{d^{r_i - k}}{ds^{r_i - k}}[(s - p_i)^{r_i} F(s)] \times t^{k-1} e^{st} \tag{2.50}$$

となる。以上よりつぎの公式が得られる。なお,この公式は $F(s)$ が有理関数でなくても適当な条件のもとで成立することに注意されたい。

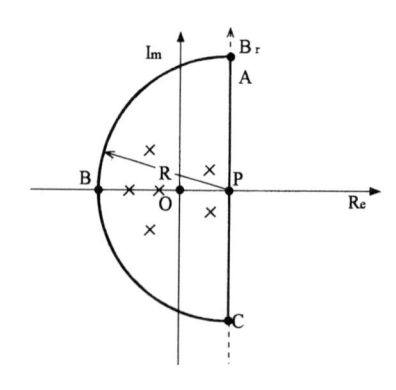

図 2.7 逆ラプラス変換の積分路

留数定理に基づく逆ラプラス変換の公式　$F(s)$ を式 (2.34)，式 (2.36) で与えられる強プロパーな有理関数とすれば，$F(s)$ の逆ラプラス変換は次式で与えられる．

$$\mathcal{L}^{-1}[F(s)] = \sum_{i=1}^{m} \sum_{k=1}^{r_i} \frac{A_{ik}}{(k-1)!} t^{k-1} e^{p_i t} \tag{2.51}$$

$$A_{ik} = \frac{1}{(r_i-k)!} \lim_{s \to p_i} \frac{d^{r_i-k}}{ds^{r_i-k}} [(s-p_i)^{r_i} F(s)] \tag{2.52}$$

ここで，式 (2.51) を 2.4.1 公式 (2.39) と比べれば，上式の A_{ik} は部分分数展開 (2.38) の係数 A_{ik} に他ならないことがわかる．すなわち，式 (2.52) は部分分数展開の係数を微分演算によって計算する公式であるといえる．さらに，式 (2.52) で $k=r_i$ とおけば

$$A_{ir_i} = \lim_{s \to p_i} (s-p_i)^{r_i} F(s) \tag{2.53}$$

を得る．これは，例 2.7 および例 2.8 で部分分数展開の係数 A_i や A_{ir_i} を求めるときに行った計算とまったく同じである．すなわち，2.4.1 で説明した計算法とここで説明した計算法の違いは，$k<r_i$ に対する A_{ik} を求める場合に，未定係数法を使うか微分演算を使うかという点である．微分演算を使った計算例をあげておく．

■ **例 2.10　留数定理による逆ラプラス変換**

例 2.8 の逆ラプラス変換を留数定理を使って行ってみよう．A_{12}, A_2, A_3 の計算は例 2.8 の場合とまったく同じになる．A_{11} について，式 (2.52) を使うと，つぎの通りになる．

$$\begin{aligned} A_{11} &= \lim_{s \to -1} \frac{d}{ds} \left[(s+1)^2 \frac{6}{(s+1)^2(s+2)(s+3)} \right] \\ &= \lim_{s \to -1} \frac{d}{ds} \frac{6}{(s+2)(s+3)} = \lim_{s \to -1} \frac{-6(2s+5)}{(s+2)^2(s+3)^2} = -\frac{9}{2} \end{aligned}$$

■ **問 2.9**　問 2.7 を留数定理を使う方法で解け．

2.5　ラプラス変換と逆ラプラス変換の主な性質

2.5.1　逆ラプラス変換に現れる関数形

式 (2.34) で与えられる強プロパーな実係数の有理関数 $F(s)$ を逆ラプラス変換したとき，$f(t)$ の中にどんな項が現れるかをまとめておく．$F(s)$ は実係数の有理関数だから，複素数の極をもつ場合には，必ず共役複素数の対として現

れて，しかもその位数は等しい。そこで，$F(s)$の**複素極**の対がm_0個あるものとし，そのμ番目のものを，

$$p_{2\mu-1} = p_{R\mu} + jp_{I\mu}, \quad p_{2\mu} = p_{R\mu} - jp_{I\mu} \quad (\mu = 1, \cdots, m_0) \quad (2.54)$$

とおき，その共通の位数をr_μとする。$F(s)$の残りの極は**実数極**

$$p_i \quad (i = 2m_0 + 1, \cdots, m) \quad (2.55)$$

であって，その位数はr_iであるとする。このとき，$F(s)$の逆ラプラス変換$f(t)$はつぎの関数の一次結合になる。

$$t^k e^{p_{R\mu}t} \sin p_{I\mu}t, \quad t^k e^{p_{R\mu}t} \cos p_{I\mu}t$$
$$(\mu = 1, \cdots, m_0 ; k = 0, \cdots, r_\mu - 1) \quad (2.56)$$

$$t^k e^{p_i t} \quad (i = 2m_0+1, \cdots, m ; k = 0, \cdots, r_i - 1) \quad (2.57)$$

■ **問 2.10** 上の結果を導出せよ。

以上をまとめて表2.3(a)とする。この結果を使うと$t \to \infty$における関数$f(t)$の振舞を容易に知ることができる。

表 2.3 強プロパーな有理関数の逆ラプラス変換

(a) s関数の極とt関数に含まれる項の形

s関数の極		t関数に含まれる項
1位の極	0	定数
	実数 p	e^{pt}
	複素数 $p_R \pm jp_I$	$e^{p_R t} \cos p_I t, \; e^{p_R t} \sin p_I t$
r位の極	0	$t^k \quad k = 0, 1, \cdots, r-1$
	実数 p	$t^k e^{pt} \quad k = 0, 1, \cdots, r-1$
	複素数 $p_R \pm jp_I$	$t^k e^{p_R t} \cos p_I t, \; t^k e^{p_R t} \sin p_I t$ $k = 0, 1, \cdots, r-1$

(b) 極の実部と対応する項の極限値

極 p			対応する項の$t \to \infty$における振舞
Re$p < 0$			0に収束
Re$p = 0$	1位	$p = 0$	0でない定数に収束
		$p = j\omega (\omega \neq 0)$	周期$2\pi/\omega$で振動
	2位以上		発散*
Re$p > 0$			発散*

* pが実数であれば絶対値が∞に発散，複素数であれば振動しながら振幅が無限大に発散。

2.5 ラプラス変換と逆ラプラス変換の主な性質

■ **例 2.11** $t \to \infty$ のときの極限値 I

$$F(s) = \frac{1}{s(s+2)^2(s^2+2s+4)}$$

の逆ラプラス変換 $f(t)$ は

$$\text{定数}, \quad e^{-2t}, \quad te^{-2t}, \quad e^{-t}\sin\sqrt{3}\,t, \quad e^{-t}\cos\sqrt{3}\,t$$

という項からなる。$t \to \infty$ のとき第 2~5 番目の項はすべて 0 になるから

$$\lim_{t \to \infty} f(t) = A \quad A \text{；定数}$$

であることがわかる。なお，この A の値は $F(s)$ を部分分数展開したときの $1/s$ の係数に他ならない。2.5 節で述べた方法で A を求めれば

$$A = [s \cdot F(s)]_{s=0} = \frac{1}{16}$$

であることがわかる。

■ **例 2.12** $t \to \infty$ のときの極限値 II

$$F_1(s) = \frac{1}{(s+1)(s-3)(s^2+4)}$$

$$F_2(s) = \frac{1}{s^2(s+2)}$$

のラプラス逆変換 $f_1(t)$, $f_2(t)$ はそれぞれ

$$f_1(t) : e^{-t}, \ e^{3t}, \ \sin 2t, \ \cos 2t$$

$$f_2(t) : \text{定数}, \ t, \ e^{-2t}$$

という項からなる。$t \to \infty$ のとき，$f_1(t)$ の第 1 項は 0 に収束するが，第 2 項は ∞ に発散し，第 3，第 4 項は振動する。したがって，$f_1(t)$ については $t \to \infty$ での極限値は存在しない。また，$f_2(t)$ については第 2 項が ∞ に発散するので，やはり $t \to \infty$ での極限値は存在しない。

上の例からわかるように，$F(s)$ の極 p を調べるだけで(逆ラプラス変換の計算を行わなくても) $t \to \infty$ における $f(t)$ の振舞が明らかになる。結果を表 2.3(b) にまとめる。

■ **問 2.11** つぎの $F(s)$ の逆ラプラス変換に含まれる関数形を求め，$t \to \infty$ における $f(t)$ の振舞を調べよ。

(1) $F(s) = \dfrac{s+2}{s(s+3)^3}$ (2) $F(s) = \dfrac{1}{s(s^2+4)^2}$

(3) $F(s) = \dfrac{s^2+s+2}{s^2(s+2)}$ (4) $F(s) = \dfrac{s+2}{(s+1)(s-1)}$

2.5.2 初期値公式と最終値公式

$f(t)$ をラプラス変換可能な関数，$F(s)$ をそのラプラス変換とする。さらに，

$t \geq 0$ で $f'(t)$ が存在して,$f'(t)$ もラプラス変換可能であるとする.このとき次式が成立する.

初期値公式 $\quad \lim_{t \to +0} f(t) = \lim_{x \to +\infty} xF(x) \quad x:実数 \quad (2.58)$

さらに,$t \to \infty$ における $f(t)$ の極限値が存在すれば次式が成立する.

最終値公式 $\quad \lim_{t \to +\infty} f(t) = \lim_{x \to +0} xF(x) \quad x:実数 \quad (2.59)$

2つの公式において右辺の x は実数であるが,これを特定の領域に属する複素数としてもよい[10]。なお,$F(s)$ が強プロパーな有理関数である場合には,最終値公式(2.59)の成立条件「$t \to \infty$ における $f(t)$ の極限値が存在する」は「$sF(s)$ の極の実部がすべて負である」という条件と等価であることに注意されたい(表2.3(b)参照)。また,初期値公式(2.58)により,$F(s)$ の相対次数が1なら $f(t)$ の初期値は0でない有限値,相対次数が2以上なら0であることがわかる。

■ **例 2.13 最終値公式が適用できる場合**

例2.11の $F(s)$ については,$sF(s)$ の極の実部がすべて負であるから $t \to \infty$ の $f(t)$ の極限が存在して,

$$\lim_{t \to \infty} f(t) = \lim_{x \to +0} x \cdot F(x) = \frac{1}{16}$$

となる.この計算は例2.11で部分分数展開における $1/s$ の係数を求めるという考え方で,定数 A を求めるために行った計算とまったく同じであることに注意されたい。

■ **例 2.14 最終値公式が適用できない場合**

例2.12の $F_1(s)$,$F_2(s)$ については,$sF_1(s)$,$sF_2(s)$ の極に実部が正または0のものが存在するから最終値公式は適用できない。ちなみに,最終値公式の右辺を計算してみると

$$\lim_{x \to +0} xF_1(x) = 0, \quad \lim_{x \to +0} xF_2(x) = \infty$$

となる.特に,$F_1(s)$ のような場合には,公式の右辺が有限確定値となるため誤った結論を出してしまう可能性があるから注意されたい。

■ **問 2.12** 問2.11の各 $F(s)$ について,最終値公式の適用の可否を調べよ.適用可能の場合については,実際に逆ラプラス変換をしてその結果を確認せよ.

■ **問 2.13** 問2.6~2.8の関数について,初期値公式が成り立つことを確かめよ.

2.5.3 時間軸方向に平行移動された関数のラプラス変換

$f(t)$ を式(2.1)を満たす関数とする。L を正の実数として

$$h_1(t) = \begin{cases} 0 & t < L \\ f(t-L) & t \geq L \end{cases} \quad (2.60)$$

という関数を考える。この関数は $f(t)$ を右へ L だけ平行移動した(L だけ**遅らせた**)ものである(図2.8(a))。$t < L$ で $h_1(t)$ が 0 であることに注意してラプラス積分を計算すれば

$$\begin{aligned} I &= \int_L^\infty f(t-L)\,e^{-st}dt = \int_0^\infty f(\tau)\,e^{-s(\tau+L)}d\tau \qquad \tau = t-L \\ &= e^{-sL}\int_0^\infty f(t)\,e^{-st}dt \end{aligned} \quad (2.61)$$

となるから、$f(t)$ がラプラス変換可能であるという仮定のもとで

$$H_1(s) = e^{-Ls}F(s) \quad (2.62)$$

という公式が得られる。同様に

$$h_2(t) = \begin{cases} 0 & t < 0 \\ f(t+L) & t \geq 0 \end{cases} \quad (2.63)$$

は $f(t)$ を左へ L だけ平行移動した(L だけ**進めた**)もので(図2.8(b))、ラプラス変換は

$$H_2(s) = e^{Ls}F(s) - e^{Ls}\int_0^L f(t)\,e^{-st}dt \quad (2.64)$$

となる。式(2.62),(2.64)を(時間領域における)**推移定理**とよぶ。

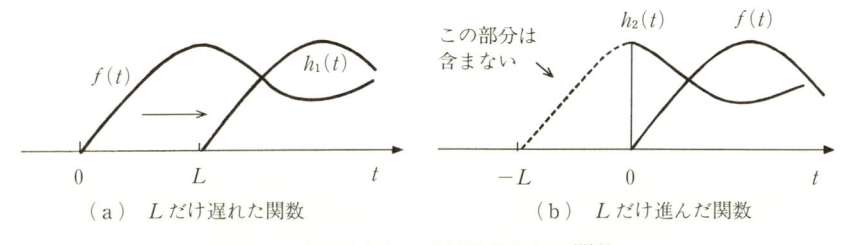

(a) L だけ遅れた関数

(b) L だけ進んだ関数

図 2.8 時間軸方向に平行移動された関数

■ 問 2.14 式(2.64)を導出せよ。

■ 例 2.15 指数関数を含む関数の逆ラプラス変換

$$F(s) = \frac{(5s+6)\,e^{-4s}}{s(s+3)}$$

の逆ラプラス変換 $f(t)$ を求めてみよう。e^{-4s} を省いた

$$F_0(s) = \frac{5s+6}{s(s+3)}$$

の逆ラプラス変換は

$$f_0(t) = 2 + 3e^{-3t}$$

である．公式 (2.62) を逆に使って，つぎの結果が得られる．

$$f(t) = \begin{cases} 0 & t < 4 \\ 2 + 3e^{-3(t-4)} & t \geq 4 \end{cases}$$

■ 問 2.15 逆ラプラス変換せよ．

（1） $F(s) = \dfrac{(3s+10)\,e^{-s}}{(s+2)(s+5)}$ （2） $F(s) = \dfrac{8e^{-3s}}{s(s+4)}$

2.5.4 たたみこみ積分のラプラス変換

$f_1(t)$, $f_2(t)$ をラプラス変換可能な関数として

$$h(t) = \int_0^t f_1(t-\tau) f_2(\tau)\, d\tau \tag{2.65}$$

とおく．右辺の積分において，$t-\tau$ をあらためて τ とおけば

$$h(t) = \int_0^t f_1(\tau) f_2(t-\tau)\, d\tau \tag{2.66}$$

と表現できる．すなわち，f_1 と f_2 の順序を入れかえても同じ h が得られる．$h(t)$ のことを $f_1(t)$, $f_2(t)$ の**たたみこみ積分**とよび $f_1 * f_2(t)$ と表記する．$h(t)$ のラプラス変換を求めるために，有限区間の積分を計算しておくと

$$I(T) = \int_0^T \left\{ \int_0^t f_1(t-\tau) f_2(\tau)\, d\tau \right\} e^{-st} dt$$

（積分の順序変更，図 2.9(a)）

$$= \int_0^T \int_\tau^T f_1(t-\tau) f_2(\tau)\, e^{-s(t-\tau)} e^{-s\tau} dt d\tau \tag{2.67}$$

（積分変数変更 $\sigma = t-\tau$，図 2.9(b)）

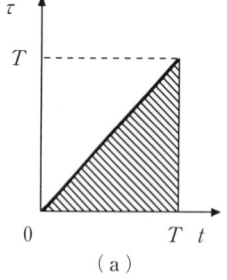

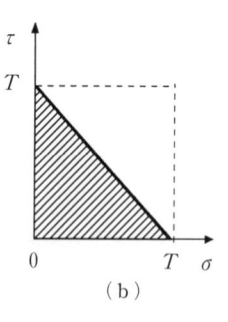

図 2.9 積分領域

2.5 ラプラス変換と逆ラプラス変換の主な性質

$$= \int_0^T f_1(\sigma) e^{-s\sigma} d\sigma \int_0^T f_2(\tau) e^{-s\tau} d\tau - E(T)$$

ただし，

$$E(T) = \int_0^T f_2(\tau) e^{-s\tau} \int_{T-\tau}^T f_1(\sigma) e^{-s\sigma} d\sigma d\tau$$

となる．$f_1(t)$，$f_2(t)$ のラプラス積分が絶対収束するような s の値に対して，$T \to \infty$ で $E(T) \to 0$ となる．したがって，$h(t)$ のラプラス積分は

$$I = \lim_{T \to \infty} I(T) = \int_0^\infty f_1(t) e^{-st} dt \int_0^\infty f_2(t) e^{-st} dt \tag{2.68}$$

である．この式は

$$\mathcal{L}[f_1 * f_2(t)] = F_1(s) \cdot F_2(s) \tag{2.69}$$

を意味している．

■ 問 2.16　$f_1(t) = t$，$f_2(t) = e^{-2t}$ についてたたみこみ積分を計算して，公式 (2.69) を確かめよ．

2.5.5　フーリエ変換との関係

ラプラス積分の収束座標 a が負である場合を考える．この場合には，$\mathrm{Re}(s) = 0$ に対して積分が収束するから，$s = j\omega$（ω は実数）と選ぶことによって

$$F(j\omega) = \int_0^\infty f(t) e^{-j\omega t} dt$$

$$= \int_{-\infty}^\infty f(t) e^{-j\omega t} dt \quad (\text{式}(2.1)\text{の仮定により}) \tag{2.70}$$

という式が得られる．この式は，「式 (2.1) を満足する関数 $f(t)$ については，ラプラス変換 $F(s)$ の変数 s を $j\omega$ とおくことによってフーリエ変換が得られる」ことを意味している[†]．ただし，この性質は，ラプラス積分の収束座標 a が負の場合に成り立つもので，a が正の場合に使ってはいけないことに注意されたい．なお，信号 $f(t)$ に対して，そのフーリエ変換 $F(j\omega)$ のことを**周波数スペクトル**とよぶ．

---

† 式 (2.70) の右辺の積分に $1/\sqrt{2\pi}$ を乗じたものをフーリエ変換の定義とする場合には，「$(1/\sqrt{2\pi}) F(j\omega)$ が $f(t)$ のフーリエ変換」になります．

練 習 問 題

2.1 ラプラス変換せよ．
 (1) $2+t-4e^{-t}+3\sin 2t$ $\qquad t\geqq 0$
 (2) $t^2+4te^{-3t}+5\sin\left(2t+\dfrac{1}{3}\pi\right)$ $\qquad t\geqq 0$

2.2 逆ラプラス変換せよ．
 (1) $\dfrac{2s^2+3s+12}{s(s+1)(s+3)}$ (2) $\dfrac{s^2+s+1}{s^3(s+1)}$ (3) $\dfrac{1}{s(1+2s)}$
 (4) $\dfrac{5s+3}{s^2+16}$ (5) $\dfrac{3s+5}{s^2+4s+5}$ (6) $\dfrac{1}{1+2s+2s^2}$
 (7) $\dfrac{s^2+1}{(s+1)(s^2+2s+2)}$ (8) $\dfrac{s-1}{s(1+2s)}$

2.3 微分方程式を解け
 (1) $x'''(t)+6x''(t)+11x'(t)+6x(t)=0$
  $x(0)=1,\quad x'(0)=-1,\quad x''(0)=2$
 (2) $x''(t)+2x'(t)-3x(t)=1$
  $x(0)=0,\quad x'(0)=0$
 (3) $x''(t)+2x'(t)+3x(t)=e^{-2t}$
  $x(0)=1,\quad x'(0)=0$

2.4 練習問題 2.2 の関数について，初期値定理，最終値定理を確かめよ．

2.5 つぎの $F(s)$ の逆ラプラス変換 $f(t)$ に含まれる関数形を列挙せよ．また，$t\to\infty$ での $f(t)$ の振舞を調べ最終値 $f(\infty)$ が存在すればそれを求めよ．
 (1) $\dfrac{s^2+1}{s(s+1)(s+5)}$ (2) $\dfrac{s^2+s+1}{s^2(s+1)(s+5)}$
 (3) $\dfrac{1}{(s-1)(s+1)(s+5)}$ (4) $\dfrac{1}{s(s^2+2s+2)}$
 (5) $\dfrac{s^2+1}{(s+3)(s^2+2s+4)}$ (6) $\dfrac{s-2}{(s+1)(s+3)}$

2.6 ラプラス変換せよ．
 (1) $f(t)=\begin{cases} 0 & t<2 \\ (t-2)+\sin 5(t-2)+e^{-2(t-2)} & t\geqq 2 \end{cases}$
 (2) $f(t)=\begin{cases} 0 & t<1 \\ t+t^2-2e^{-2t} & t\geqq 1 \end{cases}$

2.7 逆ラプラス変換し，$f(t)$ のグラフを描け．
 (1) $F(s)=\dfrac{e^{-3s}}{s(s+2)}$ (2) $F(s)=\dfrac{1}{s}-\left(\dfrac{1}{s}-\dfrac{1}{s+1}\right)e^{-2s}$
 (3) $F(s)=\dfrac{1-e^{-2s}}{s}$

2.8 2.3.2 の初期値の項 $F_0(s)$ の式 (2.31) を導け．またつぎのように書き換えられることを確かめよ．
$$F_0(s)=\sum_{k=1}^{n}(a_n s^{n-k}+\cdots+a_{k+1}s+a_k)a_k = \sum_{k=1}^{n}(a_1 s^{k-1}+\cdots+a_{k-1}s+a_k)a_k$$

3
伝達関数とフィードバック制御

　この章から，制御理論本体の講義をスタートする．本章では，まずラプラス変換を使った解析法を紹介し，つぎにそれを使ってフィードバック制御の基本的事項を説明する．

3.1 伝 達 関 数

3.1.1 システムとその伝達関数

　「システム」とその「伝達関数」という概念を，直流モータを例にとって説明する．直流モータは，たとえばロボットの腕を動かす，圧延機を回転させる，電車や鉱石運搬車を走らせる，というように操作器としていろいろな場面で使われ，自動制御にとっては最も重要な要素の一つである．

　直流モータを模式図で表すと図 3.1(a) のようになるが，ここではその内部構造をあまり気にせずに，電圧 u を加えれば電機子(回転する部分)が角 y だけ回転する機構と単純にとらえていただきたい．すなわち外部から信号 u を加えると，その結果として信号 y が変化する仕組み(図 3.1(b))と考えるわけである．このように，ある信号を加えると他の信号が変化するような対象のことを**伝達要素**または**(伝達)システム**とよび，加えた方の信号を**入力**，変化させ

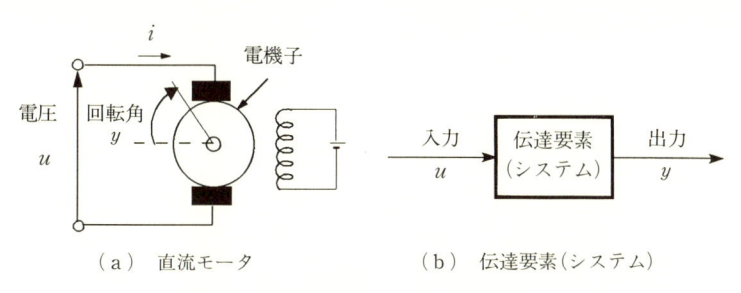

（a） 直流モータ　　　（b） 伝達要素(システム)

図 3.1　伝達要素としての直流モータ

られた方の信号を**出力**とよぶ。以上の用語は，モータのような単一の機械の場合だけでなく，いろいろな部品や装置を組み合わせて作った大きな機械（たとえば1.2節で示した図1.3の制御系全体），人間の器官や動植物，ある地域の環境，経済的な仕組み，など多様な対象について使われる。

さて，モータについて入力 u と出力 y の関係を定量的に表してみよう。回転の角速度を ω，電機子の回路を流れる電流を i，磁場と i によって生じる回転力を q，電機子が回転するために生じる逆起電力を v とすると，つぎの方程式が成立する†（もれインダクタンスとクーロン摩擦を無視しています）。

電機子回路についての電圧則
$$u(t) = Ri(t) + v(t) \qquad R：電機子回路の抵抗 \qquad (3.1)$$

電流 i と回転力 q との関係（磁場は一定とする）
$$q(t) = K_1 i(t) \qquad K_1：比例係数 \qquad (3.2)$$

回転の角速度 ω と逆起電力 v との関係
$$v(t) = K_2 \omega(t) \qquad K_2：比例係数 \qquad (3.3)$$

角速度 ω と回転角 y の関係
$$\omega(t) = \frac{dy(t)}{dt} \qquad (3.4)$$

電機子の回転についての運動方程式
$$M\frac{d^2 y(t)}{dt^2} + F\frac{dy(t)}{dt} = q(t) \qquad (3.5)$$

$\quad M$：電機子（とそれに直結された負荷）のモーメント
$\quad F$：粘性摩擦係数

定位置に静止した状態からモータをスタートさせるものとすれば，y，dy/dt の初期値は 0 である。この条件下で式(3.1)〜(3.5)をラプラス変換すれば
$$U(s) = RI(s) + V(s) \qquad (3.6)$$
$$Q(s) = K_1 I(s) \qquad (3.7)$$
$$V(s) = K_2 \Omega(s) \qquad (3.8)$$
$$\Omega(s) = sY(s) \qquad (3.9)$$
$$Ms^2 Y(s) + FsY(s) = Q(s) \qquad (3.10)$$

を得る（Ω は ω の大文字でオメガと読みます）。上式から $I(s)$，$Q(s)$，$V(s)$，$\Omega(s)$ を消去して $U(s)$ と $Y(s)$ の関係を求めると

---

† この部分の説明がよく理解できない場合は，式(3.1)〜(3.5)が成立するものであると信用して，つぎへ進んで下さい。

3.1 伝達関数

$$Y(s) = \frac{K}{s(1+Ts)} U(s) \tag{3.11}$$

$$T = \frac{MR}{FR + K_1 K_2}, \quad K = \frac{K_1}{FR + K_1 K_2} \tag{3.12}$$

となる。すなわち，$Y(s)$ と $U(s)$ の比はつねにつぎの関数に等しいことがわかる。

$$G(s) = \frac{K}{s(1+Ts)} \tag{3.13}$$

■ **問 3.1** 式(3.11), (3.12)を確かめよ。

以上のように，「初期値が 0 のとき，出力のラプラス変換 $Y(s)$ と入力のラプラス変換 $U(s)$ の比が一定の関数 $G(s)$ になる」という性質は，モータに限らず，時間とともに特性が変化することのない線形システムについて一般に成立する(「線形システム」の意味については 4.1.1 の脚注をみて下さい)。関数 $G(s)$ のことを信号 u から信号 y への**伝達関数**(transfer function)とよぶ。伝達関数を(理論的に)求めるには，システムの性質を記述する方程式を初期値が 0 という条件下でラプラス変換し，得られた方程式を出力のラプラス変換 $Y(s)$ について解けばよい。

■ **例 3.1** 図 3.2 の電気回路で，時刻 $t=0$ にスイッチを閉じるものとする。$t \geq 0$ で，回路に加える電圧 u，回路を流れる電流 i およびコンデンサの端子間電圧 y の間にはつぎの関係が成立する。

キルヒホッフの電圧則 　　$Ri(t) + y(t) = u(t)$ 　　(3.14)

コンデンサの充電の式 　　$\dfrac{d}{dt}\{Cy(t)\} = i(t)$ 　　(3.15)

コンデンサの初期電圧を 0 としてラプラス変換すれば

$$RI(s) + Y(s) = U(s), \quad sCY(s) = I(s) \tag{3.16}$$

となる。これから，$Y(s)$ と $U(s)$ の関係式が求まる。

$$Y(s) = \frac{1}{1+RCs} U(s) \tag{3.17}$$

式(3.17)の係数 $1/(1+RCs)$ が，この回路の電圧 u から電圧 y への伝達関数である。

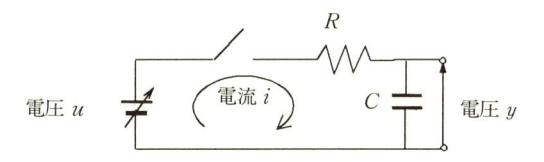

図 3.2 簡単な電気回路

3.1.2 複数の入・出力があるシステム

直流モータの例に戻ろう．上記では，外部から加える電圧 u から回転角 y への伝達関数を求めた．直流モータを位置の制御に用いる場合には，この伝達関数が操作器としてのモータの特性を表すことになる．ところが電車や圧延機の場合には，位置ではなく速度を制御する必要がある．このような場合には，電圧 u から角速度 ω への伝達関数が重要となる．式(3.6)〜(3.10)より

$$\Omega(s) = \frac{K}{1+Ts} U(s) \tag{3.18}$$

となるから，u から ω への伝達関数は

$$G(s) = \frac{K}{1+Ts} \tag{3.19}$$

である．このように1つのシステムであっても複数個の出力が考えられる場合があり，それに対応してシステムの伝達関数も複数個考えなければならない．これらを区別する必要があるときは，どの入力からどの出力への伝達関数であるかを添字によって明示しておくとよい．たとえば，式(3.13)の $G(s)$ を $G_{yu}(s)$ と記して，式(3.19)の方を $G_{\omega u}(s)$ と記すわけである(前の添字が出力，後の添字が入力です)．

■ **問 3.2** 図3.2の電気回路について，電流 i を出力と考えたときの伝達関数 $G_{iu}(s)$ を求めよ．

以上では出力が複数の場合を説明したが，入力の方が複数個ある場合も多い．

■ **例 3.2** 図3.3のように台車を両側から押したり引いたりして，その位置を制御する問題を考えよう．両側にある棒は水平に移動して，その位置 u_1, u_2 が外から自由に操作できる．棒と台車は，ばね定数 K_1, K_2 のバネでつながれているものとす

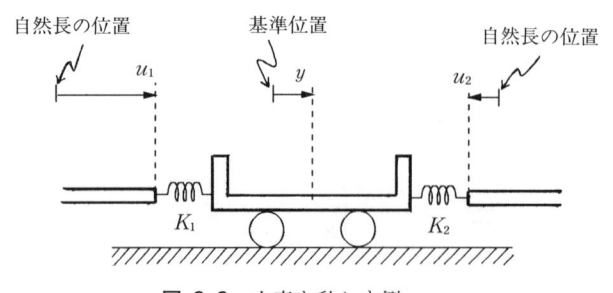

図 3.3 台車を動かす例

3.1 伝達関数

る。台車の位置 y について

$$M\frac{d^2y(t)}{dt^2}+F\frac{dy(t)}{dt}=K_1\{u_1(t)-y(t)\}+K_2\{u_2(t)-y(t)\} \quad (3.20)$$

M：台車の質量， F：粘性摩擦係数

という式が成り立つ。ただし，台車については，適当な1点を基準にとって位置 y を測るものとし，棒の位置 u_1, u_2 については，台車が $y=0$ の位置にあるときにばねが自然長になるような位置を基準にとるものとする。初期値を0としてラプラス変換し，$Y(s)$について解けば

$$Y(s)=\frac{1}{Ms^2+Fs+K_1+K_2}\{K_1U_1(s)+K_2U_2(s)\} \quad (3.21)$$

となる。したがって，u_1 から y への伝達関数 $G_{yu_1}(s)$ および u_2 から y への伝達関数 $G_{yu_2}(s)$ はつぎの通りになる。

$$G_{yu_1}(s)=\frac{K_1}{Ms^2+Fs+K_1+K_2}, \quad G_{yu_2}(s)=\frac{K_2}{Ms^2+Fs+K_1+K_2} \quad (3.22)$$

この $G_{yu_1}(s)$, $G_{yu_2}(s)$ を使うと，システムの入出力関係がつぎのように表せる。

$$Y(s)=G_{yu_1}(s)U_1(s)+G_{yu_2}(s)U_2(s) \quad (3.23)$$

3.1.3 伝達関数の極・零点と安定性に関する用語

以上のように，システムの性質を伝達関数という形でとらえておくと，入力と出力の間の関係が簡単な代数式となり，より大きなシステムを解析する場合に都合がよい。ここであげた例のように，システムの動作が定係数線形常微分方程式で表現できる場合には，伝達関数 $G(s)$ は

$$G(s)=\frac{B(s)}{A(s)} \quad A(s), B(s) : 多項式 \quad (3.24)$$

という，実係数のプロパーな有理関数になる。分母多項式 $A(s)$ の次数 n を**システムの次数**といい，$G(s)$ の相対次数，極，零点(1.4節参照)をそれぞれ**システムの相対次数**，**極**，**零点**とよぶ。極の中で実部が負のもの($\mathrm{Re}\,p<0$)を**安定極**，実部が零または正のもの($\mathrm{Re}\,p\geqq0$)を**不安定極**という。すべての極が安定極であるとき**伝達関数 $G(s)$ は安定である**といい，そうでないとき**不安定である**という。零点についても，実部が負のもの($\mathrm{Re}\,z<0$)を**安定零点**，実部が零または正のもの($\mathrm{Re}\,z\geqq0$)を**不安定零点**という。極と零点がすべて安定であるとき**伝達関数 $G(s)$ は最小位相である**という。伝達関数の分母や分子に含まれる因子 $s\text{-}q$ について，$\mathrm{Re}\,q<0$ であるとき $s\text{-}q$ を**安定因子**とよび，$\mathrm{Re}\,q\geqq0$ であるとき**不安定因子**とよぶ。安定な伝達関数の性質については3.2.1で，極を計算せずに安定性を判別する方法および安定性の定義の詳細については4.3節で，最小位相性については5.5節で説明する。

3.2 過渡応答と基本的な伝達関数

前節で説明したように,伝達関数 $G(s)$ は,1個の入力 u と1個の出力 y とをもつシステム(これを**1入力1出力システム**とよびます)について,

$$Y(s) = G(s)U(s) \tag{3.25}$$

という関係が成立することを表したものである(図 3.4)。1 入力 1 出力システムについては,システムと伝達関数を同一視する。この節では,システムの過渡応答について説明したあと,自動制御の問題によく現れる伝達関数をその過渡応答とともに一覧する。ただし,**システムの応答**とはある入力を加えたときの出力 $y(t)$ (もしくはその振舞)のことを指し,また**過渡応答**(transient response)とは初期時刻から $t \to \infty$ に至るまでの出力 $y(t)$ (もしくはその振舞)のことをいう。この 2 つの用語はほとんど同義であるが,その使いわけなどについては 4.1 節で説明する。

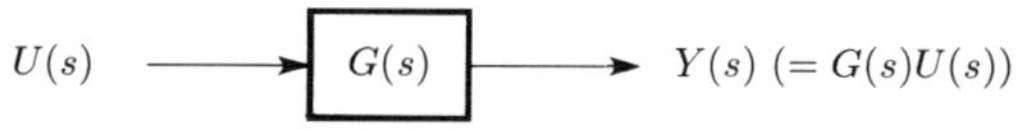

$$U(s) \longrightarrow \boxed{G(s)} \longrightarrow Y(s)\ (= G(s)U(s))$$

図 3.4 伝達関数と入出力関係

3.2.1 過渡応答と安定性

伝達関数で表されたシステムがどんな性質をもっているかを具体的に知るためには,適当なテスト信号 u に対するシステムの応答を調べておくとよい。

変数の初期値を 0 として単位インパルス $\delta(t)$ を加えたときの応答 y_{impulse} を**インパルス応答**とよぶ。1 章で使った部屋の暖房の例でいえば,たとえばストーブをごく短時間つけてすぐ消してしまったときや,窓を短時間だけ開けてすぐ閉めたときの部屋の温度の変化がインパルス応答である[†]。単位インパルスのラプラス変換は 1 だから,インパルス応答は

$$y_{\text{impulse}}(t) = \mathcal{L}^{-1}[G(s)] \equiv g(t) \tag{3.26}$$

となる。2.5.4 の公式より,一般の入力 $u(t)$ に対する応答 $y(t)$ は,インパルス応答 $g(t)$ を使ったたたみ込み積分

$$y(t) = \mathcal{L}^{-1}[G(s)U(s)] = g * u(t) = \int_0^t g(t-\tau)u(\tau)d\tau \tag{3.27}$$

で与えられることがわかる。この公式の意味は図 3.5 の通りである。すなわ

[†] 正確にいえば,前者はストーブが部屋の温度に与える影響を表す伝達関数のインパルス応答,後者は窓の開閉が与える影響を表す伝達関数のインパルス応答です。

3.2 過渡応答と基本的な伝達関数

（a）入力をインパルスの集合とみなす

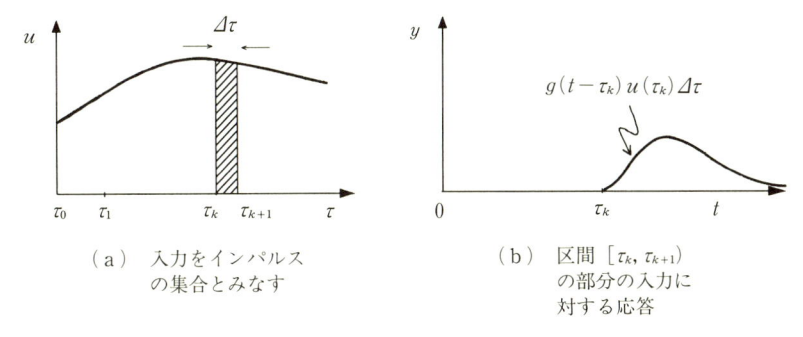

（b）区間 $[\tau_k, \tau_{k+1}]$ の部分の入力に対する応答

図 3.5 たたみ込み積分による出力の表現

ち，入力 $u(\tau)$ について時間軸を幅 $\varDelta\tau$ ごとに区切って考える。それぞれの区間 $[\tau_k, \tau_{k+1}]$ の入力を，時刻 τ_k に発生する大きさが $u(\tau_k) \times \varDelta\tau$ のインパルスとみなせば，それに対するシステムの応答は $g(t-\tau_k)u(\tau_k)\varDelta\tau$ となる。入力 $u(\tau)$ 全体に対するシステムの応答は，これらをすべて加え合わせて，$\varDelta\tau \to 0$ の極限をとれば得られるとしたのが式(3.27)である。

さて，2.5.1 で説明した逆ラプラス変換の性質から，伝達関数 $G(s)$ が安定であればそのインパルス応答 $g(t)$ は $t^k e^{-at}$，$t^k e^{-at}\sin\omega t$，$t^k e^{-at}\cos\omega t$ という形（$a>0$）の項しか含まない。このことから，安定な伝達関数のインパルス応答は，$t \to \infty$ で $g(t) \to 0$ となることがわかる。さらに，式(3.27)を使えば，伝達関数が安定であって入力 $u(t)$ の絶対値が

$$|u(t)| < M \tag{3.28}$$

の範囲にあれば，初期値が 0 のときの応答 y は

$$|y(t)| < K_G M \tag{3.29}$$

の範囲にあることが導ける。ただし K_G は正の定数である。この性質は安定なシステムの大きな特徴であって，**有界入力有界出力性**とよばれている。

■ **問 3.3** （1） $0 < b < a$ なる b を使えば，与えられた整数 r と，r と b に応じて選んだ定数 K について

$$|t^k e^{-at}| < K e^{-bt} \quad k=0,\cdots,r$$

が成立する。この式と式(3.27)，(3.28)を使って式(3.29)を導け。

（2） $G(s)$ が不安定ならば，$t \to \infty$ で $g(t)$ は 0 に収束しないことを確かめよ。

つぎに，システムの変数の初期値を 0 として，単位ステップ信号 $\mathbf{1}(t)$ を加えたときの応答 y_{step} を考える。y_{step} のことを**ステップ応答**(step response)また

はインディシャル応答(indicial response)とよぶ．前の例でいえば，たとえば，ストーブを点火して一定量 u_0 のガスを燃やし続けたときの室温 y の変化や，図1.3のような制御系を作って目標値 r を0からある値 $r_0(\neq 0)$ に変えたときの制御量(すなわち室温)y の変化がステップ応答である†．単位ステップ関数のラプラス変換は $1/s$ であるから，ステップ応答は

$$y_{\text{step}}(t) = \mathcal{L}^{-1}\left[\frac{G(s)}{s}\right] \tag{3.30}$$

となる．$G(s)$ が安定であれば，ステップ応答は $t \to \infty$ で $G(0)$ に収束する．$G(0)$ のことを**システムの定常ゲイン**という．一方，$G(s)$ が不安定であればステップ応答が発散することが容易に導ける．すなわち，ステップ応答が一定値に収束するか否かによっても，伝達関数の安定性を判別できる．

■ **問3.4** （1）$G(s)$ が安定であれば式(3.30)について最終値定理の条件が成立することを確認したあと，同定理を使って $t \to \infty$ で $y(t) \to G(0)$ となることを確かめよ．

（2）$G(s)$ が不安定であれば，$G(s)/s$ が表2.3(b)下3行のどれかに対応する極をもつことを示すことにより，ステップ応答が発散することを証明せよ．

上記以外に，テスト信号として時刻 $t=0$ からはじまる傾き1の直線状波形

$$y = t \qquad t \geq 0 \tag{3.31}$$

が使われることもある．この信号は**ランプ信号**とよばれ，それに対する応答 y_{ramp} を**ランプ応答**とよぶ(図3.6)．ランプ信号は，たとえば，一定速度で動いている物体を追跡する問題の目標値として現れる．ランプ信号のラプラス変

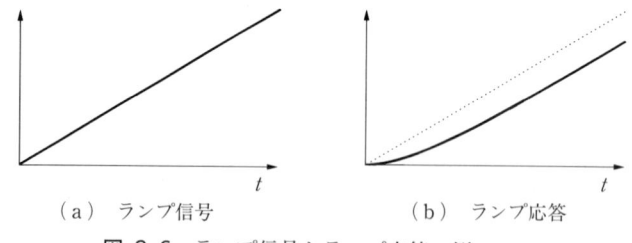

（a）ランプ信号　　　　　　（b）ランプ応答

図 3.6 ランプ信号とランプ応答の例

---

† 前者は制御対象のステップ応答で，制御対象のモデルを作るためによく利用されます．また，後者は制御系のステップ応答で，フィードバック制御がうまく行えているかどうかを判定するための標準的な指標の1つになっています．なお，正確には，これらの場合の y の変化はステップ応答の定数倍(前者では u_0 倍，後者では r_0 倍)になります．

3.2 過渡応答と基本的な伝達関数

換は $1/s^2$ であるから，ランプ応答は次式で与えられる．

$$y_{\text{ramp}}(t) = \mathcal{L}^{-1}\left[\frac{G(s)}{s^2}\right] \tag{3.32}$$

最後に，これまでに明らかになった伝達関数の安定性の意味(定義を含む)をまとめておく．

伝達関数の安定性　つぎの 4 条件は，いずれも伝達関数 $G(s)$ が安定であるための必要十分条件である(ST は Stability of Transfer function の意味です)．

[ST 1]　$G(s)$ の極の実部がすべて負である(定義)．
[ST 2]　入力が有界であれば出力も有界である(有界入力有界出力性)．
[ST 3]　$t \to \infty$ でインパルス応答 $g(t)$ が 0 に収束する．
[ST 4]　$t \to \infty$ でステップ応答 $y_{\text{step}}(t)$ が一定値 $G(0)$ に収束する．

3.2.2　比 例 要 素

伝達関数が定数

$$G(s) = K \tag{3.33}$$

であるシステムを**比例要素**，または**ゲイン要素**とよび，K を**ゲイン定数**または**ゲインの値**という．

比例要素の具体例として，ポテンショメータと歯車機構について説明する．ポテンショメータは，抵抗線とそれに接触して動く刷子(ブラシ)とからなる装置である．図 3.7(a) のように円形の抵抗線を使った場合には，角度を電圧に変える働きをする．抵抗線の両端に $+a$ および $-a$ という直流電圧を加えておけば，刷子からは，その回転角 u に比例した電圧

$$y(t) = \frac{a}{b} u(t)$$

が得られる．すなわち，図 3.7(a) のポテンショメータは，入力が角度 u，出

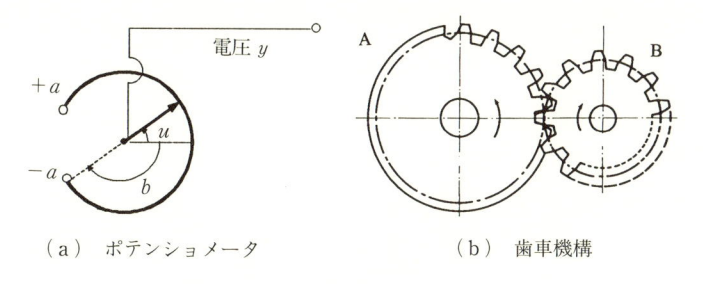

（a）ポテンショメータ　　　　　　（b）歯車機構

図 3.7　比例要素の例

力が電圧 y で，ゲインの値が a/b の比例要素である．直線状の抵抗線を使えば直線的変位を電圧に変えることができる．

図 3.7(b) の歯車機構で歯車 A を角 θ_A だけ回転させれば歯車 B は

$$\theta_B(t) = \frac{N_A}{N_B} \theta_A(t) \qquad N_A, N_B：各歯車の歯数$$

だけ回転する．この式によれば，歯車機構は入力が角度 θ_A，出力が角度 θ_B で，ゲインの値が N_A/N_B の比例要素ということになる．一方，上式を微分してみると，歯車の角速度 ω_A，ω_B についてつぎの関係式が得られる．

$$\omega_B(t) = \frac{N_A}{N_B} \omega_A(t)$$

この式によれば，歯車機構を，入力が角速度 ω_A，出力が角速度 ω_B で，ゲインが N_A/N_B の比例要素として考えてもよいことがわかる．

上の例に関連して，つぎの 2 点に注意していただきたい．第 1 に歯車機構の場合には入・出力が同じ物理量であるが，ポテンショメータでは入力が角度，出力が電圧というまったく違った次元の物理量になっている．自動制御でよく使われる要素や装置では，後者のように入・出力の次元が異なる場合の方が一般的である．このような場合には，ゲインの値 K が入・出力の単位の選び方に依存して変わることに注意しなければならない．制御系の解析では，適当な大きさの量を単位に選んで，K があまり極端な値にならないようにして扱うことが多い．第 2 に，同じ歯車機構であっても，その働きについて 2 通りの見方 (角度を伝えているとみるか，角速度を伝えているとみるか) が可能である．これについては前節のモータの例でも注意を喚起した通りであり，どちらの見方をすべきかはその要素の使い方によって定まる問題である．

3.2.3 積 分 要 素

分母が s，分子が定数である伝達関数

$$G(s) = \frac{c}{s} = \frac{1}{Ts} \tag{3.34}$$

を**積分要素**または**積分器**(integrator)とよび，第 2 式の形で表現したときの T を**積分時間**という．積分要素は，原点 $s=0$ に極を 1 つもつ要素として特徴づけられる．表 2.1 より積分要素のステップ応答が次式となることがわかる．

$$y(t) = ct = \frac{t}{T} \qquad t \geq 0 \tag{3.35}$$

積分要素の例として，図 3.8 の加熱用タンクを調べておこう．熱が外部に逃

3.2 過渡応答と基本的な伝達関数

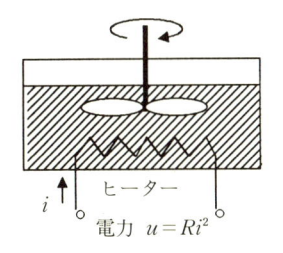

図 3.8 加熱用タンク

げないように保温され，液の温度がすみやかに一様になるよう撹拌されているものと仮定すれば，電熱器に与える電力 u がタンク内に蓄えられる熱量の増加分であるという関係から

$$\frac{d}{dt}[Q\{\theta_0+y(t)\}]=u(t) \tag{3.36}$$

という式を得る．ここに，θ_0 は基準温度，y は θ_0 からの温度の上昇分，Q はタンク内の液全体の熱容量(タンクの壁の等価的な容量を含む)である．初期値を0として上式をラプラス変換し，$Y(s)$ について解けば，u から y への伝達関数が式(3.34)の形になる($T=Q$)ことがわかる．

■問3.5 図3.9の貯液用タンクについて，単位時間当たりの注入液量 u から液の深さ h への伝達関数が積分要素になることを導け($T=A$)．

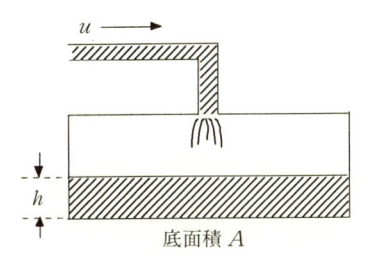

図 3.9 貯液用タンク

上のような装置は，次項の図3.11, 3.12のように液体を下流へ流す形で自動制御系の中に現れることが多い．この種の装置で，下流への流出口を閉じるとここで述べた積分要素となり，流出口を開けば次項の一次遅れ要素となる．

3.2.4 一次遅れ要素

分母が一次関数 $s+a\,(a>0)$，分子が定数 c である伝達関数を**一次遅れ要素**または単に**一次遅れ**(1st order time lag)とよぶ．この場合の伝達関数は $c/(s+a)$ であるが，自動制御の分野では $T=1/a$, $K=c/a$ というパラメータを使って

$$G(s)=\frac{K}{1+Ts} \qquad K>0,\ T>0 \tag{3.37}$$

という形に表すことが多い．K を**ゲイン定数**(gain constant)，T を**時定数**(time constant)とよぶ．一次遅れは $s=-1/T$ に極をもつ安定な伝達関数であり，そのステップ応答は

$$y(t)=K(1-e^{-t/T}) \tag{3.38}$$

となる(図3.10)．式(3.38)からステップ応答は，

　[a] $t\to\infty$ で**最終値** $y_\infty=K$ に収束し，T がその収束の速さを与えていることがわかる．さらに，応答曲線の傾きについてつぎの性質がある．

　[b1] 出発点 $t=0$ での傾きは K/T である．

　[b2] 任意の点で引いた接線は，時間 T の後に $y=K$ の直線と交わる．

　[b3] $z=\ln[K-y(t)]$ のグラフは，傾きが $-1/T$ の直線になる．

これらの性質は，実験的に得られたステップ応答のデータから時定数 T を求めるときに利用される．

■**問 3.6** 式(3.38)および性質[b1]，[b2]，[b3]を確かめよ．また，時間が T だけ経てばステップ応答 $y(t)$ が最終値の約63%，$2T$ で約86%，$3T$ で約95%，$4T$ で約98%，$5T$ で約99%になることを確認せよ．さらに，$z_0=\log[K-y(t)]$ のグラフの傾きを求めよ(1.4節で説明したように ln は自然対数，log は常用対数です)．

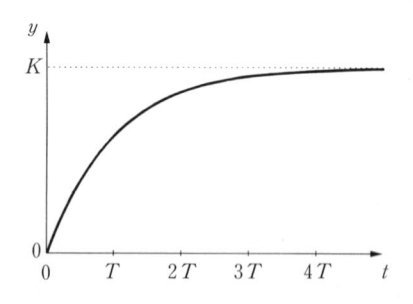

図 3.10　一次遅れのステップ応答

3.2 過渡応答と基本的な伝達関数

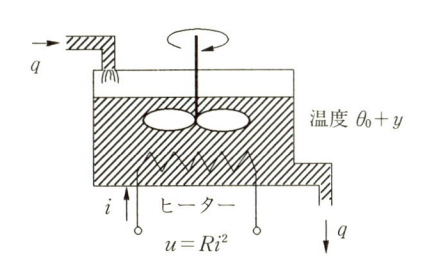

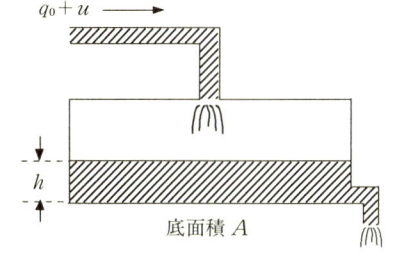

図 3.11 流出のある加熱用タンク

図 3.12 流出のある貯液用タンク

一次遅れ要素の例としては，図 3.11，図 3.12 に示した流出のあるタンクや前節の例 3.1 で調べた電気回路，および 1 章で説明に使った温度制御の対象としての部屋などがあげられる．図 3.11 の加熱用タンクについて伝達関数を導いてみよう．一定の割合 q で液が流入・流出し，流入液の温度が基準温度 θ_0 に等しいとすれば，毎秒 $\gamma q\{\theta_0 + y(t) - \theta_0\} = \gamma q y(t)$ だけの熱量が失われることになる．ただし，γ は液の比熱である．この流出熱量を式(3.36)の右辺から引いた

$$\frac{d}{dt}[Q\{\theta_0 + y(t)\}] = u(t) - \gamma q y(t) \tag{3.39}$$

という式がタンクの中の液の温度の上昇分 y を決める方程式である．初期値を 0 としてラプラス変換すれば，u から y への伝達関数が式(3.37)の形になる ($T = Q/\gamma q$, $K = 1/\gamma q$) ことがわかる．一次遅れのステップ応答の性質を加熱用タンク内の物理現象と対応させてとらえておこう．初期状態が $y(0) = 0$ ということは，流入液，タンク内の液，および流出液の温度がすべて等しいことを意味しており，この状態では液の流出によってタンクから熱が失われることはない．したがって，$t = 0$ における温度の上昇率 dy/dt は，加えた電力 $u = 1$ を熱容量で割った $1/Q = K/T$ という値になる (性質[b 1])．時間が経って液体の温度が y だけ上昇すると，それに比例した熱量が失われるため，その分だけ温度の上昇率 dy/dt が減ることになる．これがステップ応答の傾きが減っていく原因である．最終値は，加えている電力 $u = 1$ と流出熱量 $\gamma q y$ が等しくなる y の値，すなわち $y_\infty = 1/\gamma q = K$ になる (性質[a])．

これまで例として使ってきた部屋の暖房の場合についても，室温の上昇分 y に比例した熱量 ky が壁面から失われていくものと考えれば，

$$Q\frac{dy}{dt} = -ky + u \qquad u;\text{ストーブの発熱量}, \ Q;\text{部屋の熱容量} \tag{3.40}$$

という式が成立することになり，伝達関数はやはり式(3.37)の一次遅れであることがわかる．ただし，部屋の場合には，通常，撹拌が十分に行えないので，温度が均一になるまでに時間がかかり，式(3.40)は非常に大ざっぱな近似と考えた方がよい．

■ **問 3.7** 図3.12の貯液用タンクについて，液の深さが h_0 のときの流出量を q_0，上部から単位時間に流入する液量を $q_0+u(t)$ として，$u(t)$ から $y(t)=h(t)-h_0$ への伝達関数を導け(y が小さい範囲では，流出する液量が y に比例して増加すると考えればよい†)．

上の3例に共通する特色として，エネルギーまたは物質を「蓄える場所」があって，外部からエネルギーまたは物質が注入されるのだが，流出があるために「蓄積量に応じて蓄積速度が減っていく」という性質があげられる．このように「蓄積」と「蓄積量に応じた減速」という2つの現象を含んでいるのが一次遅れ要素の特色である．例3.1の電気回路の場合もコンデンサが静電気的なエネルギーを蓄える場所であり，蓄積されたエネルギーに応じてコンデンサ自身の電圧が上昇するために充電速度が減少するという現象を含んでいる．

3.2.5 二次遅れ要素

分母が二次関数 s^2+as+b ($a>0, b>0$)，分子が定数 c である伝達関数を**二次遅れ要素**または単に**二次遅れ**(2nd order time lag)とよぶ．この伝達関数は，$T=1/\sqrt{b}$, $\zeta=a/2\sqrt{b}$, $K=c/b$ (ζ はギリシャ文字でツェータと読みます)というパラメータを使って

$$G(s)=\frac{K}{1+2\zeta Ts+(Ts)^2} \tag{3.41}$$

---

† 流体についての Bernoulli の定理を使えば，流出量をより正確に求めることができるが，そうすると微分方程式の右辺に $(y+h_0)^{1/2}$ という関数が現れる．このような方程式は非線形方程式とよばれ，本書のようなラプラス変換による手法では解くことができない．ただし，y が小さい範囲では $(y+h_0)^{1/2} \fallingdotseq h_0^{1/2}+\frac{1}{2}h_0^{-1/2}y$ という「線形」の近似式が成立する．問3.7はこの近似式を使って伝達関数を求めよ，という問題である．このように，変数の変化量が小さい範囲で「線形」の近似式を使ったモデルを作ることを，「非線形システムの近似線形化」といい，得られたモデルを「(局所的な)線形化モデル」とよぶ．大部分の制御対象は何らかの形の非線形方程式で表されるので，近似線形化という問題は自動制御を行ううえで重要であるが，本書ではスペースの都合でこれ以上説明を加えることができない．詳しくは参考文献[21]などを参照されたい．

3.2 過渡応答と基本的な伝達関数

という形で表すか，または，T の代わりに $\omega_n = \sqrt{b} = 1/T$ を使って

$$G(s) = \frac{K\omega_n^2}{s^2 + 2\zeta\omega_n s + \omega_n^2} \qquad \omega_n = \frac{1}{T} \qquad (3.42)$$

という形で表す．K を二次遅れの**ゲイン定数**(gain constant)，ζ を**減衰係数** (damping coefficient)とよぶ．T は，つぎに示すようにステップ応答の速さを決めるパラメータで「時定数」とよぶべきものであるが，分母が一次式の積に因数分解できる場合に混乱が生じる可能性があるので，通常この呼称は用いない．二次遅れは安定な伝達関数であるので，ステップ応答 y について最終値公式が使えて，最終値 y_∞ は

$$y_\infty \equiv \lim_{t \to \infty} y(t) = K \qquad (3.43)$$

となる．また，初期時刻における傾きについては，$sG(s)$ に対して初期値定理を使うことにより

$$\left[\frac{dy(t)}{dt}\right]_{t=0} = 0 \qquad (3.44)$$

であることが導ける．極の位置とステップ応答の形は，ζ の値に応じてつぎのようになる．

（i） $\zeta > 1$ のとき，$G(s)$ は相異なる実数極

$$p_1 = -(\zeta - \sqrt{\zeta^2 - 1})\omega_n, \qquad p_2 = -(\zeta + \sqrt{\zeta^2 - 1})\omega_n \qquad (3.45)$$

をもち，伝達関数 $G(s)$ は 2 つの一次遅れ要素の積に因数分解できる．

$$G(s) = \frac{K}{(1 + T_1 s)(1 + T_2 s)} \qquad (3.46)$$

$$T_1 = -\frac{1}{p_1} = (\zeta + \sqrt{\zeta^2 - 1})T, \qquad T_2 = -\frac{1}{p_2} = (\zeta - \sqrt{\zeta^2 - 1})T$$

ステップ応答は，

$$y(t) = K\left(1 - \frac{T_1}{T_1 - T_2}e^{-t/T_1} + \frac{T_2}{T_1 - T_2}e^{-t/T_2}\right) \qquad (3.47)$$

となる．上の $y(t)$ は $t > 0$ で強い意味で単調増加する．

（ii） $\zeta = 1$ のとき，$G(s)$ は式(3.46)で $T_1 = T_2 = T$ とおいたものとなり，

$$p = -\omega_n \qquad (3.48)$$

を 2 位の極としてもつ．ステップ応答は

$$y(t) = K\left\{1 - \left(1 + \frac{t}{T}\right)e^{-t/T}\right\} \qquad (3.49)$$

となる．この $y(t)$ も $t > 0$ で強い意味で単調増加する．

（iii） $0 < \zeta < 1$ のとき，$G(s)$ は複素極

$$p_1, p_2 = -\zeta\omega_n \pm j\sqrt{1-\zeta^2}\,\omega_n \qquad (3.50)$$

をもち,ステップ応答は

$$y(t) = K\left\{1 - \frac{1}{\sqrt{1-\zeta^2}} e^{-\zeta t/T} \sin\left(\sqrt{1-\zeta^2}\,\frac{t}{T} + \theta\right)\right\} \qquad (3.51)$$

$$\theta = \mathrm{Tan}^{-1}\left(\frac{\sqrt{1-\zeta^2}}{\zeta}\right)$$

となる。

　以上のように,二次遅れのステップ応答は $\zeta \geqq 1$ のとき単調増加し,$0 < \zeta < 1$ のときには周期的に増減を繰り返す。ステップ応答の概形を図3.13に示す。$\zeta \geqq 1$ である2次遅れを**非振動的な二次遅れ**,$0 < \zeta < 1$ であるものを**振動的な二次遅れ**とよぶ。振動的二次遅れについて $y(t)$ の増減を調べてみれば,

$$t_n = \frac{nT\pi}{\sqrt{1-\zeta^2}} \qquad (3.52)$$

において極大値(n が奇数)と極小値(n が偶数)を交互にとることがわかる。また極大値 $y(t_n)$(n は奇数)については,$n=1$ のときが最大値 $y_{\max}$ になり,n が大きくなるにつれて減少する。最大値 $y_{\max}$ と最終値 y_∞ との差の最終値に対する比

$$A_\mathrm{p} \equiv \frac{y_{\max} - y_\infty}{y_\infty} = e^{-\pi\zeta/\sqrt{1-\zeta^2}} \qquad (3.53)$$

をステップ応答の**行き過ぎ量**(overshoot)とよぶ。また A_p が生じる時刻

$$T_\mathrm{p} = \frac{\pi}{\sqrt{1-\zeta^2}}\, T \qquad (3.54)$$

のことを**行き過ぎ時間**(overshoot time),隣合う極大値についての比

$$\Gamma \equiv \frac{y(t_{n+2}) - y_\infty}{y(t_n) - y_\infty} = e^{-2\pi\zeta/\sqrt{1-\zeta^2}} \qquad n:\text{奇数} \qquad (3.55)$$

を**減衰比**(damping ratio)とよぶ(減衰係数 ζ と混同しないようにして下さ

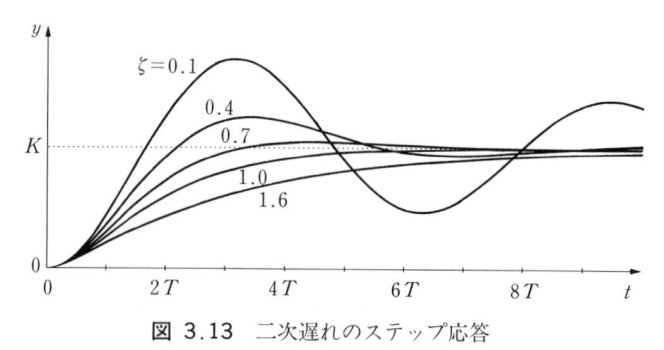

図 3.13　二次遅れのステップ応答

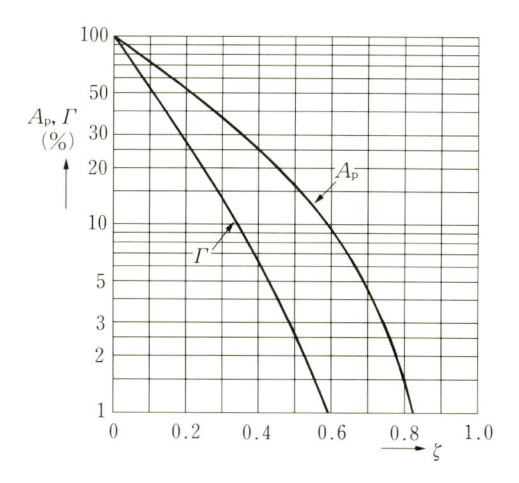

3.2 過渡応答と基本的な伝達関数   51

図 3.14 二次遅れの減衰係数 ζ と行き過ぎ量 A_p
および減衰比 Γ の関係

い)。A_p と Γ（この2つは ζ だけで定まる）はステップ応答の波形を特徴づける指標として，また T_p（ζ と T で定まる）は速応性の指標として利用される．減衰係数 ζ と，行き過ぎ量 A_p および減衰比 Γ との関係を図 3.14 に示しておく．

二次遅れのステップ応答の性質をまとめると，つぎのようになる．

[a]　$t \to \infty$ で最終値 $y_\infty = K$ に収束し，T がその収束の速さを与える．
[b 1]　出発点 $t=0$ での傾きは 0 である．
[b 2]　$\zeta \geqq 1$ のときには $t>0$ で単調増加する．
[b 3]　$0<\zeta<1$ のときには，$t=T_p$ で最大の行き過ぎ A_p を生じ，以後，減衰比 Γ で振動的に最終値に収束する（式 (3.53), (3.54), (3.55)）.

■問 3.8　式 (3.45)〜(3.55) を導出せよ．

伝達関数が二次遅れになるシステムの例としては，3.1 節で例 3.2 としてあげた図 3.3 の台車，図 3.15 の電気回路，図 3.16 のパイプで連結された貯液用タンクなどがあげられる．u を入力，y を出力とすればこれらのシステムの伝達関数はすべて式 (3.41)（または式 (3.42)）の二次遅れとなる．ただし，図 3.3 の台車については，たとえば $u_2=0$ と固定して $u_1=u$ を入力と考える．この場合，パラメータ T, ζ, K はつぎの通りである．

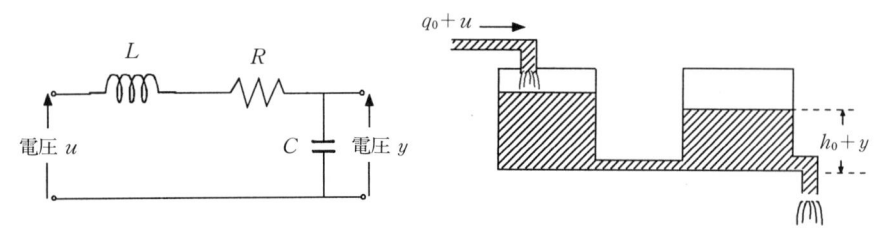

図 3.15 L と C を含む電気回路　　**図 3.16** 連結された貯液用タンク

$$T=\left\{\frac{M}{K_1+K_2}\right\}^{1/2}, \quad \zeta=\frac{F}{2\sqrt{M(K_1+K_2)}}, \quad K=\frac{K_1}{K_1+K_2}$$

■ **問 3.9** 図 3.15 の電気回路，図 3.16 の連結されたタンクについて伝達関数を導け．ただし，図 3.16 については，問 3.7 と同様に考えて解け．

　以上の 3 例に共通の特徴は，エネルギーまたは物質を蓄える場所(または仕組み)が 2 種類あることである．すなわち，図 3.3 の台車ではバネのエネルギーと台車の運動エネルギーが，図 3.15 ではコイルに蓄えられる磁界のエネルギーとコンデンサに蓄えられる電界のエネルギーがあり，図 3.16 では 2 つのタンクのそれぞれに液体が蓄えられる．このように，蓄積場所が 2 個あって，その間でエネルギーまたは物質のやりとりが行われる場合に二次遅れ要素が現れる．一般に，「蓄積場所が 1 個増えるごとに伝達関数の次数が 1 次増える」ことが多いが，必ずしもそうならない場合もあるので注意されたい．この問題は状態方程式の可制御性・可観測性という性質とかかわるものである[20~22]．

3.2.6 むだ時間要素

　入力信号 u を時間 L だけ遅らせて出力信号 y とする要素のことを**むだ時間要素**または単に**むだ時間**(time delay または pure delay)とよぶ．むだ時間要素の中の初期値(「初期値」の正確な意味は 4.5 節で説明します)を 0 とし，$t<0$ で $u(t)=0$ とする．このとき，出力 y は

$$y(t)=\begin{cases} 0 & t<L \\ u(t-L) & t\geq L \end{cases} \tag{3.56}$$

で与えられるから，両者のラプラス変換の間には

$$Y(s)=e^{-Ls}U(s) \tag{3.57}$$

3.2 過渡応答と基本的な伝達関数

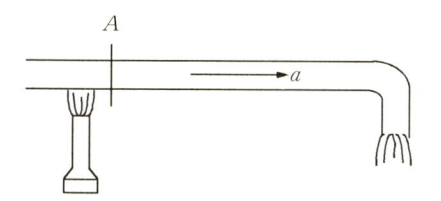

図 3.17 パイプ中を流れる液体

の関係が成立する(2.5.3 参照)。すなわち，むだ時間の伝達関数は

$$G(s) = e^{-Ls} \tag{3.58}$$

である。

むだ時間の例として，図 3.17 のパイプを考えてみる。パイプの断面 A での液体の温度(または濃度，成分比等でもよい)を u，出口での温度を y とし，パイプ中を流れている間の熱の伝播が無視できるとすれば，この要素を $L = b/a$ のむだ時間要素とみなすことができる(a は流速，b はパイプの長さ)。このように物質の移動があればそこにむだ時間が存在するものと考えてよい。ただし，むだ時間は，非常に複雑な伝達関数の近似として使われることもあるので注意されたい(次項参照)。

3.2.7 伝達関数の直列結合と積分器・微分器を含む条件

以上が自動制御の問題でよく使われる伝達関数である。実際の機器や装置の伝達関数 $G(s)$ は，上記の伝達関数と

$$\begin{aligned}&\text{微分要素}\quad s, \quad \text{一次進み要素}\quad 1+Ts, \\ &\text{二次進み要素}\quad 1+2\zeta Ts+(Ts)^2\end{aligned} \tag{3.59}$$

の積として表せることが多い。一般に，

$$G(s) = G_N(s) \times \cdots \times G_2(s) \times G_1(s) \tag{3.60}$$

で与えられる伝達関数 $G(s)$ を $G_1(s), G_2(s), \cdots, G_N(s)$ の**直列結合**(または**縦属結合**)とよび，図 3.18 のような図で表現する(図による表現の詳細については次節参照)。たとえば，3.1 節で説明に使ったモータの伝達関数(3.13)は一次遅れ $K/(1+Ts)$ と積分 $1/s$ の直列結合としてとらえることができる(図

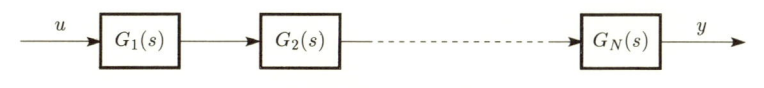

図 3.18 伝達関数の直列結合

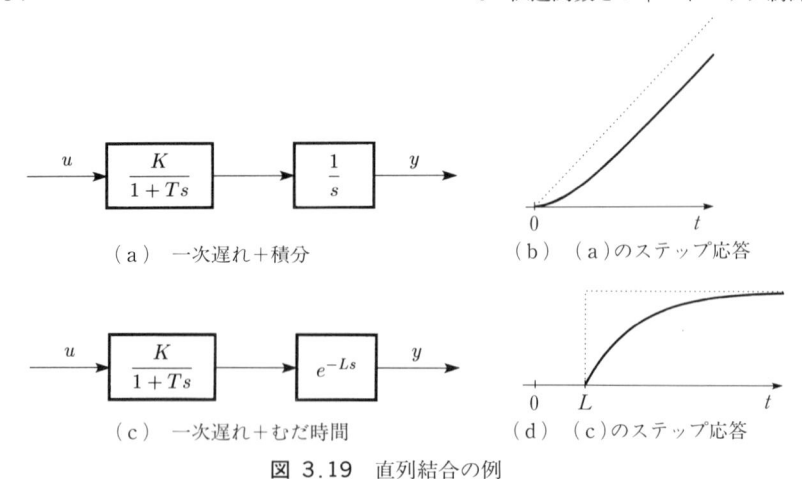

```
                K           1
    u  ─────▶ ─────── ────▶ ─── ────▶ y
              1+Ts          s

         （a）一次遅れ＋積分          （b）（a）のステップ応答

                K
    u  ─────▶ ─────── ────▶ e^{-Ls} ────▶ y
              1+Ts

         （c）一次遅れ＋むだ時間      （d）（c）のステップ応答
```

図 3.19　直列結合の例

3.19(a))。このような伝達関数を慣習的に「一次遅れ＋積分」とよぶ(伝達関数が積の形になっている場合に対して"＋"という表現を使うのはあまり好ましくありませんが，これが一般用語となっています)。簡単な直列結合のもう一つの例としては，図 3.19(c) の「一次遅れ＋むだ時間」がある。このシステムはプロセス制御(温度，レベル，流量，圧力等の制御)における制御対象のモデルとしてよく使われる。この形のモデルのむだ時間は，図 3.17 のパイプのように実際に伝送に要する時間を表しているときもあるが，むしろ非常に複雑な伝達関数の近似と考えた方がよいことが多い(5.8.6)。

■問 3.10　「一次遅れ＋積分」および「一次遅れ＋むだ時間」のステップ応答を求め，それが図 3.19(b)，(d) の通りになることを確かめよ。

　直列結合に関連して，伝達関数の性質を表すのにつぎの用語が使われる。伝達関数 $G(s)$ の分母・分子を因数分解して，式 (3.60) の形で表現したものとする(分子については各因数を $G_i(s)$ とし，分母については各因数の逆数を $G_i(s)$ とする)。このとき，$G_i(s)$ の中に $1/s$ が a 個あれば $G(s)$ は**積分器を a 台**(または **a 個**)**含む**といい，s が b 個あれば**微分器を b 台**(または **b 個**)**含む**という。また $G_i(s)$ の中に e^{-Ls} があれば**むだ時間を(直列に)含む**という。$G(s)$ が「積分器を含む条件は $G(0)=\infty$」であり，「微分器を含む条件は $G(0)=0$」である。分母が n 次多項式で，分子が定数である安定な伝達関数を **n 次遅れ要素**または **n 次遅れ**とよぶ。

3.3 ブロック線図

■ **例 3.3** つぎの $G(s)$ は一次進み1個，積分器1個，一次遅れ1個，二次遅れ1個を含む伝達関数である。

$$G(s) = \frac{5(1+3s)}{s(1+2s)(1+2s+2s^2)} = 5 \times (1+3s) \times \frac{1}{s} \times \frac{1}{1+2s} \times \frac{1}{1+2s+2s^2}$$

上の表現における定数5は**ゲイン定数**とよばれる。ゲイン定数の正確な定義は4.2.1で与える。

■ **問 3.11** つぎの伝達関数は積分器や微分器をいくつ含んでいるか。むだ時間があるかないか。また，どのような極・零点をもつか。相対次数(むだ時間を含む伝達関数については，有理関数部分の)はいくらか。ゲイン定数はいくらか(ただし(3)，(4)については4.2.1を参照のうえ考えよ)。

(1) $\dfrac{5s}{(1+3s)(1+3s+5s^2)}$ (2) $\dfrac{2e^{-3s}}{s^2(1+2s+4s^2)}$

(3) $\dfrac{7}{(s+2)(s^2+4s+3)}$ (4) $\dfrac{s+2}{s(s+1)^3(s+5)}$

3.3 ブロック線図

前節の終わりに述べたように，自動制御で使われる機器・装置の特性は簡単な伝達関数の組合せとして表現されることが多い。また，自動制御系を作るときには，それらのシステムをさらに組み合わせてより大きなシステムを作っていくことになる。そのようなシステムの組み合わせ方を図示する方法としてブロック線図がある。

3.3.1 ブロック線図の規約

1.2節では，フィードバック制御を行うために必要な信号の流れを図1.3の形で示した。おおざっぱにいえば，この種の図面を信号間の定量的関係が明確になるように書き直したものがブロック線図であり，すでに前節で，システムの入出力関係を示したり(図3.4)，直列結合を表現するため(図3.18，3.19)に簡単なブロック線図を使っている。これからわかるように，ブロック線図はシステムの構造を視覚的に表現しつつ信号間の関係を定量的に与えるのに便利な手段である。

ブロック線図で使う記号は表3.1に示した通りである。この記号を使うと，図1.3のフィードバック制御系は図3.22(a)または(b)(この図はp.59にあります)のように表すことができる。この図を使って少し補足的説明をしておく。

表 3.1 ブロック線図の規約

記　号	名　称	意　味
矢印付の線	信号線	信号を表す（矢印の方向に信号が送られる）。
箱 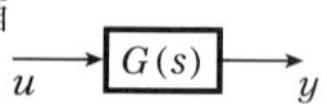　$u \to \boxed{G(s)} \to y$	ブロック	$Y(s)=G(s)U(s)$ という伝達要素を表す。
丸 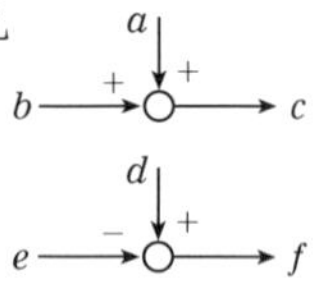	加え合わせ点	信号の加・減算を表す。左の例では $c=a+b$, $f=d-e$ である。多数の信号の加・減算を表したい場合には，矢印付の線を増やし，矢印の側に＋，－を書き入れればよい。
点 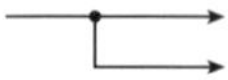	引き出し点（分岐点）	1つの信号を2個以上に分けて使うことを表す。

　右端の信号線の上に y という文字が付記されているのは，この線が制御量 y を表していることを意味する。他の線の上(線の下や左右であってもよい)に r, u, d, d_m, w という記号が付してあるのも同様の意味である。ここでは t 領域の関数を付記して信号を示したが，s 領域の関数を付記してもよい。図 3.22 のブロック線図中の信号の間に成立する関係式は 3.4.1 の式(3.62)～(3.64)の通りになる(各自，図をみて書き下してみて下さい)。

　図 3.22 の中の点線はブロック線図で規約された記号ではなく，点線で囲んだ部分がそれぞれ 1 まとまりの装置に対応していることを示す説明のための記号である。このように，システムをブロック線図で表した場合，1つの装置がいくつかのブロックの組み合わせで表されることがある。具体的な装置とブロックとの対応関係を正確にとらえることが，ブロック線図を理解するうえでの1つのポイントとなることが多い。

3.3.2　ブロック線図の等価変換

　図 3.20(a) の 3 つのブロック線図で，u から y への伝達関数はいずれも $G_2(s)G_1(s)$ である。このように，入出力間の伝達関数が等しくなるという条件のもとでブロック線図を書き換えることを，**ブロック線図の等価変換**という。図 3.20 に，よく使われる等価変換の例を示しておく。

　図 3.20 は 1 入力 1 出力システムの等価変換の例であるが，多入力多出力システムについては，すべての入・出力の組合せについて伝達関数が等しいと

3.3 ブロック線図

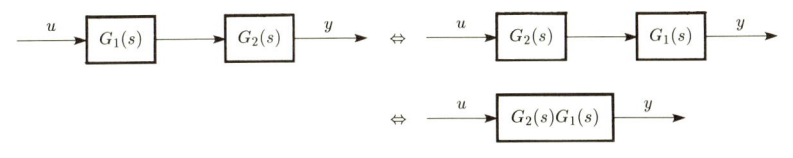

(a) 直列結合

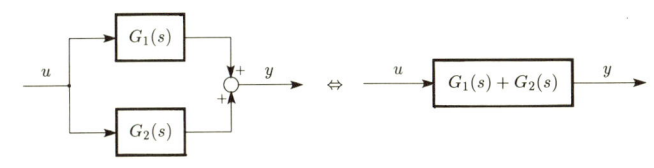

(b) 並列結合

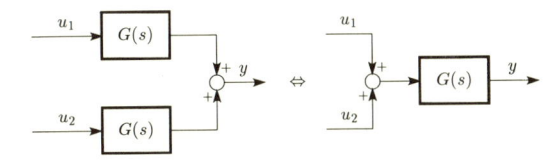

(c) 加え合わせ点を越えた伝達関数の移動

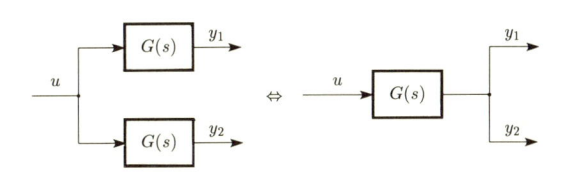

(d) 引き出し点を越えた伝達関数の移動

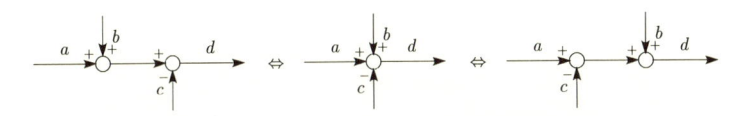

(e) 加え合わせ点の統合・分離・移動

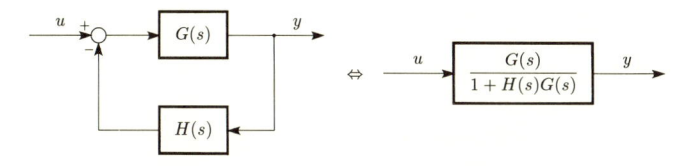

(f) フィードバック結合(ネガティブフィードバック)

図 3.20 ブロック線図の等価変換

き，2つのシステムが等価であるという．

■ **例 3.4** 図 3.21 の (a) を等価変換すると同図 (b) のようになる．これは，図 3.20(c) に示した「加え合わせ点をこえた伝達関数の移動」を行ったものである．図 (b) のように等価変換してみれば，u が $e = r - y$ に比例していることが明確になる．

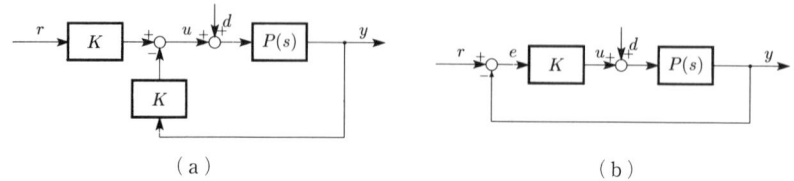

(a)　　　　　　　　　　　　　　　　(b)

図 3.21　等価変換の例 (3.5.2 の 1 自由度比例制御系)

3.4　フィードバック制御系

3.4.1　フィードバック制御系の構造とフィードバック方程式

前節で述べたように，フィードバック制御系の構造をブロック線図で表すと図 3.22 のようになる．ただし，(a) と (b) のブロック線図は

$$C_r(s) = C_f(s) + C(s) \tag{3.61}$$

という関係のもとで互いに等価である．このような等価変換は，制御系の性質をいろいろな側面から検討するうえで役に立つ．

■ **問 3.12** 図 3.22 の (a) と (b) が等価であることをつぎの 2 つの方法で確かめよ．
（1）ブロック線図の規則に従って，u と r および w との関係式を書き下し，それが同一内容であることを確かめる．
（2）式 (3.61) により図 (a) の $C_r(s)$ のブロックを $C_f(s)$ と $C(s)$ との並列結合 (図 3.20(b)) として表現する．そのあと，加え合わせ点の移動 (図 3.20(e)) と加え合わせ点を越えた伝達関数の移動 (図 3.20(c)) を行って図 (b) を導く．

図 3.22 に現れる信号は図 1.3 のものと同じであるが，念のため再記しておくと，y が**制御量**，r が**目標値**，u が**操作信号**，w が**検出信号**，d が**外乱**，d_m が**検出雑音**である．d と d_m (および 3.4.3 で説明する d_u, d_w) をあわせて**外乱性信号**とよぶ．図 (a) の $C(s)$ と $C_r(s)$，図 (b) の $C(s)$ と $C_f(s)$ は制御器の伝達関数であるが，$C(s)$ を**フィードバック補償要素**，$C_r(s)$ を**目標値補償要素**，$C_f(s)$ を**フィードフォワード補償要素**とよび，これらを一括して**補償要素**という．制御量 y から検出器 $H(s)$ を経て制御器に至る経路を**フィードバッ**

3.4 フィードバック制御系

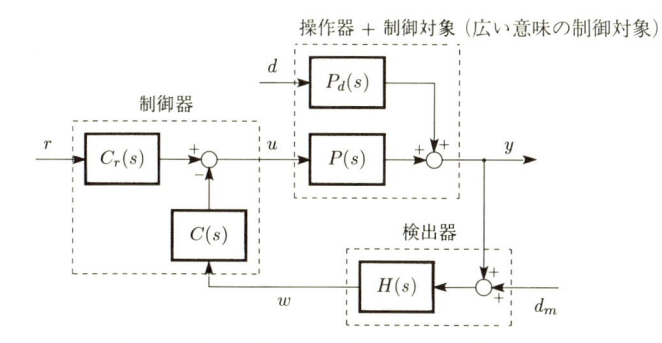

(a) 目標値補償要素 $C_r(s)$ を使った表現

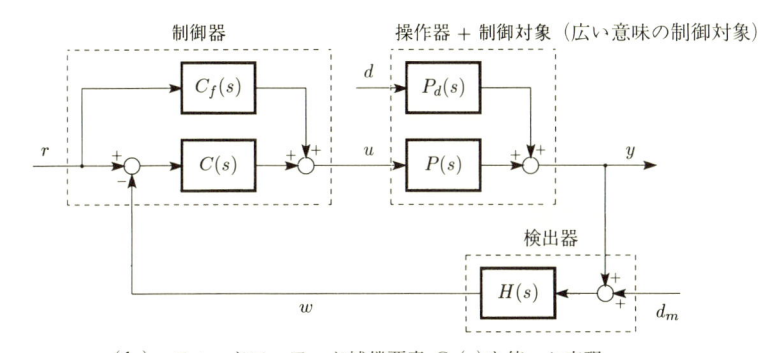

(b) フィードフォワード補償要素 $C_f(s)$ を使った表現

図 3.22 フィードバック制御系のブロック線図 $C_r(s) = C_f(s) + C(s)$

クパスとよぶ．図(b)で r から $C_f(s)$ を通って u に至る経路を**フィードフォワードパス**とよぶ．

図 3.22 からフィードバックパスを取り除いて得られるシステムを**開ループ系**とよび，開ループ系における信号間の伝達関数を**開ループ伝達関数**とよぶ．これに対して，図 3.22 のフィードバック制御系自身を**閉ループ系**とよび，この制御系の信号間の伝達関数を**閉ループ伝達関数**とよぶ(3.4.2 参照)[†]．なお，図 3.22 はフィードバック制御系の基本的な構造を示したもので，実際の制御系は必ずしもこの図の通りの構造になっているとは限らない．

[†] 開ループ伝達関数としては，r から y への伝達関数 $P(s)C_r(s) = P(s)\{C(s) + C_f(s)\}$ と d から y への伝達関数 $P_d(s)$ があるわけですが，単に「開ループ伝達関数」といったときには前者を指すものと解釈して下さい．次項で述べる閉ループ伝達関数についても単に「閉ループ伝達関数」といったときには，r から y への閉ループ伝達関数を指している場合が多いようです(本書では「r から y へ」をなるべく省略しないようにします)．

制御器の伝達関数，すなわち補償要素は，制御対象の性質と制御系に対する要求に応じて設計者が定めるものであり，これをどう定めるかが本書の主要テーマである．図では $C(s)$ と $C_r(s)$（または $C_f(s)$）を別々のブロックとして示したが，制御器を作る（アナログ回路を組む，または計算機のプログラムを作る）場合には r と w を入力とし u を出力とする**2入力1出力システム**としてまとめて実現すべきものである．この点の詳細は 6.4.2 で述べる．

図 3.22 で，信号を表す線とブロック，加え合わせ点，引き出し点の間の接続関係をたどっていけば，信号間につぎの関係式が成り立つことがわかる．

$$U(s) = C_r(s) R(s) - C(s) W(s)$$
$$= C_f(s) R(s) + C(s)\{R(s) - W(s)\} \tag{3.62}$$
$$Y(s) = P(s) U(s) + P_d(s) D(s) \tag{3.63}$$
$$W(s) = H(s)\{Y(s) + D_m(s)\} \tag{3.64}$$

上式は**フィードバック方程式**とよばれ，制御系の解析の基本となる．

3.4.2 閉ループ伝達関数

フィードバック方程式 (3.62)〜(3.64) を制御量 y，および操作信号 u について解けば，

$$Y(s) = G_{yr}(s) R(s) + G_{yd}(s) D(s) + G_{ydm}(s) D_m(s) \tag{3.65}$$
$$U(s) = G_{ur}(s) R(s) + G_{ud}(s) D(s) + G_{udm}(s) D_m(s) \tag{3.66}$$

が得られる．ただし

$$G_{yr}(s) = \frac{P(s) C_r(s)}{1 + P(s) C(s) H(s)} = \frac{P(s)\{C_f(s) + C(s)\}}{1 + P(s) C(s) H(s)} \tag{3.67a}$$

$$G_{yd}(s) = \frac{P_d(s)}{1 + P(s) C(s) H(s)}, \quad G_{ydm}(s) = \frac{-P(s) C(s) H(s)}{1 + P(s) C(s) H(s)} \tag{3.67b}$$

$$G_{ur}(s) = \frac{C_r(s)}{1 + P(s) C(s) H(s)} = \frac{C_f(s) + C(s)}{1 + P(s) C(s) H(s)} \tag{3.67c}$$

$$G_{ud}(s) = \frac{-C(s) H(s) P_d(s)}{1 + P(s) C(s) H(s)}, \quad G_{udm}(s) = \frac{-C(s) H(s)}{1 + P(s) C(s) H(s)} \tag{3.67d}$$

である．検出信号 w についても上と同様の式が得られるが，以下ではあまり使わないので省略する．式 (3.65)，(3.66) は，制御量 y および操作信号 u が目標値 r，外乱 d，および検出雑音 d_m に比例する項の和として与えられることを意味している．各項の性質は式 (3.67) の伝達関数 $G_{yr}(s)$, $G_{yd}(s)$, $\cdots$ で

3.4 フィードバック制御系

定まる。$G_{yr}(s), G_{yd}(s), \cdots$ をそれぞれ**目標値 r から制御量 y への閉ループ伝達関数，外乱 d から制御量 y への閉ループ伝達関数**，$\cdots$ とよぶ。また，閉ループ伝達関数の極（どれか1つの極であればよい）を**閉ループ極**とよぶ。

式(3.67)は一見複雑にみえるが，つぎの規則を覚えておけば図を見ながら容易に書き下すことができる。まず，すべての式の分母は同一であって，

$$\Psi(s) = 1 + P(s)C(s)H(s) \tag{3.68}$$

という形になっている。ここに，$F(s) = P(s)C(s)H(s)$ は，ループを作っている部分に現れる伝達関数の積で，**還送比**(return ratio)または**一巡伝達関数**(loop transfer function)とよばれる。これに対して，Ψ のことを**還送差**(return difference)†とよぶ。還送差が「1＋還送比」の形になっているのは，ループを一周してもとに戻ったときに，加え合わせ点の"－"の部分を1回通過するためである。このように，一周して元に戻ったときマイナスの符号がつく（すなわち奇数回"－"を通る）ループを**負帰還ループ**（**ネガティブフィードバックループ**，negative feedback loop）とよぶ。

つぎに，式(3.67)の分子の方であるが，これは該当する信号間を直接結ぶ経路に現れる伝達関数の積になっている。たとえば，$G_{yr}(s)$ の分子は r から y へと矢印をたどったときに現れる $C_r(s)$ と $P(s)$ の積である。また，$G_{ydm}(s)$ の分子に負号が付いているのは，d_m から y へ矢印をたどっていったとき，加え合わせ点の"－"の部分を1回通ることを反映している。ただし，以上の規則は単純なブロック線図にのみ適用すべきもので，複雑なブロック線図で表れたシステムについては，まず，式(3.62)～(3.64)に相当する基本式をたててから，それを出力変数に関して解いて答えを求めた方がよい。慣れない間は，変数名の付いていない信号線にも名前を付けて，根気よく式を作っていく方が間違いが少ない。ただし，そうすると方程式の数が多くなって手間がかかるので，慣れてくれば変数の数をなるべく少なくして方程式をたてた方がよい。

■**問 3.13** 式(3.65)～(3.67)を導出したあと，式(3.67)のすべての伝達関数について閉ループ伝達関数の分子に関する上の規則を確認せよ。さらに，つぎの場合について閉ループ伝達関数を書き下せ。

$$C_r(s) = K_r, \quad C(s) = K, \quad H(s) = 1, \quad P_d(s) = P(s) = \frac{1}{(1+s)(1+0.1s)^2}$$

---

† 制御系を扱う上では還送比に負号をつけた $-P(s)C(s)H(s)$ のことを「還送比」とよぶ方が自然であると思いますが，フィードバック理論の創始者である Bode は，帰還増幅回路についての考察に基づいて上のように定義しました[16]。その後，この用法が定着していますので，本書でもそれに従います。

また，この場合について，図3.22(b)の形のブロック線図を描け．

3.4.3 フィードバック制御系の安定性

一般に，複数の入・出力をもつシステムについては，入出力のすべての対についてその間の伝達関数が安定であるとき，システムは安定であるといい，そうでないとき不安定であるという．図3.22のフィードバック制御系については，同図に明記した r, d, d_m 以外に，操作信号に加わる雑音 d_u および検出信号に加わる雑音 d_w を含めた5つの信号を入力と考える(4.4.2の図4.9)．出力としては，図3.22に現れる y, u, w の3つの信号だけを考えるものとして，これらの間の15通りの閉ループ伝達関数がすべて安定であるとき**制御系は安定である**という．また，それらの中に1つでも不安定な伝達関数があれば，**制御系は不安定である**という．3.2.1の終わりに述べたことから，フィードバック制御系の安定性はつぎのような性質が成り立つための必要十分条件であることがわかる(SF は Stability of Feedback systems の意味です)．

[SF 1] 外乱性信号が0であれば，ステップ状の目標値を加えたときに，制御量，操作信号および検出信号は一定値に収束する．

[SF 2] 外乱性信号が有界であれば，それが制御量，操作信号および検出信号に与える影響も有界である．さらに，外乱性信号が小さくなるのにともなって，その影響も小さくなる．

また，次章で述べる過渡応答の一般論から，制御系の安定性は，つぎの性質が成り立つための必要十分条件でもあることがわかる．

[SF 3] 外乱性信号が0であれば，一般的な目標値を加えたときに制御量，操作信号および検出信号の定常応答には目標値の定常成分だけが含まれる[†]．

[SF 4] 初期値およびインパルス状の外乱性信号の影響は時間とともに0になる．

(広い意味の)制御対象の伝達関数の組 $\{P(s), P_d(s)\}$，検出器の伝達関数 $H(s)$ および制御器の伝達関数の組 $\{C(s), C_r(s)\}$[††] の既約分数表現がそれぞれ

[†] [SF 3]の性質は，ステップ信号，ランプ信号，正弦波信号などを目標値として加えた場合，定常状態では制御量が目標値と同じ波形(すなわちステップの場合には一定値，ランプの場合には傾きが一定の直線波形，正弦波の場合には同じ角周波数の正弦波)になることを意味します．定常応答，定常成分という用語の正確な意味は4.1.4で説明します．

[††] ここでは，制御器の部分について図(a)の表現を使って議論を進めますが，図(b)の表現を使っても同様の結果になります．

3.4 フィードバック制御系

$$P(s) = \frac{B_P(s)}{A_P(s)}, \qquad P_d(s) = \frac{B_d(s)}{A_P(s)} \qquad (3.69\,\text{a})$$

$$H(s) = \frac{B_H(s)}{A_H(s)} \qquad (3.69\,\text{b})$$

$$C(s) = \frac{B_c(s)}{A_c(s)}, \qquad C_r(s) = \frac{B_r(s)}{A_c(s)} \qquad (3.69\,\text{c})$$

であったとする．ここで，式(3.69 a)および式(3.69 c)の分母がそれぞれ共通になっていることに注意されたい．また，式(3.69 a)が**既約分数表現**であるとは，「多項式 $A_P(s)$ と多項式の組 $\{B_P(s), B_d(s)\}$ が既約である」，すなわち「3つの多項式 $A_P(s)$, $B_P(s)$, $B_d(s)$ が共通因数をもたない」ことを意味する．式(3.69 c)についても同様である．式(3.69)を式(3.67)に代入して分母・分子に $A_P(s)A_c(s)A_H(s)$ をかければ，分母・分子が多項式の分数式が得られる．この分数式の分母は(約分を行わなければ)すべて $A_P(s)A_c(s)A_H(s) + B_P(s)B_c(s)B_H(s)$ となる．この事実から「方程式

$$\varPhi(s) \equiv A_P(s)A_c(s)A_H(s) + B_P(s)B_c(s)B_H(s) = 0 \qquad (3.70)$$

の根の実部がすべて負であれば，図3.22のフィードバック制御系は安定である」ことがわかる．式(3.70)のことを**フィードバック制御系の特性方程式**，式(3.70)の根を**特性根**，左辺の多項式 $\varPhi(s)$ を**特性多項式**とよぶ．上の条件の必要性については 4.4.2 で，特性方程式の根を求めることなく安定性を判別する方法については 4.3 節で述べる．

■ **問 3.14** つぎの A_P と $\{B_P(s), B_d(s)\}$ の既約性を調べよ．
（1） $A_P(s) = (s+1)(2s+1)(3s+1)$,
　　　$B_P(s) = (s+1)(s+2)$, 　$B_d(s) = (2s+1)(s+3)$
（2） $A_P(s) = (s+1)(2s+1)(3s+1)$,
　　　$B_P(s) = (s+1)(s+2)$, 　$B_d(s) = (s+1)(s+3)$

3.4.4 定常偏差

前項の SF 1～SF 4 の性質からわかるように，安定性は制御系として必ず満たさなければならない最低限の要求である．しかし，安定であるだけでは必ずしも十分ではなく，制御系設計においては，「制御量が目標値になるべく一致し，外乱性信号の影響がなるべく小さい」といった定量的評価が必要になる．このような観点から，制御系の性能を評価するうえで 1.3 節で定義した**偏差**

$$e(t) \equiv r(t) - y(t) \qquad (3.71)$$

が重要である．他の性質(についてはあとで述べます)が同程度なら，偏差が小

さい方がもちろんよい制御系である．式(3.71)をラプラス変換し，式(3.65)，(3.67)を使えば，$e(t)$ のラプラス変換 $E(s)$ について

$$E(s) = G_{er}(s)R(s) + G_{ed}(s)D(s) + G_{edm}(s)D_m(s) \qquad (3.72)$$

$$G_{er}(s) = \frac{1 + P(s)\{C(s)H(s) - C_r(s)\}}{1 + P(s)C(s)H(s)}$$

$$= \frac{1 - P(s)C_f(s) + P(s)C(s)\{H(s) - 1\}}{1 + P(s)C(s)H(s)} \qquad (3.73\,\text{a})$$

$$G_{ed}(s) = \frac{-P_d(s)}{1 + P(s)C(s)H(s)} \qquad (3.73\,\text{b})$$

$$G_{edm}(s) = \frac{P(s)C(s)H(s)}{1 + P(s)C(s)H(s)} \qquad (3.73\,\text{c})$$

が得られる．上式は，偏差もやはり目標値 r，外乱 d および検出雑音 d_m に比例する項の和として与えられることを意味している．$G_{er}(s)$，⋯ を**目標値 r から偏差 e への閉ループ伝達関数**，⋯ とよぶ．

目標値や外乱として定常的入力（たとえばステップ信号，ランプ信号，正弦波信号など）を加えたとき，$e(t)$ が一定値

$$\varepsilon = \lim_{t \to \infty} e(t) \qquad (3.74)$$

に収束すれば ε のことをその入力に対する**定常偏差**(steady state error)という．最終値公式(2.59)より，制御系が安定であって式(3.74)の極限が存在する場合には

$$\varepsilon = \lim_{s \to 0} sE(s) \qquad (3.75)$$

が成り立つことがわかる．たとえば，目標値として単位ステップ，および傾き1のランプ信号を加えた場合の定常偏差はそれぞれ

ステップ目標値に対する定常偏差（**定常位置偏差**または**オフセット**とよぶ．ただし，「オフセット」という言葉は，一般的な定常偏差の意味で使われることもあるので注意されたい）．

$$\varepsilon_{r,\text{step}} = \lim_{s \to 0} \frac{1 + P(s)\{C(s)H(s) - C_r(s)\}}{1 + P(s)C(s)H(s)}$$

$$= \lim_{s \to 0} \frac{1 - P(s)C_f(s) + P(s)C(s)\{H(s) - 1\}}{1 + P(s)C(s)H(c)} \qquad (3.76)$$

ランプ目標値に対する定常偏差（**定常速度偏差**）

$$\varepsilon_{r,\text{ramp}} = \lim_{s \to 0} \frac{1 + P(s)\{C(s)H(s) - C_r(s)\}}{s\{1 + P(s)C(s)H(s)\}}$$

$$= \lim_{s \to 0} \frac{1 - P(s)C_f(s) + P(s)C(s)\{H(s) - 1\}}{s\{1 + P(s)C(s)H(s)\}} \qquad (3.77)$$

3.4 フィードバック制御系

となり，外乱として単位ステップが加わった場合の定常偏差は

ステップ外乱に対する定常偏差

$$\varepsilon_{d,\text{step}} = \lim_{s \to 0} \frac{-P_d(s)}{1 + P(s)C(s)H(s)} \tag{3.78}$$

となる．

式(3.76)，(3.78)を式(3.73 a)，(3.73 b)と比較すれば，ステップ入力に対する定常偏差は閉ループ伝達関数 $G_{er}(s)$，$G_{ed}(s)$ の $s=0$ における値に他ならないことがわかる．一般に，伝達関数の $s=j\omega$ における値 $G(j\omega)$ は，角周波数 ω の正弦波入力を加えたときの出力の大きさを与えるものであり(正確には，$|G(j\omega)|$ が振幅の増幅率を，$\arg G(j\omega)$ が位相差を与えます．詳しくは5.1.1で説明します．)，$\omega=0$ としたときが上の事実に対応している．

3.4.5 制御対象のモデルについて――外乱とモデル化誤差

図3.22の制御系の中の信号と伝達関数について，1.2節で使った部屋の暖房の例を使って考察しておく．この例の場合，y は実際の部屋の温度，r は望ましい部屋の温度，u はストーブのガス栓の開度(の目標値)†，w は部屋の温度を測っている熱電対からの電圧である．このように，y, r, u, w はそれぞれ1つの物理量(または人間が指定する値)に対応している．一方，外乱性信号，すなわち d, d_m は必ずしも1つの物理量に対応しているわけではない．たとえば部屋の暖房の場合，外乱 d は，外気温の変化，窓の開閉，室内にいる人の数の変化など，ストーブ以外で部屋の温度に影響を与えるいろいろな要因を一括して1つの量で代表させたものである．したがって，d から y への伝達関数 $P_d(s)$ もかなりあいまいな性格をもつもので，それを正確に定めることはあまり意味がない．そこで，通常は，$P_d(s)=P(s)$ または $P_d(s)=1$ として解析・設計を進める．前者の場合，**入力側に加わる外乱**を想定したといい，後者の場合，**出力側に加わる外乱**を想定したという．ただし，問題によっては，特定の量が制御量を乱す原因として特に大きな影響をもっている場合があ

---

† モータを使ってこの角度までストーブの栓を回すものとすれば，この部分にももう一つ(局所的な)フィードバック制御系が存在して，u はその制御系に対する目標値ということになります．このように，実際の制御系ではフィードバック制御が何重にも使われている場合がよく出てきます．$P(s)$ はこの種の局所的制御系の特性を含んだ伝達関数を意味するのですが，今の例の場合，部屋の温度の変化速度よりもモータの速度の方が十分速く，またほとんど誤差なしに動作してくれるので，操作信号 u と実際のコックの開度 v(こちらが操作量になる)が完全に等しいとしてモデルを作り，この仮定から生じる食い違いはすぐあとで説明するモデル化誤差に含めて考えることにします．

る。そのような場合には，当然，その量から制御量への伝達関数を $P_d(s)$ とする。また，複数個の要因を別々に考えて精密な解析を行いたい場合は，それに対応して $d_1, d_2, \cdots$ という複数個の外乱を想定する必要がある。検出雑音 d_m も d と同様にいろいろな要因を総合して考えた量という性格をもち，d_m から w への伝達関数を明確に定めることはやはり意味が乏しい。本書では，図に示したように，d_m が検出すべき量に直接加わる形で考えることにする。

上記以外の伝達関数について，$H(s)$ は検出器の伝達関数であり，$P(s)$ は操作信号 u から制御量 y への伝達関数である。(広い意味の)制御対象の特性は，この $P(s)$ と先に説明した $P_d(s)$ の対 $\{P(s), P_d(s)\}$ で決定されるわけだが，その中の $P(s)$ の方を単に**制御対象の伝達関数**とよぶことがある。本書では，主として $P(s)$ が強プロパーな有理関数，または強プロパーな有理関数とむだ時間の直列結合である場合を考える。通常，$P(s)$ は理論的解析と実験データに基づいて求められる。理論的解析では，ほとんどの場合，何らかの単純化・理想化を行って $P(s)$ を導出する。また，実験データを使う場合，その値には当然誤差が含まれている。いずれにしても，$P(s)$ は制御対象の実際の特性の(たいていの場合は，かなり大まかな)近似でしかない[29]。その意味でこれを**名目上の制御対象**(nominal plant)，または**名目モデル**(nominal model)とよび，実際の伝達関数 $P_t(s)$ との差

$$\Delta P(s) \equiv P_t(s) - P(s) \tag{3.79}$$

を**加法的誤差**(additive error)とよぶ。また，$\Delta P(s)$ と $P(s)$ の比

$$\delta P(s) \equiv \frac{\Delta P(s)}{P(s)} \tag{3.80}$$

を**乗法的誤差**(multiplicative error)または**相対誤差**(relative error)とよぶ。これらを一括して**モデル化誤差**(modelling error)という。

3.5 制御系の自由度と簡単なフィードバック制御系

本節ではこれまで説明してきた手段を使って簡単なフィードバック制御系を解析するが，その前に「制御系の自由度」[30]という概念と「単位フィードバック系」について説明しておく。

3.5.1 制御系の自由度および単位フィードバック

制御系の構造を決めたときに，独立に変化させうる閉ループ伝達関数の個数

3.5 制御系の自由度と簡単なフィードバック制御系

のことを**制御系の自由度**という。具体的にいえば，図 3.22 の制御系の閉ループ伝達関数の中で，たとえば $G_{yr}(s)$ と $G_{yd}(s)$ は独立に変化させることができる。しかし，この 2 つを指定して補償要素を定めてしまうと，他の閉ループ伝達関数は一意に決ってしまう。したがって，図 3.22 の制御系の自由度は 2 である。これに対して，図 3.22(b) からフィードフォワード補償要素 $C_f(s)$ をとりさった構造をもつ図 3.23 の制御系を考えてみよう。この制御系の閉ループ伝達関数は，式 (3.67) で

$$C_f(s) = 0 \qquad (\text{すなわち } C_r(s) = C(s)) \tag{3.81}$$

とおいた式で与えられる。この場合には閉ループ伝達関数の中の 1 個を定めれば，他はすべて一意に決まってしまう。したがってこの制御系の自由度は 1 である。なお，当然のことながら

$$\text{制御系の自由度} \leq \text{補償要素の個数} \tag{3.82}$$

であるが，等号は必ずしも成り立たないから注意されたい。

自由度 2 の制御系（これを，**2 自由度制御系**という）の方が，自由度 1 の制御系（これを **1 自由度制御系**という）よりも，閉ループ伝達関数の選択の余地が大きいわけだから，その分より高い性能を達成できる。その意味で図 3.22 の方が図 3.23 より優れた制御系である。しかし，一方，補償要素の数が多いので，それを実現するハードウェアが複雑になるという事実にも留意しなければならない。一般に制御系のよさを評価するうえでは，ハードウェアの実現・保守の容易さも大きなウェイトを占める。そのため，つい最近までは，ほとんどの実用例で図 3.23 の 1 自由度制御系が使われていた。図 3.22 の 2 自由度制御系がある程度汎用的に使われるようになったのは，制御器としてマイクロプロセッサーが自由に使えるようになってからのことである[30]。このような歴史的事情を考慮して，以下では「1 自由度制御系を 2 自由度制御系にすることによってどのように性能が改善されうるか」という話題を含めて検討を進める。

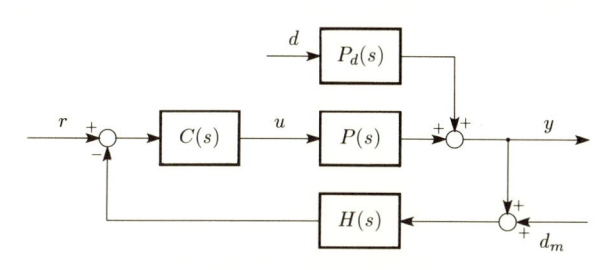

図 3.23　一自由度制御系

さて，これまでは図3.22の制御系を考えてきた．この制御系はかなり一般的な形をしているので，広範囲の問題を一括して議論するには都合がよい．しかし，フィードバックの効果を調べるだけであれば，もう少し簡単な形を考えた方が，本質を理解しやすくなる．そこで，この節では，次式が成立する場合を考える．

$$H(s)=1, \quad d_m(t)\equiv 0 \tag{3.83}$$

$$P_d(s)=P(s) \tag{3.84}$$

式(3.83)は，測定器が正確かつ高速に動作し，検出雑音も無視できる程小さいので，制御量 y がそのまま検出信号 w として得られると仮定したことを意味する．式(3.83)が成り立つような制御系を**検出雑音がない単位フィードバック制御系**という．式(3.84)の方は，前項で説明したように，入力側に加わる外乱を想定したことに他ならない．以上の仮定のもとで，制御系のブロック線図は図3.24の通りになる．この場合には，閉ループ伝達関数を与える式は

$$G_{yr}(s)=\frac{P(s)\{C(s)+C_f(s)\}}{1+P(s)C(s)}, \quad G_{yd}(s)=\frac{P(s)}{1+P(s)C(s)} \tag{3.85 a}$$

$$G_{ur}(s)=\frac{C(s)+C_f(s)}{1+P(s)C(s)}, \quad G_{ud}(s)=\frac{-P(s)C(s)}{1+P(s)C(s)} \tag{3.85 b}$$

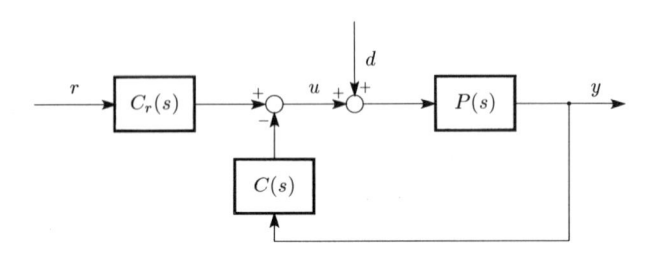

(a) 目標値補償要素を使った表現

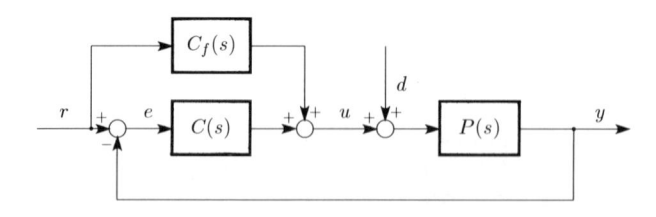

(b) フィードフォワード補償要素を使った表現

図 3.24 入力側に加わる外乱を想定した検出雑音のない単位フィードバック制御系 ($C_r(s)=C_f(s)+C(s)$)

3.5 制御系の自由度と簡単なフィードバック制御系

$$G_{er}(s) = \frac{1 - P(s)C_f(s)}{1 + P(s)C(s)}, \qquad G_{ed}(s) = \frac{-P(s)}{1 + P(s)C(s)} \quad (3.85\,\mathrm{c})$$

となり，特性多項式および特性方程式は

$$\varPhi(s) \equiv A_c(s)A_p(s) + B_c(s)B_p(s) = 0 \quad (3.86)$$

となる．

3.5.2 比 例 制 御

古くから，フィードバック制御の基本的な考え方を最も簡単な形で実現する方法として，操作量 $u(t)$ を偏差に比例させる制御則

$$u(t) = Ke(t) = K\{r(t) - y(t)\} \quad (3.87)$$

が使われてきた(1.3節の式(1.1)，(1.2)参照)．これは図3.24(b)でフィードバック補償要素 $C(s)$ を比例要素

$$C(s) = K \quad (3.88)$$

とし，フィードフォワード補償要素 $C_f(s)$ を式(3.81)のように0としたことに他ならない．この制御の方法を **1自由度比例制御** とよぶ．この場合のブロック線図は図3.21(前出)の通りで，制御量についての閉ループ伝達関数は

$$G_{yr}(s) = \frac{KP(s)}{1 + KP(s)}, \qquad G_{yd} = \frac{P(s)}{1 + KP(s)} \quad (3.89)$$

となる．制御系が安定になるように K が選ばれている（のが当然ですが）ものとすれば，単位ステップ目標値に対する制御量の定常値は

$$y_\infty = \frac{KP(0)}{1 + KP(0)} \quad (3.90)$$

である．$P(0)$ が有限値をとる（いいかえれば，制御対象が積分器を含んでいない）場合には $y_\infty \neq 1$ となって，つぎの定常偏差が生じる．

$$\varepsilon_{r,\mathrm{step}} = \frac{1}{1 + KP(0)} \quad (3.91)$$

■ 問 3.15　式(3.76)を使って定常偏差を計算し，上の値と一致することを確認せよ．

上のような定常偏差が生じた原因は，$C_f(s)$ を0にしてしまったことにある．$C_f(s)$ を0とせずに，ここにもゲイン要素

$$C_f(s) = K_f \quad (3.92)$$

を使えば，制御量についての閉ループ伝達関数はつぎの通りになる．

$$G_{yr}(s) = \frac{(K+K_f)P(s)}{1+KP(s)}, \quad G_{yd} = \frac{P(s)}{1+KP(s)} \quad (3.93)$$

この場合，単位ステップ目標値に対する制御量の定常値は

$$y_\infty = \frac{(K+K_f)P(0)}{1+KP(0)} \quad (3.94)$$

となり，K_f を次式のように選べば定常偏差を 0 にできる．

$$K_f = \frac{1}{P(0)} \quad (3.95)$$

式(3.88)と(3.92)の2つのゲイン要素を使う制御の方法を**2自由度比例制御**といい，K を**フィードバックゲイン**，K_f を**フィードフォワードゲイン**とよぶ．また，比例制御のことを**ゲインフィードバック**ともいう．式(3.95)によれば，制御対象が積分器を含んでいる場合には，$K_f=0$ とする(すなわち，結果的に1自由度制御系と同じ形にする)のがよいことになる(0 でない K_f を使うと，かえって定常偏差が生じてしまうことに注意して下さい)．

なお，以上はモデル化誤差がないとした場合の結果である．実際の制御系ではモデル化誤差が避けられないので，式(3.95)のようにゲインを調整してもステップ目標値に対する定常偏差を完全に 0 にすることはできない(3.5.4 参照)．

■ **問 3.16** 式(3.95)のように選べば，定常偏差が 0 となることを確認せよ．

つぎに，ステップ外乱に対する定常偏差 $\varepsilon_{d,\text{step}}$ について調べる．一般に，外乱に対する応答は1自由度制御系でも2自由度制御系でも($C(s)$ が同じであれば)同じである．比例制御系の，$\varepsilon_{d,\text{step}}$ はつぎの通りになる．

制御対象が積分器を含んでいないとき：$\varepsilon_{d,\text{step}} = -\dfrac{P(0)}{1+KP(0)}$ (3.96 a)

制御対象が積分器を含んでいるとき： $\varepsilon_{d,\text{step}} = -\dfrac{1}{K}$ (3.96 b)

3.5.3 制御対象が一次遅れの場合の比例制御

1章で説明に使った部屋の暖房の場合には，制御対象の特性を近似的に一次遅れ要素

$$P(s) = \frac{K_P}{1+T_P s} \quad K_P > 0, \quad T_P > 0 \quad (3.97)$$

で表すことができる(3.2.4)．ただし，K，T に付した添字 P は，制御対象に

3.5 制御系の自由度と簡単なフィードバック制御系

ついての定数であることを示すものである(Plant の頭文字です)。2 自由度比例制御を行うものとすれば，目標値から制御量，および外乱から制御量への閉ループ伝達関数は

$$G_{yr}(s) = \frac{K'}{1+T's} \tag{3.98 a}$$

$$G_{yd}(s) = \frac{K''}{1+T's} \tag{3.98 b}$$

$$K' = \frac{(K+K_f)K_P}{KK_P+1}, \quad K'' = \frac{K_P}{KK_P+1}, \quad T' = \frac{1}{KK_P+1}T_P \tag{3.99}$$

となる。上の 2 つの閉ループ伝達関数の極は $p=-1/T'$ であり $K_P>0$, $T_P>0$, $K>0$ という条件下で考えれば，このフィードバック制御系は必ず安定になる。フィードバックの効果を明らかにするために，$K_P=1$, $T_P=1$ の場合について制御系の応答を調べてみる。フィードフォワードゲイン K_f は式(3.95)の通りに設定し，フィードバックゲイン K の値を

$$K = 2, \ 8, \ 32 \tag{3.100}$$

と変えて，ステップ目標値およびステップ外乱に対する応答を求めれば，それぞれ図 3.25(a)，(b)のようになる(本節では，この 2 つの応答をそれぞれ**目標値応答**および**外乱応答**と略称します。これらの用語は，3.6.4 で説明するよう

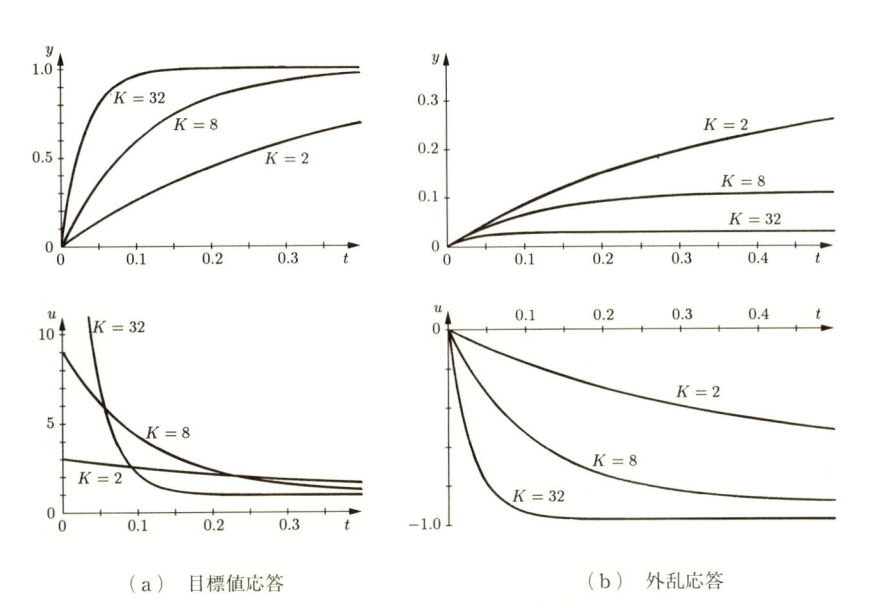

(a) 目標値応答　　　　　　　　(b) 外乱応答

図 3.25 一次遅れ系の比例制御

に，より一般的な入力に対しても使いますが，文脈から判断して下さい）。この図から

[F 1-1] フィードバックゲインを大きくすると，目標値応答がより速くなる

[F 2-1] フィードバックゲインを大きくすると，外乱の影響がより強く抑制される

[F 3-1] 式(3.95)のフィードフォワードゲインを使えば，モデル化誤差がない場合に，ステップ目標値に対する定常偏差を 0 にできる

ことが確かめられる（F 1-1, F 2-1, F 3-1 の F は Feedback control system についての性質という意味です）。

■問 3.17 （1） ステップ応答を計算し，図 3.25 を自ら描いてみよ。
（2） 最終値定理を使って定常値を計算して，[F 2-1], [F 3-1]を確かめよ。
（3） 初期値定理を使って $t=+0$ での応答の傾きを計算し，目標値応答については傾きが $K_r K_P/T_P = (K+K_f)K_P/T_P$，外乱応答については傾きは K によらず一定値 K_P/T_P であることを確かめよ。

上の性質について考察しておく。まず目標値応答，外乱応答ともに $t=0$ で $y=0$ という初期状態を仮定していることに注意されたい。この状態で目標値に単位ステップが加わると，それを $K_r = K + K_f$ 倍に増幅したものがそのまま操作量となって制御対象に加わる。K を大きくすると $t=+0$ で瞬間的に非常に大きな入力を加えることになり，（さらに，$T>0$ でも偏差 $e(t)$ に応じて大きな入力を加え続けるので）制御量が速やかに目標値に到達する。これが，[F 1-1]および問 3.17(3)前半の性質である。実際の制御系がこの通りに動作するかどうかは操作器の能力に依存する。たとえば操作器の出力の限界が（操作信号に換算して）$|u|\leq 5$ であったとすれば応答は図 3.26 のようになり，

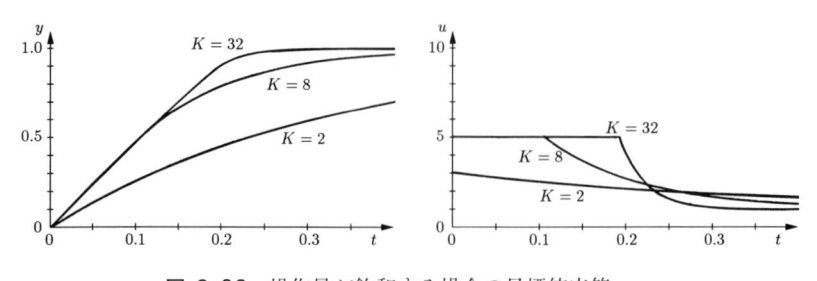

図 3.26 操作量が飽和する場合の目標値応答

3.5 制御系の自由度と簡単なフィードバック制御系　　　　　　　　　73

$K=8$ 程度までは期待通りに目標値応答が速くなるが，$K=32$ まで大きくした場合には速応性はそれほど改善されないといった結果になる．一方外乱に単位ステップが加わった場合には，制御量に変化が現れるまで制御器はそれを検知することができない（図3.24で外乱の入力点と，制御器との順序関係を確認されたい）．したがって，$t=+0$ での外乱応答の傾きは制御器がない場合と同じである．しかし，制御量に変化が現れはじめると，その K 倍の操作量を逆向きに加えて変化を抑えこもうとする．そのため，K が大きいほど，早い時期に応答が抑制され，小さな値で（かつ速やかに）定常状態に到達することになる．これが，[F 2-1]および問3.17(3)後半の性質である．

3.5.4　モデル化誤差の影響

前項で使った式(3.97)の一次遅れは，部屋の温度特性の近似的な表現であって，実際の特性 $P_t(s)$ との間にはモデル化誤差があることを3.2.4および3.4.5で注意した．このモデル化誤差が制御系の振舞にどんな影響を与えるか考えてみる．

まず，ゲイン定数だけに誤差がある場合を考える．すなわち，$\delta > -1$ として，制御対象の実際の伝達関数 $P_t(s)$ が

$$P_t(s) = \frac{K_P(1+\delta)}{1+T_P s} = P(s) \times (1+\delta) \tag{3.101}$$

である場合を考える．このとき，目標値に対するステップ応答の定常値は

$$y_\infty = \frac{(K+K_f)K_P(1+\delta)}{1+KK_P(1+\delta)} \tag{3.102}$$

となる．したがって，式(3.95)のようにフィードフォワードゲイン K_f を定めたときは，ステップ目標値に対して

$$\varepsilon_{r,\text{step}} = \frac{1}{1+KK_P(1+\delta)}\delta \tag{3.103 a}$$

だけの定常偏差が生じる†．一方，フィードフォワード要素を使わない1自由度制御系（すなわち $K_f=0$）の場合には

$$\varepsilon_{r,\text{step}} = \frac{1}{1+KK_P(1+\delta)} \tag{3.103 b}$$

---

† $K_f = 1/K_P(1+\delta)$ とすれば定常偏差を0にできるではないかと考えられる読者もいらっしゃると思います．その通りではありますが，δ の値がわからないので，このような調整をはじめから行うことはできません．ただし，「運転中に K_f をこの値に近づけていこう」という考え方は，モデル化誤差の存在下で定常偏差を0にするための有力な方策を与え得るものです．

だけの定常偏差が生じる。以上から，つぎのことがわかる。

[F 2-2] フィードバックゲイン K を大きくすると，ステップ目標値に対する定常偏差(2自由度制御系の場合は式(3.103a)，1自由度制御系の場合は式(3.103b))がより強く抑制される。

[F 3-2] 式(3.95)のフィードフォワードゲインを使えば，ステップ目標値に対する定常偏差の大きさを1自由度比例制御系の δ 倍にできる。ただし，δ は制御対象の定常ゲインの相対誤差である。

つぎに，s の関数の部分にも誤差があって，制御対象の実際の伝達関数が

$$P_t(s) = \frac{K_P(1+\delta)}{(1+T_P s)(1+\tau s)^2} = P(s) \times \frac{1+\delta}{(1+\tau s)^2} \quad (3.104)$$

で与えられる場合を考えてみる。ここで，$1/(1+\tau s)^2$ は，部屋の温度が一様になるまでに時間がかかる，といった現象を有理関数で近似的に表したものであって，τ は T_P に比べて小さい値とする。この場合の閉ループ伝達関数は

$$G_{yr}(s) = \frac{(K+K_f)K_P(1+\delta)}{(1+T_P s)(1+\tau s)^2 + KK_P(1+\delta)} \quad (3.105)$$

となり，閉ループ系が安定であれば定常偏差については上述と同じ結果が得られる。$G_{yr}(s)$ の安定性を調べる一般的手段は次章以後のテーマとなっているので，ここでは数値的手段を使うことにする。モデルについては，前項と同じく $K_P=1$, $T_P=1$ とし，誤差の部分については $\tau=0.1$, $\delta=0$ と仮定して，K を変化させたときの $G_{yr}(s)$ の極(すなわち，式(3.105)の分母＝0 とおいた方程式の根)を計算機で求めてプロットしてみれば図 3.27 のようになる。このように，「フィードバックゲインを変化させて，閉ループ伝達関数の極の位置を

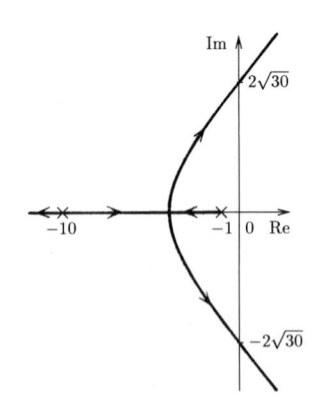

図 3.27 モデル化誤差がある場合の根軌跡

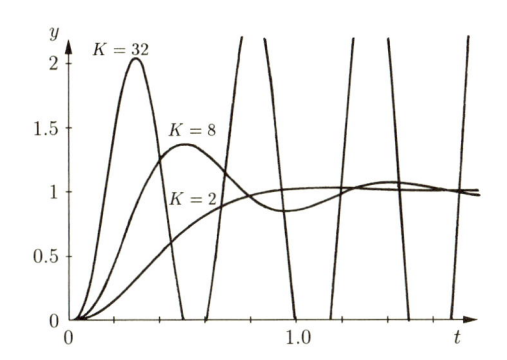

3.5 制御系の自由度と簡単なフィードバック制御系   75

図 3.28 モデル化誤差がある場合の目標値応答
(制御量だけ示す)

プロットした図」を一般に**根軌跡**とよぶ(4.4.4参照)．図3.27から，実際の制御対象の伝達関数が式(3.104)のような三次遅れであると

　　[F 1-2]　フィードバックゲイン K を大きくすると(正確には，$K \geqq 24.2$ とすると)，制御系が不安定になってしまう

ことがわかる．実際，K の値を式(3.100)のように変化させてシミュレーション†を行ってみれば図3.28のようになり，$K=8$ では応答が振動的になり $K=32$ では発散してしまうことが確認できる．なお，本例題の関連事項が，例4.7，問4.18，例4.11，例5.3にあるので参照されたい．

3.5.5　制御対象が「一次遅れ＋積分」の場合の比例制御

モータを使って物体を動かすといった制御系(この種の制御系を**サーボ系**といいます)を考えよう．3.1節で説明したように，制御対象の伝達関数は(もちろん近似的に)

$$P(s) = \frac{K_P}{s(1+T_P s)} \tag{3.106}$$

となる．これに対して比例制御を行った結果を調べておく．この制御対象は積分器を含んでいるから，3.5.2で述べたように $K_f=0$ とするのが(比例制御の範囲内では)最もよい．そのとき，閉ループ伝達関数は

$$G_{yr}(s) = \frac{K'}{1+2\zeta' T' s + (T' s)^2} \tag{3.107}$$

---

† モデルを使ってシステムの応答を調べることを一般に**シミュレーション**といいます．フィードバック制御系の場合には，制御系を表す微分方程式を計算機の中で解いて応答を求めることをシミュレーションとよんでいます．

（a）目標値応答　　　　　　　　（b）外乱応答

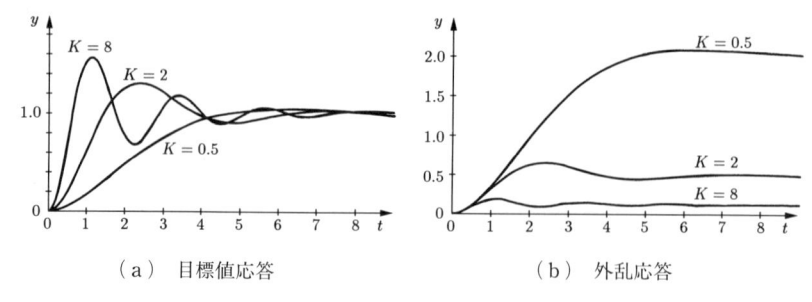

図 3.29 「一次遅れ＋積分」の比例制御（制御量だけ示す）

$$G_{yd}(s)=\frac{K''}{1+2\zeta'T's+(T's)^2} \tag{3.108}$$

$$K'=1, \quad K''=\frac{1}{K}, \quad T'=\left(\frac{T_P}{KK_P}\right)^{1/2}, \quad \zeta'=\frac{1}{2}\left(\frac{1}{KK_PT_P}\right)^{1/2} \tag{3.109}$$

になる。$K_P=1$，$T_P=1$ の場合について，フィードバックゲインを

$$K=0.5, \ 2, \ 8$$

と変化させてシミュレーションすれば，図 3.29 のような応答が得られる。この場合も，K が比較的小さい間は，一次遅れの場合の[F 1-1]，[F 2-1]と同様の特性改善がみられるが，

[F1-3] フィードバックゲイン K を大きくしすぎると応答が振動的になることがわかる。これは，K を大きくすると閉ループ伝達関数の減衰係数 ζ' が小さくなるためである。制御対象のモデル式(3.106)のゲイン定数に誤差がある場合についてステップ目標値に対する定常偏差を計算すれば，

$$\varepsilon_{r,\text{step}}=0 \tag{3.110}$$

という結果が得られる。これは，$P(0)=\infty$ である（すなわち，積分器を含んでいる）という制御対象の性質からの帰結であることに留意されたい。一方，ステップ外乱に対する定常偏差は

$$\varepsilon_{d,\text{step}}=-\frac{1}{K} \tag{3.111}$$

となる。s の関数の部分にも誤差がある場合には，定性的に 3.5.4 と同様の結果になる。

3.6 フィードバック制御系の設計 I

■ **問 3.18** 式(3.107)～(3.111)を確認せよ。また，根軌跡を描き，閉ループ極の位置の変化という立場から，性質[F1-3]を説明せよ。

上のサーボ系(はじめに述べたように，物体の位置を定める制御系，すなわちロボットの手を動かしたり，工具の位置を調整したりする制御系のことです)について，制御器のパラメータ K をどのように設定すればよいのかを説明しておこう。サーボ系の場合には，目標値に対する応答波形が主な設計指標となるが(3.6.5参照)，特に，ステップ応答に大きな行き過ぎが生じると不都合である(たとえば，ロボットの腕が「大きく行き過ぎる」と物に触れてそれを壊してしまう可能性があるといった)ことが多い。制御系のステップ応答の行き過ぎは閉ループ伝達関数の減衰定数 ζ' によって決まるから，「望ましい ζ' の値を先に指定し，それから逆算して制御器のパラメータを設定する」というのがよく使われる方法である。ζ' の値としては

$$\text{閉ループ系の減衰係数} \quad \zeta' = \frac{1}{\sqrt{2}} \fallingdotseq 0.7 \quad (3.112)$$

が1つのガイドラインになっている†。このように設定すれば，ステップ応答の行き過ぎ量は約4.5%になる。また同じ T' の値のもとで5%整定時間(3.6.3参照)がほぼ最小になる[25]。

もう1つのガイドラインとして，行き過ぎ量が0となる ζ' の下限の値

$$\text{閉ループ系の減衰係数} \quad \zeta' = 1 \quad (3.113)$$

という値がある。式(3.113)が満たされているとき，**臨界制動**(critical damping)がかかっているという。なお，本例題は4.2.1および例5.4でも扱われているので参照されたい。

■ **問 3.19** $T_P=1$, $K_P=1$ の場合について，上の2条件を満たす K の値を求めよ。

3.6 フィードバック制御系の設計 I ── 時間応答に基づく考察

制御理論の目的は，よい制御系を作るための手段，すなわち制御系の設計法を与えるところにある。そのためにはあらゆる知識が必要なので，設計法の体系的記述は本書の続論である「古典制御理論(設計編)」で行う。しかし逆に，

---

† $1/\sqrt{2}$ という値は，周波数応答のゲイン曲線がピークをもたないような ζ' の値の下限である(5章参照)。

設計という観点からの考察が，理論自体の理解のためにも重要である．そこで，本書(基礎編)においても，各学習段階に応じたレベルで設計に関連する話題をとり上げる．本節では定常偏差が0になる条件，フィードバックの効果，目標値に対するステップ応答の特徴量，制御性能の評価，および制御系の分類について述べる．

3.6.1 定常偏差が0になる条件

前節で検討した比例制御系では，ステップ外乱に対してつねに(0でない)定常偏差が生じた．また，3.5.5の場合以外は，モデルのゲイン定数に誤差があるとステップ目標値に対しても定常偏差が生じた．そこで，どんな条件があれば定常偏差が0になるかを考えておく．

図3.22の一般的な制御系を考え，安定であるものと仮定する．定常偏差の公式(3.76)，(3.78)を変形すれば

$$\varepsilon_{r,\text{step}} = \lim_{s \to 0} \frac{\{1/P(s)C(s)\} - \{C_f(s)/C(s)\} + \{H(s)-1\}}{\{1/P(s)C(s)\} + H(s)} \quad (3.114)$$

$$\varepsilon_{d,\text{step}} = \lim_{s \to 0} \frac{-\{P_d(s)/P(s)C(s)\}}{\{1/P(s)C(s)\} + H(s)} \quad (3.115)$$

となる．この式から

$$\lim_{s \to 0} H(s) = 1 \quad (3.116)$$

$$\lim_{s \to 0} P(s) \neq 0, \quad \lim_{s \to 0} P_d(s)/P(s) < \infty \quad (3.117)$$

$$\lim_{s \to 0} C(s) = \infty, \quad \lim_{s \to 0} \{C_f(s)/C(s)\} = 0 \quad (3.118)$$

であれば，ステップ目標値に対する定常偏差$\varepsilon_{r,\text{step}}$とステップ外乱に対する定常偏差$\varepsilon_{d,\text{step}}$がともに0となることがわかる[31]．式(3.116)〜(3.118)は，定常偏差=0のための十分条件だが，その意味はつぎの通りである．

式(3.116)は検出器の定常ゲインが1，すなわち定常状態で検出器に誤差がないことを要求している．この条件が満たされないと，(式(3.117)，(3.118)が満足されているとして)ステップ目標値に対して次式の定常偏差が生じる．

$$\varepsilon_{r,\text{step}} = \frac{H(0)-1}{H(0)} \quad (3.119)$$

これは「たかだか検出器の精度でしか制御できない」ことを意味している．

式(3.117)は制御対象に対する要求である．第1式は「制御対象の伝達関数が微分器を含んでいない」ことを，また第2式は

$$P(s) \text{に含まれる積分器の個数} \geq P_d(s) \text{に含まれる積分器の個数} \quad (3.120)$$

であることを要求している(3.2.7参照)．これらの条件は，ほとんどの実際的問題において，目標値を一定値に保ちうる(すなわち，定常偏差＝0が実現できる)ための必要条件になっている．すなわち，第1式が成立せず$P(s)$が微分器を含んでいれば，制御量を一定値に保つためには操作量の微分を一定値に保たなければならない．これは，操作量自身を増加または減少させつづけなければならないことを意味するもので，ほとんどの場合，実行不可能である．また，第2式が成立せず$P_d(s)$に$P(s)$より多くの積分器が含まれていれば，例4.10と同じ理由により制御系を安定にできない．

■ **問 3.20** 図3.30の回路について，電圧源の電圧uから端子間の電圧yへの伝達関数$P(s)$を求め，それが式(3.117)の第1式を満たしていないことを確かめよ．したがって，この回路で，ステップ目標値に対して定常偏差を0にすることは困難である．その理由を物理現象に即して説明せよ．

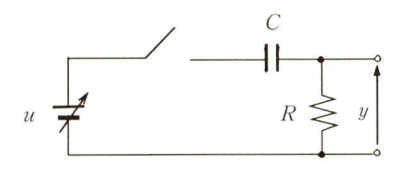

図 3.30 微分器を含む制御対象

式(3.118)は，制御器に課せられる条件である．第1式は，フィードバック補償要素$C(s)$が積分器を含んでいることを，また第2式は

$C(s)$に含まれる積分器の個数＞$C_f(s)$に含まれる積分器の個数　　(3.121)

であることを要求している．最も簡単な場合についていえば「$C(s)$に積分器を1個含み，$C_f(s)$には積分器を含まない」制御器を使えばよいことになる．この条件を満たす制御器として，たとえば

$$C(s) = \frac{K}{s}, \qquad C_f(s) = -K\alpha \tag{3.122}$$

$$C(s) = K\left(1 + \frac{1}{Ts}\right), \qquad C_f(s) = -K\alpha \tag{3.123}$$

がある．式(3.122)のように，$C(s)$として積分要素を使うことを**積分制御(I制御)**または**積分補償(I補償)**といい，式(3.123)の$C(s)$を使う場合を**比例積分制御(PI制御)**または**比例積分補償(PI補償)**という．また，上の2つを含め，一般に式(3.118)を満たすような制御則を**積分性制御**または**積分性補償**と

よぶ．1.3 節で述べたように，19 世紀の技術者達はいろいろな工夫を行って積分補償あるいは比例積分補償を実現し，定常偏差を 0 にすることに成功した[1,3]．

以上では，モデル化誤差がない場合を考えたが，モデル化誤差がある場合には，名目モデル $P(s)$, $P_d(s)$ を実際の伝達関数 $P_t(s)$, $P_{td}(s)$ で置き換えればよい．したがって，式(3.117)を満し，かつ制御系の安定性を損なわない範囲の誤差であれば，式(3.116)，(3.118)が成立する限り定常偏差は 0 になる．すなわち，条件式(3.116)～(3.118)が成り立つように制御系を作れば，「(制御系の安定性を損なわない範囲の)モデル化誤差があっても，ステップ状目標値およびステップ状外乱に対する定常偏差が 0 になる」このことを「ステップ入力に対する定常偏差が**ロバストに 0 になる**」という．なお，「ロバスト(robust)」とは「制御対象のモデル化誤差があってもある性質が成り立つ」という意味であり，このような性質を一般に**ロバスト性**(robustness)という．robustness は**頑健さ**と訳されることもある．

少し補足しておく．先に述べたように式(3.116)～(3.118)は定常偏差＝0 の十分条件にすぎない．制御対象自身が積分器を含んでいて $P_d(s)$ の方が含んでいない，すなわち

$$\lim_{s \to 0} P(s) = \infty, \quad \lim_{s \to 0} \frac{P_d(s)}{P(s)} = 0 \qquad (3.124)$$

である場合には，式(3.116)と式(3.118)の第 2 式が成り立っていれば(式(3.118)第 1 式が成り立たなくても)，ステップ目標値およびステップ外乱に対する定常偏差が 0 になる．制御対象が積分器を含んでいる場合に，さらに積分性補償を行うと安定性の面で問題を生じることがある(5 章参照)ので，この事実は重要である．

つぎに，図 3.31 の単位フィードバック制御系(外乱の加わり方が図 3.24 より一般的であることに注意)について定常偏差を調べておく．ただし，フィードフォワード補償要素 $C_f(s)$ は適切に(すなわち，式(3.92)のゲインを使うのなら式(3.95)を満たすように)選ぶものとする．ステップ目標値に対する定常偏差 $\varepsilon_{r,\text{step}}$ については，先に述べた通りである(単位フィードバックだから式(3.116)は自動的に満たされる)．ランプ目標値に対する定常偏差 $\varepsilon_{r,\text{ramp}}$ については

$$\lim_{s \to 0} sP(s)C(s) = \infty \qquad (3.125)$$

が成り立てばロバストに $\varepsilon_{r,\text{ramp}} = 0$ となることが導ける．式(3.125)は補償要

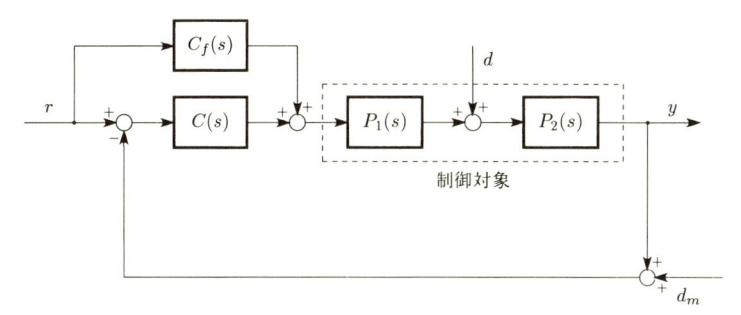

図 3.31 外乱が「直列経路に加わる」単位フィードバック制御系

素 $C(s)$ と制御対象 $P(s)$ を合わせて2個以上の積分器を含んでいることを意味する．以上の結果をまとめれば表3.2のようになる．同表左欄の条件部分は「ループに含まれる積分器の個数」を意味する．この条件に関連して，$P(s)C(s)$ に n 個の積分器が含まれているとき，「(目標値に対して)制御系は **n 型**である」という[25,26]．

ステップ外乱に対する定常偏差についても同様の考察によって表3.3の結果が導ける．同表左欄の条件部分は「外乱入力点より前にある積分器の個数」を意味する．

表 3.2 単位フィードバック制御系の目標値に対する定常偏差

$P(s)C(s)$ に含まれる積分器	ステップ目標値に対する定常偏差	ランプ目標値に対する定常偏差
0 個	有限値*	∞
1 個	0	有限値*
2 個	0	0

* モデル化誤差がなければ，$C_f(s)$ を適切に選ぶことによって0にできる．

表 3.3 単位フィードバック制御系の外乱に対する定常偏差（外乱は図3.31に示した位置に入るものとする．左欄の $P_1(s)$ は外乱の入力点より前にある制御対象の伝達関数である．）

$P_1(s)C(s)$ に含まれる積分器	ステップ外乱に対する定常偏差
0 個	0 でない有限値*
1 個	0

* $P_2(s)$ が積分器を含まなければ $\varepsilon_d = -P(0)/(1+P(0)C(0))$，$P_2(s)$ が積分器を含んでいれば $\varepsilon_d = -1/C(0)$

3.6.2 フィードバックの効果

前節で,「一次遅れ」および「一次遅れ＋積分」という形でモデル化できる制御対象に対して比例制御を行った場合の諸性質について検討し,つぎのことを明らかにした(F は Feedback の意味です).

[F 1] フィードバックによって,システムの速応性が変化する.フィードバック要素 $C(s)$ の選び方が適切であれば速応性が高まって制御系としての性能が改善されるが,不適切であると応答が振動的になったりシステムが不安定になったりする.名目モデルについて性能が改善されている場合でも,モデル化誤差があると不都合な現象が生じる場合があるので注意しなければならない.

さらに,フィードバック補償要素が上の意味で適切に選ばれているという前提のもとで,つぎのことを明らかにした.

[F 2] フィードバック補償要素のゲインを大きくすれば†,外乱およびモデル化誤差の影響をより強く抑制できる.

[F 3] フィードフォワード補償要素 $C_f(s)$(または目標値補償要素 $C_r(s)$)を適切に選ぶことによって,目標値に対する応答を改善できる.

以上の中の[F 1]と[F 2]がフィードバックの効果であり,フィードバック制御を使う主な理由である.上の3つの結論はより一般的な場合についても成立する.それについて正確な考察を行うにはより進んだ理論が必要であるが,これまで学んだ知識の範囲においてもある程度の議論が可能であるので,少し検討しておく.

図3.24の制御系(すなわち,入力側に加わる外乱を想定した検出雑音のない単位フィードバック制御系)を考える.閉ループ伝達関数を式(3.69)の分数表現を使って表せば

$$G_{yr}(s) = \frac{B_P(s) B_r(s)}{A_P(s) A_C(s) + B_P(s) B_C(s)} \quad (3.126)$$

$$G_{yd}(s) = \frac{B_P(s) A_C(s)}{A_P(s) A_C(s) + B_P(s) B_C(s)} \quad (3.127)$$

となる.この式から,フィードバック補償要素 $C(s)$ の分母,分子である $A_C(s)$, $B_C(s)$ を調整することにより閉ループ伝達関数の分母,したがって閉ループ極が変えられることがわかる.その結果として[F 1]の効果が現れるもので,この効果は「フィードバックによる動特性の変更」ということができ

---
† 「ゲイン」の正確な定義は5章で与えます.ここでは「$C(s)$の大きさ」という程度に理解して下さい.

3.6 フィードバック制御系の設計 I

る．ちなみに3.5.3の場合（すなわち制御対象が一次遅れであってモデル化誤差がない場合）の閉ループ伝達関数の分母は $T_P s+1+KK_P$ で，閉ループ極は

$$p=-\frac{1}{T'}=-\frac{KK_P+1}{T_P} \tag{3.128}$$

であった．K を大きくする程 p は負の大きな値になり，この極に対応するステップ応答中の成分 e^{pt} がよりすみやかに減衰する．そのために制御系の速応性が改善された．ただし，［F 1］の注意事項にあるように，3.5.4の式(3.104)のようなモデル化誤差があると，閉ループ伝達関数の分母が式(3.105)のように 3 次式になってしまう．そのため，K を単純に大きくすると図3.27に示したように正の実部をもつ閉ループ極が現れ，制御系が不安定になる．設計にあたっては，「実際的にありうる」すべてのモデル化誤差に対して安定性が保たれるように $C(s)$ を選んでおくことが重要である．「ありうる」すべてのモデル化誤差に対して制御系が安定であるとき，制御系は**ロバスト安定である**という（「ロバスト」の意味については3.6.1参照）．ロバスト安定性の話題は 5 章で再度とり上げる．なお，ロバスト安定性の中には，「**ノミナルな安定性**（すなわち，名目上の制御対象に対して制御系が安定であること）」も含まれているわけだが，どういった側面に注目しているかという点を強調する意味で，両者は個別の要求として扱われることが多い．

つぎに，性質[F 2]を考える．フィードバック補償要素を

$$C(s)=KC_0(s)=\frac{KB_{c0}(s)}{A_c(s)} \quad \text{すなわち} \quad B_c(s)=KB_{c0}(s) \tag{3.129}$$

という形で表しておく．この式を式(3.127)に代入すれば，「K をある程度以上大きくすれば $|G_{yd}(s)|$ が小さくなる」ことがわかる．これが，フィードバックによって外乱が抑制できる理由である．詳しい解析は省略するが，モデル化誤差の影響も同様の理由で抑制される．上の考察では式(3.129)の K の部分だけ考えたが，$C_0(s)$ の部分の性質も重要である．一般的な外乱の影響を扱うには 5 章の周波数応答の概念が必要となるので，ここではステップ外乱に対する定常偏差だけ考える．すでに，3.6.1で「積分性補償を行えばステップ外乱に対する定常偏差を 0 にできる」ことを述べた．積分性補償の特徴はフィードバック補償要素が $C(0)=\infty$ となること（式(3.129)の形でいえば，$C_0(0)=\infty$ となること）である．最終値公式からわかるように，$s=0$ での伝達関数の性質が定常状態における信号の値を決める．したがって，$C(0)=\infty$ ということは，「定常状態についてのフィードバックゲインを無限に大きくした」ことを

意味する。いいかえれば，定常状態について $K \to \infty$ としたのと同じ効果をもつ。その結果，定常状態での外乱の影響が（実は，モデル化誤差の影響も）完全に抑え込まれて，定常偏差＝0 がロバストに実現できるわけである。なお，「定常偏差を小さくする能力（一般には，外乱やモデル化誤差の影響の抑制力）」は「安定性・ロバスト安定性の確保」という要請によって制限される。この点については 4.4.3 および 5.8 節で詳述する。

性質[F 3]は，「式(3.126)に $B_r(s)$ が含まれていて式(3.127)には含まれていない」ことからの帰結である。すなわち，目標値補償要素の分子を変えることによって，目標値に対する閉ループ伝達関数 $G_{yr}(s)$ だけを変更することができるわけである。さらに式(3.126)を詳しくみれば，「目標値補償要素（またはフィードフォワード補償要素）で独立に調整できるのは主として $G_{yr}(s)$ の分子（すなわち零点）だけであって，$G_{yr}(s)$ の分母（すなわち極）は基本的に $G_{yd}(s)$ と共通である」ことがわかる†。

3.6.3　ステップ応答の特徴量[25]

ステップ応答については，制御系の性能を評価する目的で，いろいろな特徴量が定義されている。その中の主なものを図 3.32 に示す。これらはすべて，システムが安定で，ステップ応答 $y(t)$ が正の最終値 y_∞ に収束することを前提

---

† 「主として」や「基本的に」といった修飾語をつけた理由はつぎの通りです。結論から先にいいますと，安定極に関しては $G_{yr}(s)$ と $G_{yd}(s)$ とを別々に設定することができます。しかし，この設定は制御対象のモデル化誤差に対して十分ロバストではありません（この場合の「ロバスト」の意味を説明し出すと長くなるので省略します）。また，大部分の状況では，どちらの極も不都合が生じない範囲でなるべく速く（すなわち負の大きな値に）設定したいわけですから，「この可能性を利用することは少ないであろう」と考えられます。その意味で，「主として」とか「基本的に」という表現で少々ごまかしております。

さて，「どうやって $G_{yr}(s)$ と $G_{yd}(s)$ の安定極を別々に設定するのか」という問題ですが，これは多項式の「組」の間の既約性の定義にさかのぼります(3.4.3 参照)。制御装置について「分母 $A_c(s)$ と分子の組 $\{B_c(s), B_r(s)\}$ が既約である」ことを仮定していますが，これは「$A_c(s)$ と $B_c(s)$」および「$A_c(s)$ と $B_r(s)$」が個別に既約であることを要求するものではありません。すなわち，$A_c(s)$ と $B_c(s)$ に含まれて $B_r(s)$ にはない因子 $s-p_r$，および $A_c(s)$ と $B_r(s)$ に含まれて $B_c(s)$ はない因子 $s-p_c$ があってもかまいません。この条件のもとで式(3.126)，(3.127)を計算していただけば，
$$\{G_{yr}(s) \text{の極}\} = \{p_r\} \cup \{A_p A_c + B_p B_c = 0 \text{ の根から } p_c \text{ を除いたもの}\}$$
$$\{G_{yd}(s) \text{の極}\} = \{A_p A_c + B_p B_c = 0 \text{ の根}\}$$
となることがわかります。この場合，p_r や p_c が不安定極であると制御系が不安定になってしまいますが，安定極であれば問題は生じません。ただし，このような方法を使った場合，モデル化誤差があると，極 p_c が $G_r(s)$ にも現れる（ただし，ダイポールを作っているのでその影響は小さいですが）ことに注意して下さい。

3.6 フィードバック制御系の設計 I

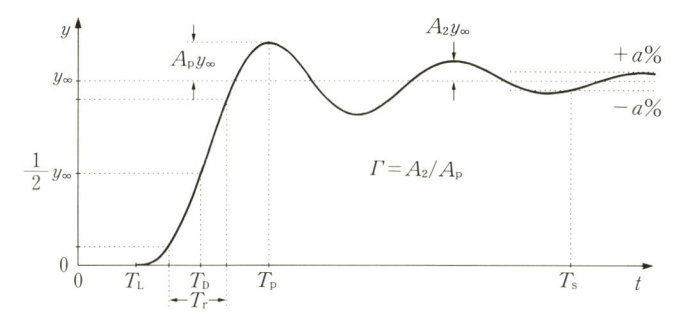

図 3.32 ステップ応答の特徴量

として定義されている．ステップ応答が時刻 $t_i(t_1<t_2<\cdots)$ で y_∞ を越える極大値 y_i をとる場合，極大値と最終値との差の最終値に対する比を

$$A_i = \frac{y_i - y_\infty}{y_\infty} > 0 \qquad i = 1, 2, \cdots \qquad (3.130)$$

とおく．もちろん，ステップ応答が行き過ぎを生じない(4.2.4 参照)場合については，この量は定義されない．図 3.32 に示した特徴量の定義はつぎの通りである(SR は Step Response の意味です)．

波形についての特徴量　行き過ぎを生じる場合にのみ定義できる．

[SR 1]　**行き過ぎ量**(overshoot)A_p：A_i の中の最大のものを行き過ぎ量とよんで A_p と記す．

[SR 2]　**減衰比**(damping ratio)$\varGamma$：A_i が単調減少するとき，最初の 2 項の比 $\varGamma = A_2/A_1$ を減衰比という．

速応性についての特徴量 I　立ち上がり部分について

[SR 3]　**行き過ぎ時間**(overshoot time)T_p：行き過ぎ量 A_p が生じる時刻．

[SR 4]　**遅れ時間**(delay time)T_D：$y(t)$ がはじめて $y_\infty/2$ になる時刻．

[SR 5]　**むだ時間**(dead time)T_L：$y(t)$ が変化しはじめる時刻(すなわち，$t<T$ で $y(t)=0$ であるような T の上限が T_L である)．

[SR 6]　**立ち上がり時間**(rising time または build-up time)T_r：$y(t)$ が最終値の 10% から 90% まで変化する時間(すなわち $y(T_{0.1})=y_\infty/10$，$y(T_{0.9})=9y_\infty/10$ のとき，$T_r = T_{0.9} - T_{0.1}$ である．通常，$T_{0.1} \leqq t \leqq T_{0.9}$ で $y(t)$ が単調増加であることを想定してこの特徴量を使っている．$T_{0.1}$ または $T_{0.9}$ が一意に決まらないときには，この用語を使わない方がよい)．

速応性についての特徴量 II　過渡現象の終了について

[SR 7]　**整定時間** (settling time) T_s：$y(t)$ が最終値の $\pm a\%$ におさまる時刻 T_s を $a\%$ 整定時間という（すなわち，$t \geq T$ で $|y(t) - y_\infty| \leq ay_\infty/100$ となる T の下限が T_s である）．

　以上の特徴量は二次遅れのステップ応答を想定して定義されたものであるから，一般的なシステムのステップ応答を特徴づけるためには必ずしも十分ではない．しかし，工学的に現れる問題の大部分において，これらの特徴量によってフィードバック制御系のステップ応答の概形をかなり正確に把握できる．

3.6.4　制御系の性能評価——過渡応答と定常偏差

　制御系を設計するためには「どんな制御系がよいのか」という点を定量化しておく必要がある．この作業を**制御系の性能評価**といい，定量化した値を**評価指標**という．評価指標についてはこれまでにも触れてきたが，ここでは過渡応答と定常偏差の範囲で少し一般的に考えておく．話を具体的かつ簡単にするために，3.6.2 同様，図 3.24 の「入力側に加わる外乱を想定した検出雑音のない単位フィードバック系」を考える．考察の大前提として（P は Performance の意味です）

[P 0]　**ノミナルな安定性**（名目上の制御対象に対して制御系が安定であること）

が必須条件である．以下，この前提のもとで議論する．

　3.4.2 で述べたことからわかるように，図 3.24 の制御系の応答は目標値に比例する成分と外乱に比例する成分の和として与えられる．すなわち，これらの成分をそれぞれ

$$\text{目標値応答} \quad y_r(t) = \mathcal{L}^{-1}[G_{yr}(s)R(s)] \quad (3.131)$$

$$\text{外乱応答} \quad y_d(t) = \mathcal{L}^{-1}[G_{yd}(s)D(s)] \quad (3.132)$$

とおけば，初期値が 0 のときの制御系の応答 $y(t)$ は

$$y(t) = y_r(t) + y_d(t) \quad (3.133)$$

となる．この事実と，自動制御の目的が「制御量を目標値と一致させる」ところにあることから

[P 1]　目標値応答 $y_r(t)$ がなるべく目標値 $r(t)$ と一致する

かつ

[P 2]　外乱応答 $y_d(t)$ がなるべく小さい

ような制御系が「よい制御系」といえる．3.5.4 や 3.5.7 で調べたように，これらの性質はどれもモデル化誤差の影響をうける．したがって

3.6 フィードバック制御系の設計 I

[P 3] モデル化誤差があっても，制御系が不安定にならず，さらに[P 1]と[P 2]があまり大きく影響されずに成立する

ことも評価項目として重要である．[P 1]の性質を**目標値追従性**(ability of reference following，または set-point performance)，[P 2]の性質を**外乱抑制力**(ability of disturbance rejection)，[P 3]の性質を**ロバスト性**(robustness)とよぶ．前節で出てきた「ロバスト安定性」や「ロバストに定常偏差を 0 にする(または小さくする)性質」はロバスト性の中の代表項目である．

さて，目標値応答と外乱応答はもちろん目標値と外乱に依存して定まるものであるから，上のような評価を行うためには(A は Assumption の意味です)，

[A 1] 目標値の性質(波形または周波数スペクトル)

[A 2] 外乱の性質(入力点と，波形または周波数スペクトル)

についての前提を明らかにしておく必要がある．またモデル化誤差についても

[A 3] モデル化誤差の性質(パラメータ誤差または各周波数での大きさ)

を知っておくことが必要である．[A 1]，[A 2]，[A 3]は目的別の制御系の分類，さらには設計の基本方針につながる重要なポイントである．

まず，[P 1]，[P 2]，[P 3]について考える．[P 1]，[P 2]の評価を定量化する方法として代表的入力を加えてその応答をみるという方法と，フーリエ解析の考え方に基づいて周波数領域で扱う方法とがある．ここでは前者を考える．[P 1]の目標値追従性の評価のための代表入力としては，ステップおよびランプがよく使われる．その場合の評価指標は，式(3.76)，(3.77)で与えられる定常偏差と，3.6.3 で定義したステップ応答の波形および速応性についての特徴量となる．定常偏差を([P 2]の外乱に対する偏差も含めて)0 にする条件は 3.6.1 で述べた通りである．また 0 にできない場合にそれを小さくするには，3.6.2 で述べたようにフィードバック補償要素の $s=0$ での値 $C(0)$ を大きくすればよい．これらの条件が制御系構成上の基本となる．なお，次章の 4.2.1 で説明するように，「代表根」という考え方が制御器の調整に使われることがある．この方法はステップ応答の波形に注目した調整法であるから，(通常の制御系の場合には[†])上述の定常偏差についての要求を満たす構成をとった上で，残っている可変パラメータを調整する目的で用いるのがよい．

[P 2]の外乱抑制力は，通常，ステップ外乱に対する応答で評価する．この場合，式(3.78)で与えられる定常偏差が第 1 の評価指標となる．ただし，この定常偏差が 0 になる場合(3.6.1，特に表 3.3 参照)には過渡応答の全体的な大

[†] 「通常」の意味は 3.6.5 参照．

図 3.33 ステップ外乱に対する制御系の応答の例（定常偏差が 0 になる場合）

きさが重要となる。この場合の過渡応答は図 3.33 のような形であり，これを定量的に評価するには横軸との間の面積，または 2 乗積分値が使われる。

[P 3]のロバスト性の評価については，周波数応答を使って考察する方がよいので 5 章で述べる。

つぎに，[A 1]，[A 2]，[A 3]を考える。これについても，加わる入力を具体的に想定して設計の立場を決めるという取り扱い方と，周波数応答についての特徴を決めて議論を進めるという 2 つの方法がある。ここでは前者の扱い方で説明する。[A 1]の視点にたった制御系の分類についてまず説明する。この視点からの分類として，定値制御系と追値制御系という分け方がある。**定値制御系**は制御量を長時間一定に保持することを主な目的とする制御系である。この場合，主たる目標値はステップで，その変更の周期が比較的長いということになる。このような制御系では，外乱抑制がフィードバックの最も重要な役割となり，その性能を（ロバスト性の観点から許される範囲で）限界まで改善するというのが通常の設計方針である。

追値制御系は，目標値が一般的に変化する波形であったり，またはステップであってもそれが短い周期で変更されるような制御系である。この場合には，目標値への追従性が最も重要な性能であり，評価指標はランプ目標値に対する定常偏差とステップ目標値に対する波形・速応性となる[†]。一般的な目標値への追従を考えるという立場からは，これだけの量を評価しただけではもちろん十分ではない。しかし，「一般的な目標値に対する評価を過渡応答を使って行うのは難しい」という事情，および「ランプ入力に対してうまく追従できれば，一般的に変化する目標値に対しても追従できるであろう」という期待のもとに，実践的な方法として広く用いられている。なお，変更周期の短いステップへの追従が主な機能である場合には，ランプ目標値に対する定常偏差を評価指標から省くことも多い。

[†] ランプ目標値に対する定常偏差が有限値になるときには，ステップ目標値に対する定常偏差は 0 になっているはずだから，後者はとりあえずリストから省きました。

3.6 フィードバック制御系の設計 I   89

　[A 2]で問題となる主たる外乱としては，ステップを考えることが多く，[P 2]の外乱抑制力の評価もそれに対応したものとなっている。ただし，最近，[A 1]における主たる目標値や[A 2]の主たる外乱が「周期的な波形」である場合が生じている。その場合には，その周期入力に対する定常偏差が重要な評価指標となる。このような場合に定常偏差が0になる条件を与える定理として**内部モデル原理**とよばれるものがある[26,32]。これは，「特定の波形に対する定常偏差をロバストに0にするためには，その波形を自律的に発生する機構を制御器に組み込んでおかなければならない」というものである。3.6.1で述べた積分性補償は，ステップに対する定常偏差を0にするために「ステップ波形を自律的に発生できる$1/s$という要素を組み込んだ制御器」に他ならない。

　[A 3]のモデル化誤差をこれまでの知識の範囲で扱うには，式(3.101)のように制御対象のゲインに誤差がある場合か，または式(3.104)のように余分な伝達関数(この伝達関数を**寄生要素**(parasitics)とよびます)が付加した場合を考えることになる。

3.6.5　制御系の分類

　制御系の種類を表す用語を説明するとともに，それぞれの種類に応じた制御の方法についても触れる。

　制御系の分類に関して最もよく使われるのは，サーボ系とプロセス制御という用語である。**サーボ系**とは物体を動かしてその位置(角度，姿勢などを含む)を制御するためのフィードバック制御システムで(3.5.5)，**サーボ機構**ともいう。ただし，位置を制御する制御系であっても，フィードバックを使わないもの(たとえばステッピングモータによる制御[25])はサーボ系とよばないので注意されたい。サーボ系の主な目的は追値制御である。

　一方，**プロセス制御**とは，鉄鋼・石油・化学・製紙・電力その他の装置工業における工程の物理量の制御であり，その目的で使われる制御系を**プロセス制御系**とよぶ。プロセス制御の対象となる制御量の代表的なものは温度・流量・圧力・レベルであり，ある調査[27]によればこの4つで約90%を占めている。プロセス制御の主な目的は定値制御であり，従来は外乱抑制力が第1の評価指標とされてきた。しかし，最近では多品種少量生産という要求が多くなったため，目標値の切替え周期が短くなり，追値制御としての性能も強く要求されるようになっている。なお，プロセス制御における外乱には，ボイラーの負荷変動のように予測可能なものもある。このような外乱については，予測値に基づ

いて必要な操作信号を計算してそれをいち早く加えてしまうという**フィードフォワード制御**が有効であり，プロセス制御で多用されている[27,28]。

サーボ系とプロセス制御という分類は制御対象・制御量に注目したものであるが，同種の分類として**速度制御**(たとえば，モータや原動機の回転数の制御)と**周波数制御**(たとえば，電力システムの周波数の制御)がある。これらの制御の主目的は定値制御であるが，制御対象の性格が異なるのでプロセス制御とは区別して扱われ**自動調節**(automatic regulation)という名称でよばれている。

一方，定値制御・追値制御と同種の分類に属する用語としてプログラム制御がある。**プログラム制御**はあらかじめ決められた一定のパターンに従って制御量を変化させる制御であり，たとえば装置を始動したり停止したりするときに必要となる。追値制御の一種と考えてもよいが，目標値の変化があらかじめ定められていることと，その変化パターンが特定の種類に限られていることに特徴がある。この特徴を利用した制御の方法として**予見制御**という考え方(基本的に，外乱や目標値に対するフィードフォワード制御と同じ)がある。

なお，本書では，「制御量を目標値に一致させることを主な目的とする」制御系を想定して説明しているが(3.6.4で「通常の制御系」といったのはこの意味です)，それ以外のものとして「システムの振動を抑制する」ことを主目的とする制御系もある。この場合には，必ずしも目標値や偏差という見方に固執せずに，「システムの動特性の変更」という効果の方に注目してフィードバック制御系を構成するのがよい。

練 習 問 題

3.1 電圧 u から電圧 y への伝達関数は二次遅れになる。ゲイン定数 K，および分母の定数 T, ζ を求めよ。また，この二次遅れは非振動的であることを示せ。

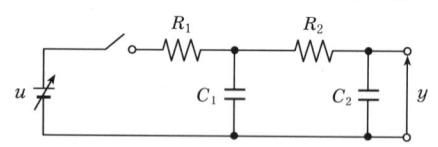

3.2 相対次数，極，および零点を求めよ。またステップ応答を求め，その概形を図示せよ。

(1) $\dfrac{3}{1+5s}$ (2) $\dfrac{1}{s+2}$ (3) $\dfrac{1+s}{1+4s}$ (4) $\dfrac{1+s}{1+0.1s}$

(5) $\dfrac{1}{s^2+s+1}$ (6) $\dfrac{2}{s^2+5s+6}$ (7) $\dfrac{s+3}{(s+1)(s+2)(s+4)}$

練習問題

(8) $\dfrac{s+0.5}{s^2+s+1}$

3.3 ステップ応答を求め，概形を図示せよ．

(1) $\dfrac{e^{-3s}}{1+2s}$ (2) $\dfrac{1-e^{-2s}}{1+2s}$

3.4 つぎのブロック線図で表されるシステムについて，u から y への伝達関数を求めよ．

(1)

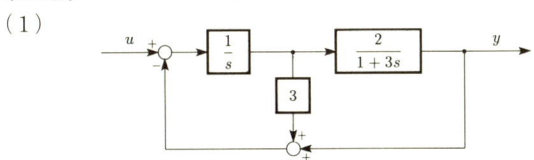

(2)

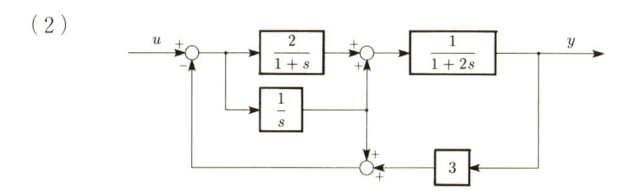

3.5 つぎのフィードバック制御系について，閉ループ伝達関数 $G_{yr}(s)$, $G_{yd}(s)$ を求めよ．また，制御系が安定であるものとして，ステップ目標値，ランプ目標値，およびステップ外乱に対する定常偏差を求めよ．

(1) 定常偏差は $K=2$, $K_f=0$ および $K=2$, $K_f=0.5$ の場合について求めよ．

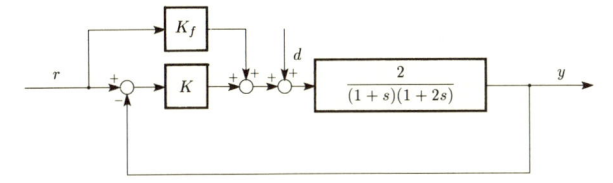

(2) 定常偏差は $K=2$ および $K=20$ の場合について求めよ．

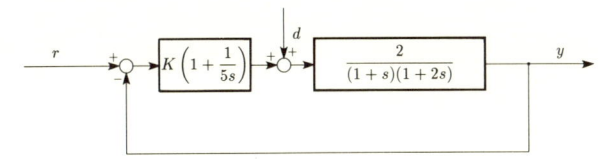

(3) 定常偏差は $K=0.8$ および $K=8$ の場合について求めよ．

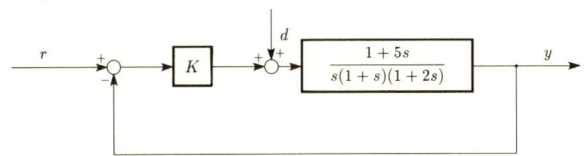

3.6 図のフィードバック制御系の閉ループ伝達関数 $G_{yr}(s)$, $G_{yd}(s)$ を求めよ。また，ゲイン K を変えたときのステップ目標値およびステップ外乱に対する応答の変化を調べよ($\zeta=4$ および $\zeta=0.8$ の各々の場合について，$K=1.5$, 4, 12 と変化させてみよ)。

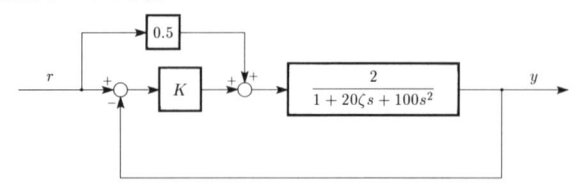

3.7 つぎのブロック線図で与えられるシステムの u から y への伝達関数を求めよ。

(1)

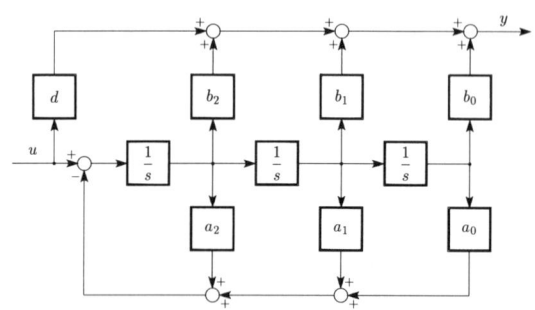

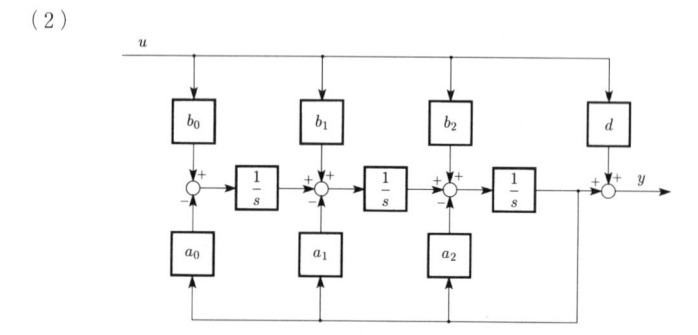

(2)

3.8 次図の $u(t)$ のラプラス変換を求めよ。さらに，この $u(t)$ を伝達関数 $2/(1+5s)$ に加えたときの出力 $y(t)$ を求め，その概形を描け。

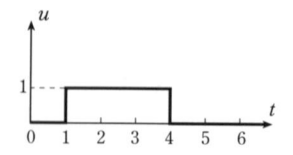

4

システムの応答と安定性

　この章では，システムの応答と安定性に関して少し詳しく議論する。この章の内容はいずれも制御工学にとって重要な事柄であるが，次章以降を読むためには，4.1節の結論を理解しておけばほぼ十分である。本章の性格上，問題はすべて問の形にしたので，章末の練習問題はない。

4.1　システムの応答の一般式

　前章では，初期値を0としたときのシステムの応答，特にステップ応答を使って制御系の性質を調べた。この節では，初期値が0でない場合も含めてシステムの応答の性質をもう少し詳しく調べておく。

4.1.1　静止状態応答と初期値応答

　まず，3.1節で伝達関数の説明に使ったモータについて，初期値の影響がどのような形でシステムの応答に現れるかを調べておく。モータに加える電圧とその回転角の関係は式(3.1)〜(3.5)で与えられる。3.1節では，初期値が0という仮定のもとでこの5式をラプラス変換して式(3.6)〜(3.10)を導いた。しかし，回転角 y および角速度 ω に

$$y(+0) = \alpha_1, \qquad \omega(+0) = \alpha_2$$

という初期値があれば，式(3.4)，(3.5)のラプラス変換は

$$\Omega(s) = sY(s) - \alpha_1 \tag{4.1}$$

$$M\{s^2 Y(s) - \alpha_1 s - \alpha_2\} + F\{sY(s) - \alpha_1\} = Q(s) \tag{4.2}$$

となる。一方，式(3.1)〜(3.3)は微分を含まないから，そのラプラス変換は3.1節と同じく式(3.6)〜(3.8)となる。したがって，出力のラプラス変換 $Y(s)$ は次式で与えられる。

$$Y(s) = \frac{K}{s(1+Ts)} U(s) + \frac{(1+Ts)\alpha_1 + T\alpha_2}{s(1+Ts)} \tag{4.3}$$

ただし，T, K は式(3.12)の通りである．

■ **問 4.1** 上式を導け．

式(4.3)を式(3.11)と比較すれば，第1項が初期値を0としたときの出力で，第2項が初期値が0でないことによって生じた成分であることがわかる．そこで，それぞれの項を逆ラプラス変換した

$$y_0(t) = \mathscr{L}^{-1}[G(s)U(s)], \qquad y_{\text{init}}(t) = \mathscr{L}^{-1}\left[\frac{\phi(s)}{A(s)}\right] \qquad (4.4)$$

を**静止状態応答**(0-state response(y_0 の添字 0 は 0-state の意味です))および**初期値応答**(initial-value response(y_{init} の添字 init は initial value の意味です))とよぶ．システムの応答 y は上の2項の和

$$y(t) = y_0(t) + y_{\text{init}}(t) \qquad (4.5)$$

となる．ただし，今考えているモータの場合には，$G(s)$ は式(3.13)で与えられ，$A(s)$ と $\phi(s)$ はそれぞれ次式の通りである．

$$A(s) = s(1+Ts), \qquad \phi(s) = (1+Ts)\alpha_1 + T\alpha_2$$

以上では，モータの場合について式(4.4)，(4.5)を導いたが，この結果はもう少し一般的な**線形システム**[†]

$$\frac{dx_i}{dt} = x_{i+1} \qquad i = 1, 2, \cdots, n-1$$

$$\frac{dx_n}{dt} = -a_0 x_1 - a_1 x_2 - \cdots - a_{n-1} x_n + u \qquad (4.6)$$

$$y = b_0 x_1 + b_1 x_2 + \cdots + b_{n-1} x_n + du$$

についても成立する．すなわち，システム(4.6)の応答 y は，静止状態応答 y_0 と初期値応答 y_{init} の和として式(4.5)で与えられ，y_0 と y_{init} は式(4.4)の通りである．ただし，一般のシステム(4.6)の場合の $G(s)$, $A(s)$ は

[†] 本書では，主として，その動作が常微分方程式で表されるシステムを扱います．そのようなシステムについては，「方程式が未知変数およびその微分(高階の微分も含む)の一次の項と強制力の項だけを含む」ときに**システムは線形である**といいます．式(4.6)は入・出力がスカラーの場合の線形システムの一般形(の1つ)です．線形システムはつぎの特徴をもっています(a, b は定数とします)．

(1) 式(4.5)が成り立つ，すなわちシステムの応答が静止状態応答と初期値応答の和になる．

(2) 2つの入力 u, v を加えたときの静止状態応答をそれぞれ y_0, z_0 とすれば，入力 $au+bv$ を加えたときの静止状態応答は $ay_0 + bz_0$ になる．

(3) 2つの初期値 α, β に対する初期値応答が y_{init}, z_{init} であれば，初期値 $a\alpha + b\beta$ に対する初期値応答は $ay_{\text{init}} + bz_{\text{init}}$ になる．

4.1 システムの応答の一般式

$$G(s) = \frac{b_{n-1}s^{n-1} + \cdots + b_1 s + b_0}{s^n + a_{n-1}s^{n-1} + \cdots + a_1 s + a_0} + d \tag{4.7}$$

$$A(s) = s^n + a_{n-1}s^{n-1} + \cdots + a_1 s + a_0 \tag{4.8}$$

であり，$\psi(s)$ は x_i の初期値 $a_i = x_i(+0)$ の線形結合

$$\psi(s) = \beta_1(s)a_1 + \cdots + \beta_n(s)a_n \tag{4.9}$$

である。$\beta_i(s)$ は a_i，b_i を係数にもつ s の $(n-1)$ 次式であり，その一般形は 6.3.3 で与える。$G(s)$ がシステム(4.6)の伝達関数であること，および $A(s)$ が $G(s)$ の分母と等しいことに注意されたい。前章で調べたインパルス応答やステップ応答は，それぞれ入力がインパルスやステップである場合の静止状態応答に他ならない。

■ 問 4.2　式(4.6)で $n=3$ の場合について上の結果を確かめ，$\beta_i(s)$ を求めよ。

4.1.2　静止状態応答の主要な構成成分

つぎに，静止状態応答がどのような成分からなっているかを調べてみよう。モータの場合について，

$$T=0.2, \quad K=2, \quad a_1=3, \quad a_2=4$$

とし，入力 u としては，そのラプラス変換が

$$U(s) = \frac{1}{s(1+s)}$$

であるものを加えた(図 4.1 参照)ときのシステムの応答を計算してみる。式(4.3)を項別に部分分数展開すれば

$$\text{第1項} \equiv Y_0(s) = \left(\frac{2}{s^2} - \frac{2.4}{s}\right) - \frac{0.1}{s+5} + \frac{2.5}{s+1}$$

$$\text{第2項} \equiv Y_{\text{init}}(s) = \frac{3.8}{s} - \frac{0.8}{s+5}$$

となる。したがって y_0 および y_{init} はつぎのようになる。

$$y_0(t) = (2t - 2.4) - 0.1e^{-5t} + 2.5e^{-t}$$
$$y_{\text{init}}(t) = 3.8 - 0.8e^{-5t}$$

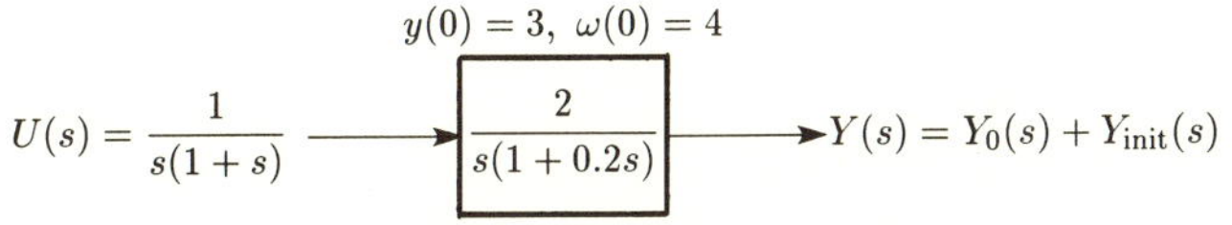

$$U(s) = \frac{1}{s(1+s)} \longrightarrow \boxed{\frac{2}{s(1+0.2s)}} \xrightarrow{y(0)=3,\ \omega(0)=4} Y(s) = Y_0(s) + Y_{\text{init}}(s)$$

図 4.1　モータの数値例の初期値と入出力

静止状態応答 $y_0(t)$ に注目しよう．（　）内の項
$$y_{\text{res}}(t) \equiv 2t - 2.4$$
はシステム $G(s)$ と入力 $U(s)$ とが共通の極 $s=0$ をもっているために生じた成分である．また，第2項
$$y_{\text{sys}}(t) \equiv -0.1e^{-5t}$$
はシステムの極 $s=-5(=-1/0.2)$ に，第3項
$$y_{\text{inp}}(t) \equiv 2.5e^{-t}$$
は入力の極 $s=-1$ に起因する成分である．y_{res}，y_{sys}，y_{inp} のことをそれぞれ**広義の共振成分**，**システム固有成分**，**入力固有成分**とよぶ（添字の res は resonance，sys は system，inp は input の意味です）．モータの静止状態応答 y_0 はこれら3成分の和として次式で与えられる．
$$y_0(t) = y_{\text{res}}(t) + y_{\text{sys}}(t) + y_{\text{inp}}(t) \tag{4.10}$$

以上では例を使って式(4.10)を導いたが，式(4.5)の場合と同じく，この式は一般の線形システムについて成立する（ただし，一般式とするには右辺にもう一項必要になります）．成分の詳細については次項で述べる．

▎**問 4.3**　出力 y を式(4.5), (4.10)のように分離した形で求めよ．

(1)　$G(s) = \dfrac{1}{(s+1)(s+2)}$，　$U(s) = \dfrac{3}{(s+1)(s+3)}$，　初期値は 0

(2)　$G(s) = \dfrac{1}{s(1+2s)}$，　$U(s) = \dfrac{1}{s}$，　初期値は 0

(3)　入力 u と出力 y の関係が
$$\frac{dx_1}{dt} = -2x_1 + u, \quad \frac{dx_2}{dt} = -3x_2 + 2u, \quad y = 2x_1 - x_2$$
で与えられるシステムで，入力と初期値がつぎの場合
$$U(s) = \frac{1}{(s+2)s}, \quad x_1(0) = 0.5, \quad x_2(0) = 1$$

4.1.3　過渡応答の一般式

プロパーな有理関数 $G(s) = B(s)/A(s)$ を伝達関数にもつシステムを考え，**システム $G(s)$ の極**を
$$p_i \, (i=1, \cdots, N), \quad 位数は \, r_i \tag{4.11}$$
とする．入力 u としてはラプラス変換 $U(s)$ がプロパーな有理関数になるものだけを考えて，**入力 $U(s)$ の極**を
$$\pi_i \, (i=1, \cdots, \nu), \quad 位数は \, \rho_i \tag{4.12}$$
とする．また，p_i と π_i の**最初の L 個が互いに相等しい**

4.1 システムの応答の一般式

$$p_i = \pi_i \quad (i=1,\cdots,L) \tag{4.13}$$

ものとする。一般に，このシステムの応答について，

システムの応答 $y(t)=$ 静止状態応答 $y_0(t)+$ 初期値応答 $y_{\text{init}}(t)$ (4.14)

静止状態応答 $y_0(t)=$ 広義の共振成分 $y_{\text{res}}(t)+$ システム固有成分 $y_{\text{sys}}(t)$
　　　　　　　　 $+$ 入力固有成分 $y_{\text{inp}}(t)+$ インパルス成分 $c_0\delta(t)$

(4.15)

が成立する。静止状態応答中の各成分はつぎの通りである（注意：式(4.16)から式(4.20)までは係数をすべて c と書きますが，これらは式ごとに異なる値をとる定数です。文字が足りなくなるのでこのようにしました）。**広義の共振成分** $y_{\text{res}}(t)$ はシステムと入力の共通極(4.13)に対応する成分で，

$$y_{\text{res}}(t) = \sum_{i=1}^{L} (c_{i,1}+c_{i,2}t+\cdots+c_{i,r_i+\rho_i}t^{r_i+\rho_i-1})\,e^{p_i t} \tag{4.16}$$

で与えられる。$p_i=\pi_i$ が純虚数であれば，式(4.16)の中のこの極に対応する項は，「普通の意味での**共振成分**」となる。**システム固有成分** $y_{\text{sys}}(t)$ は，システムの極(4.11)から共通極(4.13)を除いた残りの極 $p_{L+1},\cdots,p_N$ に対応する成分で

$$y_{\text{sys}}(t) = \sum_{i=L+1}^{N} (c_{i,1}+c_{i,2}t+\cdots+c_{i,r_i}t^{r_i-1})\,e^{p_i t} \tag{4.17}$$

で与えられる。また，**入力固有成分** $y_{\text{inp}}(t)$ は，入力の極(4.12)から共通極(4.13)を除いた残りの極 $\pi_{L+1},\cdots,\pi_\nu$ に対応する成分で

$$y_{\text{inp}}(t) = \sum_{i=L+1}^{\nu} (c_{i,1}+c_{i,2}t+\cdots+c_{i,\rho_i}t^{\rho_i-1})\,e^{\pi_i t} \tag{4.18}$$

となる。**インパルス成分** $c_0\delta(t)$ は，相対次数が 0 の伝達関数にインパルス $\delta(t)$ を含む入力† を加えた場合にのみ現れる特別な項である。式(4.17)，(4.18)ではそれぞれの極 p（または π）およびその位数 r（または ρ）に対応して $t^{r-1}e^{pt}$（または $t^{\rho-1}e^{\pi t}$）という項が含まれているのに対し，式(4.16)ではシステムと入力の極が重なったために 2 つの極の位数の和に対応する $t^{r+\rho-1}e^{pt}$ という項まで含まれている点に注意されたい。

■**問 4.4**　式(4.16)～(4.18)を導出せよ。また，$p_1=0$，$U(s)=1/s$ のときは，式(4.16)の最後の係数 $c_{1,r_1+\rho_1}=c_{1,r_1+1}$ が

$$c_{1,r_1+1} = \frac{1}{r_1!} \times \frac{B(s)\text{の最低次の項の係数}}{A(s)\text{の最低次の項の係数}}$$

---

† この場合，$U(s)$ の相対次数も 0 です。

となることを確かめよ(ただし，システムの伝達関数 $G(s)$ は $G(s)=B(s)/A(s)$ で既約とします．$p_1=0$ が極ですから，$A(s)$ の最低次の項は $a_{r_1}s^{r_1}$ で，$B(s)$ の最低次の項は定数項 b_0 です)．

初期値応答のラプラス変換 $Y_\text{init}(s)$ は 4.1 節の式(4.4)に与えたように $\phi(s)/A(s)$ という形になり，$A(s)$ は伝達関数 $G(s)$ の分母と同じ多項式である．したがって，初期値応答 y_init は

$$y_\text{init}(t) = \sum_{i=1}^{N} (c_{i,1} + c_{i,2}t + \cdots + c_{i,r_i}t^{r_i-1}) e^{p_i t} \tag{4.19}$$

となる．係数 $c_{i,k}$ は $Y_\text{init}(s)$ の分子 $\phi(s)$ に依存して定まる．システムを記述する微分方程式が式(4.6)であれば，$\phi(s)$ は式(4.9)で与えられる．

4.1.4 モードと定常応答および過渡応答

式(4.16)～(4.19)右辺の第 i 項を**極 p_i(または π_i)のモード**(mode)とよぶ．ただし，システムや入力が複素数極をもっている場合には，共役な極に対応する 2 つの項が「指数関数×正弦関数」という形にまとめられる(2.5.1 参照)．そこで，p_i，p_{i+1}(または π_i，π_{i+1})が共役複素数の対である場合には，第 i 項と第 $i+1$ 項の和を**極の対(p_i, p_{i+1})のモード**とよぶ．

表 2.3(b)に示したように，式(4.16)～(4.19)の中の安定極に対応する項は $t \to \infty$ ですべて 0 となる．したがって，時間の経過とともに，出力 y は不安定極に対応する項の和

$$y_\text{ss}(t) = \sum_{i=1}^{N_\text{ss}} (c_{i,1} + c_{i,2}t + \cdots + c_{i,\sigma_i}t^{\sigma_i-1}) e^{q_i t} \tag{4.20}$$

に近づいていく(安定極，不安定極の定義については 3.1.3 参照)．ただし，$q_i (i=1, \cdots, N_\text{ss})$ はシステムおよび入力の不安定極に続き番号を打ったものであり，σ_i はその極の位数(共通極の場合は位数の和)である．y_ss のことを**定常応答**(steady-state response)とよぶ†．もし，伝達関数 $G(s)$ が安定であれば，

---

† 本書で用いる定常応答と定常成分の定義は，自動制御という立場からは妥当かつ必然的なものですが，必ずしも常識的感覚にマッチしたものではありません．すなわち，自動制御の問題では，式(3.31)のランプ波形のように $t \to \infty$ で∞に発散する信号が目標値として現れ(一定速度で動く物体を追跡する場合がそうです)，それについても「定常偏差」などの議論しなければなりません．そのために，∞に発散するような波形をも許す形で「定常状態」というものをとらえておく必要があるわけです．しかし常識的には，一定の振幅で繰り返される場合を「定常状態」と考えた方がなじみやすいであろうと思います．このような立場で定義を与えるとすれば，たとえば「虚軸上の 1 位の極に対応する信号中の成分を定常成分とよぶ．応答が定常成分だけからなるような状態を定常状態とよぶ．」ということになるでしょう．

4.1 システムの応答の一般式

伝達関数の極に対応する成分(すなわち静止状態応答中の広義の共振成分とシステム固有成分,および初期値応答)は時間とともに0に収束して,定常応答の中には含まれない。したがって,この場合の定常応答 y_{ss} は入力の不安定極に対応する入力固有成分だけからなる。一般に,ラプラス変換が有理関数になるような信号について,不安定極による成分をその信号の**定常成分**とよぶ。この言葉を使えば,上の事実は「$G(s)$ が安定であれば,その定常応答は,入力の定常成分に対応する成分だけを含む」といい表すことができる(3.4.3の性質[SF 3])。

つぎに,定常応答の相対概念として過渡応答を説明しておく。**過渡応答** (transient response)とは,「定常状態に達するまでの過渡的な期間(すなわち過渡状態)における応答」のことである。定常状態とは $t \to \infty$ の極限のことであるから,厳密にいおうとすると,「過渡応答とは初期時刻から $t \to \infty$ に至るまでの出力 $y(t)$ である」といわざるをえない(3.2節の冒頭の説明はこのような意味です)。しかし,このようにいってしまうと,結局,「有限の t に対する出力 $y(t)$ は全部過渡応答である」ことになって,定常応答と過渡応答とを区別した意味がなくなってしまう。そこで,実用的には,ある程度大きい t に対する波形を定常応答と考え,それまでの波形を過渡応答と理解する。

■ **例 4.1** 一次遅れのステップ応答(3.38)については,定数項 K が定常応答成分である。図 3.10 において,$0 \leq t < 5T$ あたりが過渡応答特有の波形で,$t > 5T$ ではほとんど定常応答だけになっている,というとらえ方ができる。

■ **例 4.2** 4.1.2 で使ったモータの数値例については,静止状態応答中の広義の共振成分 $y_{res}(t) = 2t - 2.4$ と,初期値応答中の定数 3.8 の和が定常応答になる。これについても,過渡応答特有の波形,およびほとんど定常応答だけの部分というとらえ方ができる(図 4.2 参照)。

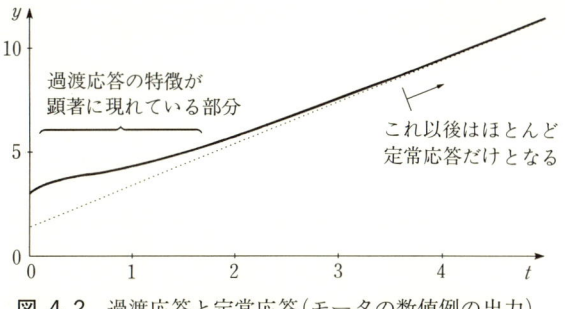

図 4.2 過渡応答と定常応答(モータの数値例の出力)

■ 問 4.5　定常応答を求めよ（$u(t)$ は $t \geq 0$ の値を記す。$t<0$ では $u(t)=0$ である）。

(1) $G(s) = \dfrac{1}{(s+1)(s+2)}$, 　　$u(t) = 5\sin t$, 　　初期値 0

(2) $G(s) = \dfrac{1}{s(1+s)}$, 　　$u(t) = e^{-2t}$, 　　初期値 0

(3) $\dfrac{dx_1}{dt} = x_2 + u(t)$, 　　$\dfrac{dx_2}{dt} = -x_1$, 　　$y = x_1$
　　$x_1(0) = 1$, 　$x_2(0) = 0$, 　$u(t) = 2$

(4) $G(s) = \dfrac{1}{s(1+2s)}$, 　　$u(t) = 3$, 　　初期値 0

4.2　システムの極・零点とステップ応答の性質

この節ではステップ応答に焦点をしぼって，システムの極・零点と応答波形との関係を調べる。

4.2.1　極とステップ応答

ステップ入力の極が $\pi=0$ だけであることに注意して静止状態応答の一般式 (4.16)～(4.18) を適用すれば，伝達関数 $G(s)$ のステップ応答 y_step がつぎのようになることがわかる。

（ⅰ）　$G(s)$ が原点に極をもっていない場合

$$y_\text{step}(t) = c_1 + \{\text{システム固有成分}\} \tag{4.21 a}$$
$$c_1 = K$$

（ⅱ）　$G(s)$ が原点に r 位の極をもっている場合

$$y_\text{step}(t) = c_1 + c_2 t + \cdots + c_{r+1} t^r + \{\text{システム固有成分}\} \tag{4.21 b}$$
$$c_{r+1} = K/r!$$

ただし，K は次式で与えられる（問 4.4 参照）。

$$K \equiv \dfrac{G(s) \text{の分子の最低次の項の係数}}{G(s) \text{の分母の最低次の項の係数}} \tag{4.22}$$

この K のことを $G(s)$ の**ゲイン定数**とよぶ。特に(ⅰ)の場合は

$$K = G(0) \tag{4.23}$$

である。3.2 節で一次遅れおよび二次遅れに対して与えたゲイン定数の定義は上の定義の特殊な場合に他ならない。一方，{ }中のシステム固有成分は，0 以外のシステムの極 p_i に対応する項の和であり，その各々は極の種類に応じて表 2.3(a) に示した通りの関数形になる。

つぎに，システム $G(s)$ が安定である場合（安定なシステムは原点に極をも

4.2 システムの極・零点とステップ応答の性質

たないから，(i)の場合になります)を考える。システムの極の実部の絶対値をαで表すことにすると，ステップ応答は定数c_1と指数関数的に減衰する$t^{k-1}e^{-\alpha t}$, $t^{k-1}e^{-\alpha t}\sin(\beta t+\theta)$という形の項だけを含む。後者は$\alpha$が大きいほど速やかに減衰するから，時間が少し経つと実部の絶対値αが小さい極に対する項が支配的になる。少数の極の実部の絶対値が他の極や零点の実部の絶対値より特に小さい場合，それらの極(複素数極の場合には極の対$-\alpha\pm j\beta$)を**支配極**(dominant poles)とよぶ。支配極があると，それによってステップ応答のおおざっぱな特徴が決まるので，それに注目して制御系のパラメータ調整を行う場合がある。システムが最小位相であって，支配極が一対の複素数である場合には，システムの応答を3.2.5で調べた振動的な二次遅れの応答で近似することができる。二次遅れの応答波形は減衰係数ζで定まるが，ζと極$-\alpha\pm j\beta$との間には

$$\zeta = \left\{1+\left(\frac{\beta}{\alpha}\right)^2\right\}^{-1/2} \tag{4.24}$$

という関係がある。したがって，β/αが大きい程ステップ応答が振動的になり，行き過ぎ量も大きくなる(図3.13参照)。制御系を調整するときの一般的な目安としては閉ループ系の支配極が

$$1 \leq \frac{\beta}{\alpha} \leq \sqrt{3} \quad \text{すなわち} \quad \frac{1}{\sqrt{2}} \geq \zeta \geq \frac{1}{2} \tag{4.25}$$

の範囲にくるようにすることが多い。これは，複素平面上で，実軸負の側と45°～60°の角をなす範囲に極を配置することを意味する(図4.3)。なお，3.5.5でサーボ系調整の1つの目安として与えた式(3.112)は，式(4.25)の左側の境界に他ならない。

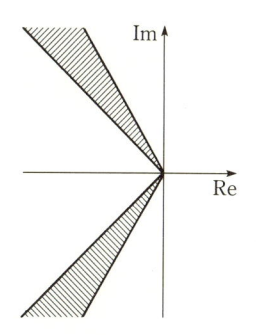

図 4.3 制御系設計の目安として使われる極の位置

■ **問 4.6** 式(4.24)を確認せよ．また，式(4.25)の 2 条件が等価であることを確かめよ．

4.2.2 零点とステップ応答

まず，例題をながめておく．

■ **例 4.3** $s=-1/T_0$ に零点をもつ振動性の二次系

$$G(s)=\frac{1+T_0 s}{1+2\zeta Ts+T^2 s^2} \qquad 0<\zeta<1 \tag{4.26}$$

のステップ応答 y_{step} は

$$y_{\text{step}}(t)=f_1(t)+T_0 f_2(t) \tag{4.27}$$

で与えられる．ただし，$f_1(t)$ は二次遅れ $1/(1+2\zeta Ts+T^2 s^2)$ のステップ応答であって，3.2.5 で調べたように

$$f_1(t)=1-\frac{1}{\sqrt{1-\zeta^2}}e^{-\zeta t/T}\sin\left(\sqrt{1-\zeta^2}\,\frac{t}{T}+\theta\right),$$

$$\tan\theta=\frac{\sqrt{1-\zeta^2}}{\zeta} \tag{4.28}$$

となる．また，$f_2(t)$ は同じ二次遅れのインパルス応答で

$$f_2(t)=\frac{1}{T\sqrt{1-\zeta^2}}e^{-\zeta t/T}\sin\sqrt{1-\zeta^2}\,\frac{t}{T} \tag{4.29}$$

である(図 4.4)．式(4.27)から，つぎの性質が導ける．

[**a**] 負の零点をもつ(すなわち $T_0>0$ の)場合には，$G(s)$ のステップ応答の行き過ぎ量は二次遅れ $1/(1+2\zeta Ts+T^2 s^2)$ よりも大きくなり，その大きさは零点の絶対値が小さい程(すなわち $|T_0|$ が大きい程)大きい．

[**b**] 正の零点をもつ(すなわち $T_0<0$ の)場合には，$G(s)$ のステップ応答 $y(t)$ は $t=0$ で負の傾きをもつ．したがって，$y(t)$ 自身も初期に負の値をとったあとで 1 に収束する．$t=0$ での傾きの大きさは，零点の絶対値が小さい程(すなわち $|T_0|$ が大きい程)大きい．

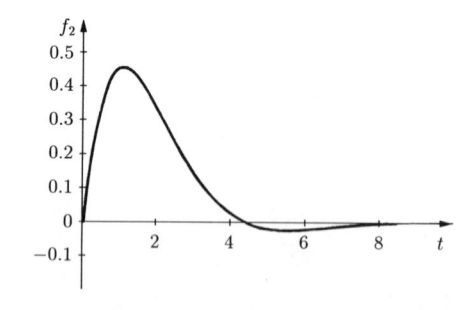

図 4.4 関数 $f_2(t)$ の形 ($T=1, \zeta=0.7$)

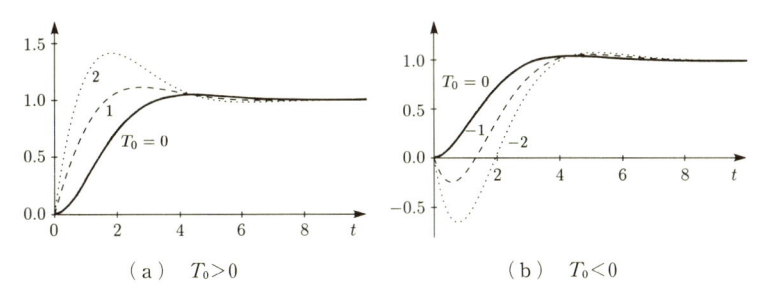

4.2 システムの極・零点とステップ応答の性質

図 4.5 $G(s) = \dfrac{1+T_0 s}{1+2\zeta Ts + T^2 s^2}$ のステップ応答($T=1, \zeta=0.7$)

(a) $T_0 > 0$ 　　(b) $T_0 < 0$

$G(s)$のステップ応答の様子を図4.5に示す．[b]のように，ステップ応答の初期の動きが定常値と逆になる性質を**逆応答**とよぶ．

■ **問 4.7** $T_0>0$の場合についてy_{step}の行き過ぎ量を求め，それが二次遅れの場合より大きくなることを確かめよ．また，$T_0<0$の場合について，$t=+0$で$dy/dt<0$であることを確かめ，y_{step}の最小値(<0)を求めよ．

以上では，特定の二次系について零点とステップ応答の関係を調べ，正の零点をもつ二次系が逆応答という性質をもつことを説明した．一般の伝達関数$G(s)=B(s)/A(s)$についても，$G(s)$が安定で正の零点が奇数個ある場合にはやはり逆応答という性質をもつ．3.1.3で定義した最小位相という性質は，安定な伝達関数$G(s)$が逆応答をしないための十分条件になっている（より詳しくは文献33)，34)参照）．フィードバック制御の特徴は，「結果を常に監視しながら操作を決定する」というところにあるから，逆応答する制御対象は本質的にフィードバック制御が難しい対象といえる．（「難しさ」の意味については，4.4節で少し説明を加える）．逆に，最小位相という性質は，フィードバック制御の立場からみて「素直な」システムであることを意味している．

■ **問 4.8** 多項式$a_n s^n + \cdots + a_1 s + a_0$の零点がすべて安定であるためには，その係数$a_n, \cdots, a_0$がすべて正またはすべて負でなければならない（次節参照）．このことを使って，(i)正の零点を奇数個もつ，(ii)他の零点は安定である，(iii)極はすべて安定である，ようなシステム$G(s)$は逆応答することを確かめよ（ステップ応答$y(t)$の時刻$t=0$における右側微係数$y^{(k)}(+0)$の中で，はじめて0でない値をとるものが負になることを，初期値定理を使って示せばよい）．

4.2.3 ダイポール

再び，例題で説明する．

■ **例 4.4** 分母が等しい 2 つの伝達関数

$$G_a(s) = \frac{8}{(s+2)(s^2+2s+4)}$$

$$G_b(s) = \frac{2(s^2+2.1s+4)}{(s+2)(s^2+2s+4)}$$

についてステップ応答を計算すると

$$y_a(t) = 1 - e^{-2t} - \frac{2}{\sqrt{3}} e^{-t} \sin \sqrt{3} t$$

$$y_b(t) = 1 - 0.95 e^{-2t} - 0.05 \times \frac{2}{\sqrt{3}} e^{-t} \sin\left(\sqrt{3} t + \frac{2}{3}\pi\right)$$

となる．両者を比較すると，システムの極 p_1, $p_2 = -1 \pm \sqrt{3} j$ による成分が y_b では極端に小さくなっていて（y_a の 1/20），その結果 y_b の波形は一次遅れ系 $2/(s+2)$ のステップ応答に非常に近いものになっていることがわかる（図 4.6）．これは，伝達関数 $G_b(s)$ が p_1, p_2 の非常に近くに零点 z_1, $z_2 = -1.05 \pm \sqrt{2.8975} j$ をもっているためである．このように，近接した位置にある極と零点の組を**ダイポール**（dipole）という．極と零点がダイポールをなしていると，その極による過渡応答中の成分は一般に非常に小さくなる．これは，この極が，ダイポールの相手である零点によってほとんど相殺されてしまうためであると解釈できる．

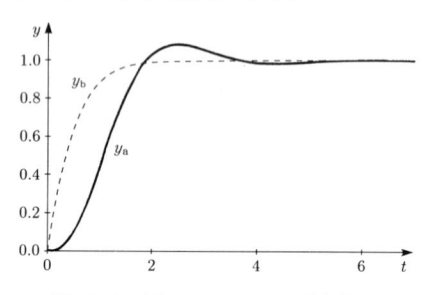

図 4.6 例 4.5 のステップ応答

■ **問 4.9** 2 つの伝達関数のステップ応答を求め，ダイポールの性質を確かめよ．

（1） $G_a(s) = \dfrac{1}{(1+2s)(4+s)}$, $G_b(s) = \dfrac{(1+2.1s)}{(1+2s)(4+s)}$

（2） $G_a(s) = \dfrac{10}{(s+1)(s^2+6s+10)}$, $G_b(s) = \dfrac{1.05s^2+6.05s+10}{(s+1)(s^2+6s+10)}$

4.2.4 ステップ応答に行き過ぎが生じない条件

ロボットの腕を制御する場合を考えてみよう．何か物体（身近なところで机

4.2 システムの極・零点とステップ応答の性質

やガラス窓などを考えてみて下さい)の表面に腕先を接触させようとするとき,腕の動きに行き過ぎが生じると,対象物を傷つけたり壊してしまったりという結果になる.同様の不都合が,炉で物質を加熱する場合にも生じ得る.すなわち,制御系によっては,ステップ応答に行き過ぎが生じては非常に困るという場合がある.そこで,行き過ぎが生じないための十分条件を極と零点の関係として導いておく.

$G(s)$ を安定な伝達関数とする.$G(s)$ のステップ応答 $y_{\text{step}}(t)$ は

$$y_{\text{step}}(t) = \mathcal{L}^{-1}\left[\frac{G(s)}{s}\right] = \int_0^t g(\tau)\,d\tau \tag{4.30}$$

で与えられる.ここに,$g(t)$ は $G(s)$ の逆ラプラス変換,すなわちインパルス応答(式(3.26))である.**ステップ応答に行き過ぎが生じないとは**

$$y_{\text{step}}(t) \leq y_{\text{step}}(\infty) = G(0) \tag{4.31}$$

を満たすことである.式(4.30)より,「インパルス応答 $g(t)$ が負にならなければ[†],ステップ応答に行き過ぎが生じない」ことがわかる(文献36),37)参照).

■ **問 4.10** 式(3.27)を使って式(4.30)を導け.また,上の結果を証明せよ.

一方,「$G_1(s)$ と $G_2(s)$ のインパルス応答が負にならなければ,その積 $G_1(s) \times G_2(s)$ および和 $G_1(s) + G_2(s)$ のインパルス応答も負にならない」ことも容易に証明できる.

■ **問 4.11** 式(2.69)を使って積の場合を証明せよ(和の場合は自明であろう).

さらに,簡単な形の伝達関数については,逆ラプラス変換を計算することによって,インパルス応答が負にならない条件を導き出すことができる.以上の結果を総合すれば,つぎのことがわかる([b]は文献35),38)による).

ステップ応答に行き過ぎが生じないための十分条件

[a] インパルス応答が負にならない伝達関数 $G_1(s), \cdots, G_N(s)$ から,加算および乗算だけを使って伝達関数 $G(s)$ を作ることができるなら

[†] $g(t) \geq 0$ ということですが,$g(t)$ がインパルス関数 $\delta(t)$ を含む場合には,「$t=0$ では $\delta(t)$ の係数の正負に従って $g(0) = +\infty$ または $g(0) = -\infty$ となり,$t \neq 0$ では($\delta(t) = 0$ であるから)残りの項によって $g(t)$ の値が(したがって正負も)定まる」と考えます.

ば，$G(s)$ のステップ応答には行き過ぎが生じない．

[b] 次の (i)〜(vii) の伝達関数について，極と零点が ( ) 内の条件を満たせば，インパルス応答が負にならない．ただし，a, b, c, K は正の定数とする．

(i) K, (ii) $\dfrac{1}{s+a}$, (iii) $\dfrac{s+b}{s+a}$ $(b>a)$

(iv) $\dfrac{(s+c)(s+d)}{(s+a)(s+b)}$ $(c+d \geqq a+b,\ c \geqq \min(a,b),$
$d \geqq \min(a,b))$

(v) $\dfrac{1}{\{(s+a)^2+b^2\}(s+c)}$ $(a \geqq c)$

(vi) $\dfrac{s+d}{\{(s+a)^2+b^2\}(s+c)}$ $(d>c,\ a>c,\ 2d \geqq a+c,$
$b \leqq \sqrt{(a-c)(2d-a-c)}\,)$

(vii) $\dfrac{(s+c)^2+d^2}{(s+a)(s+b)}$ $(2c \geqq a+b)$

■ **問 4.12** (i)〜(vi) のインパルス応答を計算し負にならないことを確かめよ．(vii) については (i), (ii), (iv) と [a] の性質を使って確かめよ．

一例として，最小位相のプロパーな伝達関数

$$G(s) = \frac{(s-z_1)\cdots(s-z_m)}{(s-p_1)\cdots(s-p_n)} \qquad (4.32)$$

$$n \geqq m$$

$$z_i < 0\,(i=1,\cdots,m),\quad p_k < 0\,(k=1,\cdots,n)$$

を考える．ただし，上式では高位の極・零点を位数の分だけ繰り返し数え上げてあるものとする．m 個の零点 $z_1, \cdots, z_m$ に 1 対 1 に対応するように m 個の極 $p_1, \cdots, p_m$ を選んで，

$$|z_i| > |p_i| \quad \text{すなわち} \quad z_i < p_i \qquad (4.33)$$

を満たすようにできれば，$G(s)$ のステップ応答には行き過ぎが生じないことが導ける（条件 [a] および [b] の (ii) と (iii) を使って証明できる[37]）．

上記の条件は最小位相系を対象としたものだが，不安定零点を 1 個もつ非最小位相系についても同様の十分条件が導かれている[38]．

4.3 ラウス・フルビッツの安定判別法および安定性の定義について

3.1.3 で述べたように伝達関数 $G(s)=B(s)/A(s)$ ($A(s)$ と $B(s)$ は既約とする)が安定であるための条件は,その分母を 0 とおいた方程式

$$A(s) \equiv a_n s^n + a_{n-1} s^{n-1} + \cdots + a_2 s^2 + a_1 s + a_0 = 0 \quad (4.34)$$

の根の実部がすべて負であることである.この条件が満足されるとき,$A(s)$ は**フルビッツ多項式**(Hurwitz polynomial)もしくは,**安定多項式**(stable polynomial)であるという.この節では式(4.34)を解くことなしに上の条件の成否を判別する方法を紹介するが,その準備としてつぎの事実が重要である.
安定性の必要条件 $A(s)$ がフルビッツ多項式であるためには,$a_i (i=0,\cdots,n-1)$ は a_n と同符号でなければならない.

■ **問 4.13** α を正の数とすれば,安定極 p は $-\alpha$ または $-\alpha \pm j\beta$ という形で表せる.このことを使って上の必要条件を証明せよ.

なお,伝達関数 $G(s)=B(s)/A(s)$ が**最小位相**(3.1.3 の定義参照)であるか否かを判別するためにもこの節の条件が使えることに留意されたい(分子多項式に対して同じ条件を適用すればよろしい).

4.3.1 ラウスの安定判別法

式(4.34)の n 次多項式 $A(s)$ に対して,**ラウス表**をつぎのように定める.ラウス表は $n+1$ 行からなる数の配列であり,そのはじめの 2 行は

第 1 行　$a_n, a_{n-2}, a_{n-4}, \cdots$　　　　　　　　　　(4.35)
　　　　(a_n からはじめて,$A(s)$ の係数を 1 つ飛ばしに並べたもの)
第 2 行　$a_{n-1}, a_{n-3}, a_{n-5}, \cdots$　　　　　　　　　(4.36)
　　　　(a_{n-1} からはじめて,$A(s)$ の係数を 1 つ飛ばしに並べたもの)

である.第 k 行の長さを m とし,その要素が

第 k 行　$x_m, x_{m-1}, \cdots, x_1$　　　　　　　　　　(4.37)

であったとする.第 $k+1$ 行の長さが m であれば,その要素を

第 $k+1$ 行　$y_m, y_{m-1}, \cdots, y_1$　　　　　　　　　(4.38)

とする.第 $k+1$ 行の長さが $m-1$ であれば,その右端に 0 を 1 つ補充して作った行の要素を式(4.38)の通りとする(この場合には,$y_1=0$ で,$y_m, \cdots, y_2$ がもともとの第 $k+1$ 行の要素になります).第 $k+2$ 行は長さ $m-1$ でその要素

第 $k+2$ 行　$z_{m-1}, z_{m-2}, \cdots, z_1$ （4.39）

は次式で定められる．

$$z_{m-i} = -\frac{1}{y_m}\begin{vmatrix} x_m & x_{m-i} \\ y_m & y_{m-i} \end{vmatrix} \quad i=1,\cdots,m-1 \quad (4.40)$$

以上のラウス表を使って，多項式 $A(s)$ の安定性をつぎのように判別できる．

ラウスの安定条件　$a_i > 0 (i=0,\cdots,n)$ とする．$A(s)$ がフルビッツ多項式であるための必要十分条件は，ラウス表の左端の数がすべて正であることである．

■ **例 4.5**　$A(s) = 4s^4 + 12s^3 + 13s^2 + 6s + 1$ のラウス表は表 4.1 の通りになるから，この $A(s)$ はフルビッツ多項式である．

表 4.1　例 4.5 のラウス表

第 1 行	4	13	1
第 2 行	12	6	
第 3 行	11	1	
第 4 行	$\dfrac{54}{11}$		
第 5 行	1		

■ **例 4.6**　$A(s) = 5s^5 + 2s^4 + 4s^3 + s^2 + s + 2$ のラウス表は表 4.2 の通りであるから，この $A(s)$ はフルビッツ多項式ではない．

表 4.2　例 4.6 のラウス表

第 1 行	5	4	1
第 2 行	2	1	2
第 3 行	$\dfrac{3}{2}$	-4	
第 4 行	$\dfrac{19}{3}$	2	
第 5 行	$-\dfrac{85}{19}$		
第 6 行	2		

■ **問 4.14**　つぎの伝達関数の安定性を判別せよ．

（1）　$G(s) = \dfrac{B(s)}{s^4 + 2s^3 + 3s^2 + 5s + 3}$　（分母・分子は互いに素とする）

（2）　$G(s) = \dfrac{B(s)}{2s^5 + 17s^4 + 44s^3 + 50s^2 + 26s + 5}$　（分母・分子は互いに素とする）

4.3 ラウス・フルビッツの安定判別法および安定性の定義

■ 例 4.7 三次遅れ系の比例制御

図 3.22(a) で $C_r(s)=K_r$, $C(s)=K$, $H(s)=1$ であって，制御対象が三次遅れ系

$$P(s)=P_d(s)=\frac{K_P C}{s^3+as^2+bs+c} \qquad K_P>0,\ a>0,\ b>0,\ c>0$$

の場合を考える．特性方程式は

$$K \times K_P C + 1 \times (s^3+as^2+bs+c) = 0$$

となる．ラウスの安定判別法より，つぎの安定条件が得られる．

$$KK_P < \frac{ab}{c} - 1$$

この結果から，3.5.4 で扱った比例制御系(制御対象が式(3.104)で $K_P=1$, $T_0=1$, $\tau=0.1$, $\delta=0$ の場合)の安定条件が $K<24.2$ となることがわかる．

■ 問 4.15
安定条件が破れる値 $K=24.2$ において，根軌跡がちょうど虚軸と交わることを確かめよ(特性方程式が $s=\pm 2\sqrt{30}j$ という根をもつ)．また，制御対象のゲイン定数に 50% の誤差があり得る(すなわち，式(3.104)で $K_P=1$, $T_0=1$, $\tau=0.1$, $-0.5 \leq \delta \leq 0.5$ の)場合にも必ず安定性が保証できるような K の値の範囲，すなわちロバスト安定条件を求めよ．

■ 例 4.8 「一次遅れ＋積分」の比例制御

図 3.22(a) で $C_r(s)$, $C(s)$, $H(s)$ は前例と同じとし，制御対象が「一次遅れ＋積分」

$$P(s)=P_d(s)=\frac{K_P}{s(1+Ts)} \qquad K_P>0,\ T>0$$

の場合を考える(3.5.5)．特性方程式は

$$K \times K_P + 1 \times s(1+Ts) = 0$$

で，ラウスの安定条件が必ず満たされる．したがって，このフィードバック制御系は安定である．

4.3.2 フルビッツの安定判別法

式(4.34)の多項式 $A(s)$ に対して，次式で与えられる $n \times n$ の行列式 H を**フルビッツ(Hurwitz)の行列式**とよぶ．

$$H = \begin{vmatrix} a_{n-1} & a_{n-3} & a_{n-5} & \cdots & 0 \\ a_n & a_{n-2} & a_{n-4} & \cdots & 0 \\ 0 & a_{n-1} & a_{n-3} & \cdots & 0 \\ 0 & a_n & a_{n-2} & \cdots & 0 \\ \vdots & & \cdots & & \vdots \\ 0 & & \cdots & a_3 & a_1 & 0 \\ 0 & & \cdots & a_4 & a_2 & a_0 \end{vmatrix} \qquad (4.41)$$

ただし，H の第 1 行は $A(s)$ の係数を a_{n-1} からはじめて 1 つ飛ばしに並べたもの(ここまではラウス表の第 2 行と同じ)に 0 を加えて長さを n としたもの，H の第 2 行は $A(s)$ の係数を a_n からはじめて 1 つ飛ばしに並べたもの(ラウス表の第 1 行と同じ)に 0 を加えて長さを n としたものである．第 $2k+1$ 行，第 $2k+2$ 行は，第 $2k-1$ 行，第 $2k$ 行を 1 列右へずらせて第 n 列までで打ち切り左側に 0 を補充したものである．H の左上隅に位置する k 次の小行列式を H_k とする．このとき，つぎの結果が成り立つ．

フルビッツの安定条件　$a_i > 0 \, (i=0, \cdots, n)$ とする．$A(s)$ がフルビッツ多項式であるための必要十分条件は $H_k \, (k=1, \cdots, n)$ がすべて正であることである．

前項のラウスの安定条件，および当項のフルビッツの安定条件の証明については文献 10)，12)，13) を，またその原典については文献 39)，40) を参照されたい．

4.3.3　安定性の定義について

これまで，システムの安定性をつぎのように定義してきた(S は Stability の意味です)．

[S 1]　**1 入力 1 出力システムの安定性**　プロパーな有理関数 $G(s)$ を伝達関数としてもつシステムを考える．$G(s)$ の極の実部がすべて負であるとき**システム $G(s)$ は安定である**といい，そうでなければ**不安定である**という (3.1.3 参照)．

[S 2]　**複数の入・出力をもつシステムの安定性**　複数の入力 $u_k \, (k=1, \cdots, m)$ と出力 $y_i \, (i=1, \cdots, p)$ をもつシステムで，すべての入出力対について u_k から y_i への伝達関数 $G_{ik}(s)$ が定義できて，しかもそれがプロパーな有理関数になるものを考える．すべての $G_{ik}(s)$ が [S 1] の意味で安定であるとき**システムは安定である**といい，$G_{ik}(s)$ の中に 1 つでも不安定なものがあれば**システムは不安定である**という (3.4.3 参照)．

変数間の関係が定係数の線形常微分方程式と線形代数方程式で与えられるようなシステムについては，上の定義 [S 2] の前提条件が一般的に満足される．したがって，どの位置に入力が加えられ，どの変数が出力であるかを決めてしまえば，上の [S 1]，[S 2] によってシステムの安定性は問題なく定義される．しかし，システムによってはつぎのような問題が生じる．

（ⅰ）伝達関数が有理関数でない (3.2.6 で述べたように，むだ時間の伝達

4.3 ラウス・フルビッツの安定判別法および安定性の定義

関数は，有理関数ではなくて超越関数です）．

(ⅱ) 伝達関数が定義できない（非線形の常微分方程式や代数方程式が含まれる場合には，入・出力のラプラス変換の間に式(3.25)のような簡単な関係が成立しません．したがって，本書の意味での伝達関数は定義できません）．

本項では，上のような場合にどう考えればよいかについて，基本的な事項を述べておく．システムの解析上，安定性が重要であるのは，安定なシステムが3.2.1や3.4.3でまとめた性質をもっているためである．とすれば，(ⅰ)や(ⅱ)の場合については，このような性質自身を使って安定性を定義してしまえばよいということになる．その目的で使われるシステムの性質をつぎに列挙する．

[S 3] 入力が0であるとき，初期値を十分小さくすれば，出力の大きさが任意に小さくできる．

[S 4] 入力が0であるとき，[S 3]の性質が成り立ち，しかも時間の経過とともに出力が0に漸近する．

[S 5] 初期値が0であるとき，入力が有界であれば出力も有界である．

[S 6] 初期値が0であるとき，入力の2乗積分が有限であれば出力の2乗積分も有限である．

性質[S 3]が成り立つとき，システムは**リアプノフの意味で安定である**といい，性質[S 4]が成り立つとき，**リアプノフの意味で漸近安定である**という†．リアプノフの意味の安定性は，平衡状態にある物体についての考察から生まれたもので，図4.7のようなイメージで捉えておくとわかりやすい．すなわち，ある平衡点から少しずれた位置にボールを置いたときに，ボールがころがり落

(a) 安定である
(粘性摩擦があれば漸近安定である)

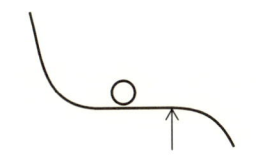

(b) 安定である
(この場合，中立であるということがある)

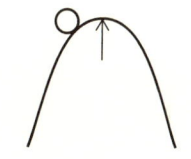

(c) 安定でない

図 4.7 リアプノフの意味の安定性

---

† 厳密には，状態ベクトルそのものを出力と考えた場合に，リアプノフの意味で安定・漸近安定という用語を使い，上のように出力 y だけ(より正確には状態変数の一部だけ)に注目する場合は，リアプノフの意味で**部分安定・部分漸近安定**であるといいます．状態ベクトルについては6章をみて下さい．

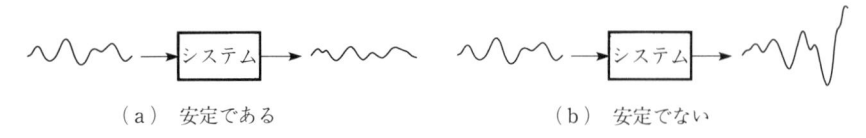

図 4.8 入出力安定性

ちてしまわないという性質が「リアプノフの意味の安定性」である．さらに，時間が経てばボールが平衡点に戻って静止する場合が「漸近安定」に相当する．プロパーな伝達関数で与えられる線形システムの場合についてこれまで使ってきた定義[S1]は，リアプノフの意味の漸近安定性[S4]の必要十分条件になっている†．一方，リアプノフの意味の安定性[S3]の必要十分条件は，

[S7] $G(s)=B(s)/A(s)$ の極の実部が負または0であり，実部が0の極についてはその位数が1である

こととなる．

性質[S5]が成り立つとき**システムは有界入力有界出力安定である**といい (3.2.1)，性質[S6]が成り立つとき L_2 **安定である**という．有界入力有界出力安定性と L_2 安定性(および他の類似の安定性)を総称して**入出力安定性**とよぶ．入出力安定性は図4.8のように，信号の増幅率が有限であるという性質を意味している．プロパーな伝達関数で与えられる線形システムの場合については，[S1]が[S5]，[S6]のいずれに対しても必要十分条件となる．純虚数 $j\beta$ を1位の極としてもつ(すなわち，角周波数 β の正弦波に共振する)システムは，入出力安定性という観点からは不安定であるが，リアプノフの意味では安定である．このくい違いは，外部からの刺激が持続的に加えられる場合を考えている(入出力安定)のか，瞬間的な撃力である場合を考えている(リアプノフの意味の安定性)のかの違いによるものと解釈できる．

4.4 フィードバック制御系の解析

図3.22のフィードバック制御系について，理論的事項を補足しておく．

---

† 伝達関数の性質とリアプノフの安定性・漸近安定性とを完全に対応させるためには，可制御・可観測という性質についての仮定が必要になります．詳しくは，参考文献20), 22)などをみていただきたいのですが，ここでは伝達関数が既約であればよいと考えておいて下さい．

4.4.1 Wellposedness 条件

前章では，$C(s)$ がプロパーで $P(s)$ が強プロパーであるものと仮定した．ここでは，$P(s)$ はプロパーではあるが必ずしも強プロパーとは限らない場合を含めて考える．$H(s)=1$ で外乱性信号 d, d_m がすべて 0 であるものとし，目標値として大きさ r_0 のステップを加えてみる．

$$\lim_{s\to\infty} C_r(s) = \alpha, \quad \lim_{s\to\infty} C(s) = \beta, \quad \lim_{s\to\infty} P(s) = \gamma \tag{4.42}$$

とおけば，初期時刻におけるフィードバック方程式は

$$u(+0) = \alpha r_0 - \beta y(+0), \quad y(+0) = \gamma u(+0) \tag{4.43}$$

となる(仮定より $w(t) = y(t)$ に注意)．これから

$$(1+\beta\gamma)y(+0) = \alpha\gamma r_0, \quad (1+\beta\gamma)u(+0) = \alpha r_0 \tag{4.44}$$

を得る．$\alpha \neq 0$ という条件のもとで，この方程式が任意の r_0 に対して解をもつためには

$$\beta\gamma \equiv \{\lim_{s\to\infty} C(s)\} \cdot \{\lim_{s\to\infty} P(s)\} \neq -1 \tag{4.45}$$

でなければならない．式(4.45)を**フィードバック制御系の wellposedness 条件**とよぶ．この条件は，$C(s)$ または $P(s)$ のいずれかが強プロパーであれば ($\beta=0$ または $\gamma=0$ となるので) 自動的に満足されることに注意されたい．

wellposedness 条件は信号の伝送時間の扱い方に関連する条件である．式(4.43)の第2式からわかるように，$\gamma \neq 0$ であることは「制御対象に加えた入力 u の影響が瞬時に出力 y に現れる」ことを意味している．通常の制御対象ではこのようなことは生じない，すなわち，u の変化が y の変化として現れるまでになんらかの時間がかかると考えられる．ただし，その時間が非常に短い場合には，それをモデルから省略してしまった方がシステムの全体像をより見通しよくとらえられる場合がある．そのようなときには，$\gamma \neq 0$ となるモデル $P(s)$ が使われ，wellposedness 条件が満たされないということが起こり得る．したがって，wellposedness 条件(4.45)が満たされない場合には，制御対象や制御装置のより詳しいモデル(特に，十分速いと予想される動的現象を省略しないモデル)を使って解析をやり直せばよい．

以上では，フィードバック制御系のモデルが実際の現象を正しく近似するためには，式(4.45)が「必要」であることを説明した．では，これで十分かというと，実はそうではない．u から y，または y から u への(実際のシステムの)経路に短いむだ時間や非線形特性が存在した場合にも「図3.22のモデルが現象を正しく近似できる」ためには，($\beta\gamma \neq -1$ だけでは不十分で) $\beta\gamma$ の大き

さについてつぎの条件が成立しなければならない(適当な仮定のもとで，これが必要十分条件であることがわかっています[41~43])．

$$|\beta\gamma|<1 \qquad (4.46)$$

この条件を**動的な寄生要素**(dynamical parasitics)**まで考慮した wellposedness 条件**とよぶ．式(4.46)は，非常に速い時間スケールにおいてフィードバック制御系が不安定にならないための条件と理解すればよい．本書では，式(4.46)の条件を満たすフィードバック制御系だけを考察の対象とする．

4.4.2 フィードバック制御系の安定条件

フィードバック制御系の安定性については 3.4.3 で説明したが，この節では，安定になるための条件をもう少し詳しく調べる．参照の便宜のため，主な結論を先にまとめておく．ただし，フィードバック制御系の入力としては，図 3.22 に示した r, d, d_m の他に操作信号に加わる雑音 d_u および検出信号に加わる雑音 d_w を考える(図 4.9)．4.3.3 の定義[S2]により「入力 r, d, d_m, d_u, d_w から出力 y, u, w への閉ループ伝達関数がすべて安定である」とき，制御系は安定であるということになる(3.4.3 参照)．

フィードバック制御系の安定条件 1 図 3.22 のフィードバック制御系について，

$$\Phi(s) \equiv A_P(s) A_C(s) A_H(s) + B_P(s) B_C(s) B_H(s) = 0 \qquad (4.47)$$

の根の実部がすべて負であれば制御系は安定であり，そうでなければ制御系は不安定である．ただし，$A_P(s)$, $A_C(s)$, $A_H(s)$ および $B_P(s)$, $B_C(s)$, $B_H(s)$ は制御対象 $\{P(s), P_d(s)\}$，制御器 $\{C(s), C_r(s)\}$，検出器 $H(s)$ を式(3.69)のように既約分数で表現したときの分母および分子である．

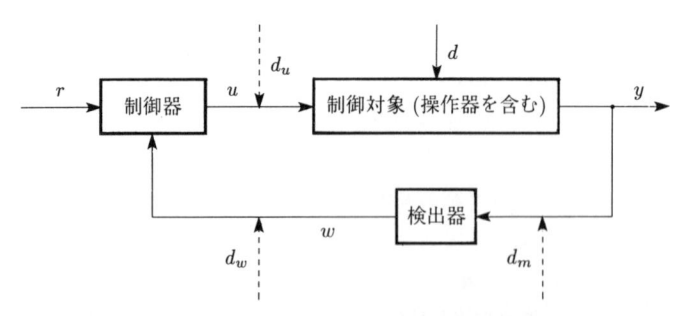

図 4.9 フィードバック制御系の安定性の定義に使う入力と出力

4.4 フィードバック制御系の解析

フィードバック制御系の安定条件 2 図 3.22 のフィードバック制御系について，一巡伝達関数

$$F(s) \equiv C(s)H(s)P(s) = \frac{B_P(s)B_C(s)B_H(s)}{A_P(s)A_C(s)A_H(s)} \tag{4.48}$$

の分母・分子間で不安定因子の相殺がなければ[†]，方程式

$$\Psi(s) \equiv 1 + F(s) = 0 \tag{4.49}$$

の根の実部がすべて負であるとき制御系は安定であり，そうでないとき不安定である．一巡伝達関数の分母・分子間で不安定因子の相殺があれば，制御系は不安定である．

安定条件 1 の方は，3.4.3 で与えたものと同じであるが，ここではこの条件が必要十分であることを主張している (3.4.3 では十分性だけを説明した) 点に注意されたい．方程式 (4.47) を**特性方程式**とよぶことは 3.4.3 ですでに述べたが，方程式 (4.49) もやはり**特性方程式** (式 (4.47) と区別したいときは，**一巡伝達関数を使った特性方程式**) とよぶ．なお，式 (4.49) 左辺の関数 $\Psi(s)$ は 3.4.2 で説明した還送差に他ならない．安定条件 2 から，一巡伝達関数が同じであるフィードバック制御系 (たとえば図 3.22 と後出の図 5.7) は安定性に関して等価であることがわかる．

以下，詳論に入る．まず，フィードバック制御系の安定性の定義で，図 3.22 で示した r，d，d_m に加えて，d_v，d_w という 2 つの信号を入力として考える理由を説明しておこう．1 つの装置を 1 つのブロック (ブロック線図の規約を拡張して，多入力多出力システムもブロックとして扱うことにします) で表すことにして，図 3.22 を描き換えれば図 4.9 になる．この図をみれば，操作信号 u，制御量 y，検出信号 w は，1 つの装置から他の装置へ伝えられる信号であることがわかる．信号の伝達には当然雑音が伴うから，現実の制御系の動作を扱う上では，図 4.9 に点線で示した d_u，d_m，d_w という雑音を考えにいれておかなければならない．3 章の図 3.22 では，全体像を把握しやすくするために，上の雑音の中の d_m だけを明示し，他の 2 つを省略したものであ

[†] 制御器の伝達関数 $C(s)$，$C_r(s)$ および制御対象の伝達関数 $P(s)$，$P_d(s)$ がいずれも共通分母をもつ形 (すなわち式 (3.69 a)，式 (3.69 c) の形) で表されていることを前提としていることに注意して下さい．したがって，$C(s)$ と $C_r(s)$ (または $P(s)$ と $P_d(s)$) が別々の分母をもっているときには，これらを通分してから相殺の有無を判定しなければなりません．もし，$C_r(s)$ (または $P_d(s)$) の分母だけに不安定因子が含まれていれば，通分した結果 $C(s)$ (または $P(s)$) の分母・分子に同じ不安定因子が含まれることになり，「一巡伝達関数の分母・分子間で不安定因子の相殺がある」ということになります (したがって制御系は不安定です)．

る†．

　つぎに，安定条件1について考える．入力 d_u, d_w からの閉ループ伝達関数の分母多項式もすべて $\Phi(s)$ となる（分母・分子の約分を行わないとき）ことは容易に導ける．したがって，この条件が安定性の十分条件になっていることは明らかである．必要条件であることの証明は，式(3.69)の分母・分子の多項式 (A_c, B_c, B_r, $\cdots$) を使って閉ループ伝達関数を書き表し，その分子の構造を細かく調べていくことにより行えるが，スペースをとるので省略する．

　最後に，安定条件2について考える．方程式(4.49)は方程式(4.47)を $A_P(s)A_C(s)A_H(s)$ で割ることによって得られる．したがって，

$$\{\text{方程式}(4.47)\text{の根}\} = \{\text{方程式}(4.49)\text{の根}\} \cup \{\text{Common}\} \quad (4.50)$$

ただし

$$\{\text{Common}\} = \{\text{方程式 } B_P(s)B_C(s)B_H(s)=0 \text{ と}$$
$$\text{方程式} A_P(s)A_C(s)A_H(s)=0 \text{ との共通根}\} \quad (4.51)$$

という関係が成り立つ．これから，{Common}の中に不安定極が含まれなければ方程式(4.49)の根の符号だけで安定性が判別できること，および{Common}の中に不安定極があれば制御系が不安定であることがわかる．{Common}の中に不安定極があることは，一巡伝達関数の分母・分子が共通不安定因子をもつことと等価であるから安定条件2が得られる．

　一巡伝達関数の分母・分子間で，不安定因子の相殺が起こる場合の例をみておく．

■ **例 4.9**　図 3.22 で，

$$C_r(s) = C(s) = \frac{1-0.5s}{1+0.1s}, \quad H(s)=1, \quad P(s)=P_d(s)=\frac{1}{(1+2s)(1-0.5s)}$$

のとき，r から y への閉ループ伝達関数 $G_{yr}(s)$ は

$$G_{yr}(s) = \frac{10}{2s^2+21s+20}$$

---

† 図4.9の「制御対象」の部分が操作器と（狭い意味の）制御対象とに分けられる場合（すなわち，図1.3のようになっている場合）には，この部分にも操作量 v という「出力」とそれに加わる雑音 d_v（これは「入力」）とを考えなければならないということになります．しかし，このように考えていくと，システムがどんどん複雑になってしまうので，制御系の解析・設計に本質的な現象を把握するのに必要かつ十分な程度に簡単化したモデルを考え，上の雑音 d_v などの影響を，外乱 d（または他の雑音 d_u, d_m, d_w など）の中にふくめて考えることにします（3.5.4）．しかし，そのような簡単化を行ったために，モデル上では現れないような不都合な現象が実際のシステムでは生じて苦労するといったことが起こり得ます．制御理論を使う上では，「方程式は簡単化されたモデルにすぎない」ということを忘れないようにすることが重要です．

となる。極は p_1, $p_2 = (-21\pm\sqrt{281})/4$ だけであるから、この伝達関数は安定である。しかし、特性方程式を調べてみると

$$(1-0.5s)+(1+0.1s)\times(1+2s)(1-0.5s)=0$$

となる。この方程式は上の p_1, p_2 以外に $p_3=2$ という根をもつから、この制御系は不安定である。実際、閉ループ伝達関数の中で、たとえば

$$G_{ydu}(s)=\frac{10(1+0.1s)}{(2s^2+21s+20)(1-0.5s)}$$

が不安定になっている。これは、操作信号に雑音が加わると、その影響が時間とともに増大していくので、うまく制御が行えないことを意味する。

■ **問 4.16** つぎの場合について制御系の安定性を調べよ。

$$C_r(s)=C(s)=\frac{K}{(1-0.5s)(1+2s)}, \quad H(s)=1, \quad P(s)=P_d(s)=\frac{2-s}{(1+s)(1+3s)}$$

■ **例 4.10** 図 3.22 で $C_r(s)=C(s)=K$, $H(s)=1$ で

$$P(s)=\frac{1}{1+2s}, \quad P_d(s)=\frac{1}{1-2s}$$

とする。この場合、$P(s)$ と $P_d(s)$ の分母が異なっているから、特性方程式を書き下すときには、この 2 つを通分して

$$P(s)=\frac{1-2s}{(1+2s)(1-2s)}, \quad P_d(s)=\frac{1+2s}{(1+2s)(1-2s)}$$

という形にしておかなければならない。上式から、特性方程式

$$\varPhi(s)\equiv K\cdot(1-2s)+(1+2s)(1-2s)=0$$

を得る。これは、$p=1/2$ という根をもつから制御系が不安定であることがわかる。もう少し詳しく調べておくと、閉ループ伝達関数のうち $G_{yr}(s)$, $G_{ydu}(s)$, $G_{ydm}(s)$, $G_{ydw}(s)$ などは安定だが、$G_{yd}(s)$, $G_{ud}(s)$, $G_{wd}(s)$ が不安定になっている。これは、$p=1/2$ という不安定極が外乱から制御量への伝達関数 $P_d(s)$ だけに含まれていて、それがフィードバックの影響を受けないので不安定なまま残ってしまうためである。

■ **問 4.17** つぎの場合について制御系の安定性を調べよ。

$$C_r(s)=\frac{K}{(1-s)(1+2s)}, \quad C(s)=\frac{K}{1+2s}, \quad H(s)=1, \quad P(s)=P_d(s)=\frac{1}{1+s}$$

例 4.9、問 4.16、例 4.10、問 4.17 にみられるように、不安定因子の相殺が一巡伝達関数の中で生じているときには、限られた閉ループ伝達関数だけみていると安定であるかのようにみえるが、制御系全体は不安定になっているから十分注意しなければならない。

4.4.3 根軌跡と安定限界

3.5.4 で説明したように，図 3.21 の比例制御系において，フィードバックゲイン K の値を 0 から ∞ まで増加させたときの特性根の軌跡を**根軌跡**という。根軌跡を正確に描くには各 K の値について特性方程式を解かなければならないが，その概形はつぎの(i)～(v)の性質を使って比較的容易に描くことができる（文献 17），19））。ただし，$P(s)$ の次数が n，相対次数が d，極が $p_1, \cdots, p_n$，零点が $z_1, \cdots, z_{n-d}$（2 位以上の極，零点は位数分だけ重複させておく）で，$P(s)$ の分子の s^{n-d} の係数は正とする。

（ⅰ）根軌跡は n 本の分枝からなり，実軸に関して対称である。

（ⅱ）根軌跡は $P(s)$ の極 $p_1, \cdots, p_n$ から出発する。

（ⅲ）$K \to +\infty$ のとき，$n-d$ 本の分枝は点 $z_1, \cdots, z_{n-d}$ に収束し，残りの d 本は無限遠点へ発散する。無限遠点に発散する分枝は，実軸上の点

$$s_0 = \frac{1}{d}\left(\sum_{i=1}^{n} p_i - \sum_{k=1}^{n-d} z_k\right) \tag{4.52}$$

を通り，実軸正方向とつぎの角度 θ_i をなす直線に漸近する。

$$\theta_i = \frac{(2i+1)\pi}{d} \quad i=0, 1, \cdots, d-1 \tag{4.53}$$

（ⅳ）実軸上において，点 s の右側にある $P(s)$ の極および零点の個数の合計が奇数であれば，s は根軌跡上の点である。

（ⅴ）根軌跡が実軸から分岐する点 s_i においては

$$\frac{d}{ds}\left[\frac{1}{P(s)}\right]_{s=s_i} = 0 \tag{4.54}$$

▌**問 4.18** 図 3.27 および問 3.18 の根軌跡について，上の性質を確かめよ。

根軌跡は，もともと図 3.21 のような比例制御系に対して考えられたものであるが，たとえば図 3.22 の制御系でフィードバック補償要素を式(3.129)と同様に

$$C(s) = KC_0(s) = \frac{KB_{C0}(s)}{A_C(s)} \tag{4.55}$$

とおいた場合の特性根の振舞を調べるのにも利用できる。すなわち，$F_0(s) \equiv C_0(s)H(s)P(s)$ が図 3.21 の $P(s)$ であると考えて，根軌跡を描けばよい（ただし，$C_0(s)H(s)P(s)$ の中で分母・分子の相殺がないものとする）。

フィードバック補償要素を式(4.55)の形に選んで K を変化させると，フィ

4.4 フィードバック制御系の解析

ードバック制御系が安定になったり不安定になったりする。

$$K_1 < K < K_2 \tag{4.56}$$

で制御系が安定で，$K = K_1$ および $K = K_2$ では不安定であるとき，$K = K_1$ および $K = K_2$ で「制御系が(**一般的な意味で**)**安定限界にある**」といい，K_1 および K_2 を**安定限界のゲインの値**とよぶ。特に，$C_0(s)$，$H(s)$，$P(s)$ が安定であるときには，$0 \leq K < K_{SL}$ で制御系が安定で，$K = K_{SL}$ で不安定になるという正数 K_{SL} がある($K_{SL} = \infty$ となる可能性も含めて)。K_{SL} を(**狭い意味での**)**安定限界**とよぶ。また，式(4.56)の領域をゲイン K についての**安定領域**という。

根軌跡の性質(iii)から，制御系の性能の限界について重要な結論が得られる。フィードバック補償要素として式(4.55)の形を仮定する。3.6.2 で述べたように，K を大きくすることによって，ステップ状の外乱を強く抑制し，制御対象のモデル化誤差によって生じる定常偏差を減少させることができる。一方，(iii)に述べられているように，K を大きくしたとき，閉ループ極の中の $n - d$ 個は $P(s)$，$H(s)$，$C_0(s)$ の零点に漸近し，残りの d 個は無限遠点に発散する。そのため，制御対象がつぎの性質をもっていると，$K \to \infty$ に従って制御系が不安定になってしまう。

[IS 1] 制御対象 $P(s)$ が不安定零点をもっていると，一部の極がその零点に近づいていくため不安定になる(4.4.2 で述べたように，この零点を $C_0(s)$ の分母で打ち消すと，それだけで制御系が不安定になることに注意して下さい)。

[IS 2] $P(s)$ の相対次数 d_p が 3 以上であれば，無限遠点へ発散する極の中のいくつかが不安定になる($P(s)H(s)C(s)$ の相対次数を d とするとき，$d \geq d_p$ です)。

このことは，安定性という要求によって K の大きさが制限され，その結果定常偏差の抑制に限界が生じることを意味する。以上の考察は，ステップ状外乱とステップ状目標値だけを想定し，また $C_0(s)$ をうまく利用することには言及していない，という意味で完全なものではない。しかし，これらの制約をとり払ってより一般的な状況を考えたとしても，「制御対象の不安定零点や相対次数が制御系の性能の限界を与える主要因の 1 つである」という結論には変わりがない(5.9.2)。

■ **例 4.11** 図 3.22 の制御系で制御対象 $P(s)$ が式(3.104)，制御器がゲイン要素 $C(s) = K$，$C_f(s) = K_f$ である場合(3.5.4 で扱ったシステムです)を考える。$K_p = 1$，$\delta = 0$，$T_p = 1$，$\tau = 0.1$ であるときの安定条件は 4.3.1 例 4.7 で導いたように

$$K < 24.2$$

となる．これから，単位ステップ外乱に対する定常偏差について

$$|\varepsilon_{d,\text{step}}| = \left| \frac{-P(0)}{1+KP(0)} \right| = \frac{1}{1+K} > \frac{1}{1+24.2} \fallingdotseq 0.04$$

が得られる．すなわち，この比例制御系ではステップ状外乱に対する定常偏差を 4% 以下にすることはできない．実際に制御系を作る場合には，ゲインを安定限界の少なくとも 1/2 以下に選ぶ必要がある†．それを考慮すれば，定常偏差 8% 程度というのが外乱抑制力の実際的な限界と考えられる．

■ **問 4.19** $P_d(s) = P(s) = (1-Ts)/(1+s)(1+5s)$, $C_r(s) = C(s) = K$, $H(s) = 1$ であるフィードバック制御系について外乱抑制力の限界(すなわち，単位ステップ外乱に対する定常偏差の下限)を求めよ．ただし，$K>0$, $T>0$ とする．

4.5 むだ時間システムの応答と安定性

むだ時間 e^{-Ls} を含むシステムをむだ時間システムとよぶ．むだ時間システムの動作は微分差分方程式(または偏微分方程式)で記述され，その応答を一般的な形で求めるのは容易ではない．ここでは，簡単な場合について説明する．

4.5.1 むだ時間を直列に含むシステムの応答

むだ時間を直列に含むシステム

$$G(s) = e^{-Ls} G_0(s) \tag{4.57}$$

を考える(図 4.10)．一般的な初期条件を与えたときの過渡応答を求めるには，図 4.10 の e^{-Ls} の部分が図 3.17 のパイプであると考えるとわかりやすい．パイプの中にはじめから入っていた液体の温度を $\hat{\theta}(x)$ とする．ただし，x は断面 A からの距離である．はじめの $0 \leq t < L$ の間はこの液体が出てくるのであるから，パイプの長さを b とし流速を a とすれば，システムの出力は

$$y(t) = \hat{\theta}(b-at) \equiv \theta(t) \qquad 0 \leq t < L \tag{4.58}$$

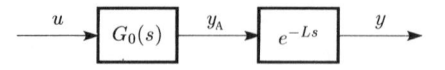

図 4.10 むだ時間を直列に含むシステム

---

† ゲインを安定限界の近くに選ぶと，
 (a) わずかなモデル化誤差で不安定になってしまう(ロバスト安定性の欠如)．
 (b) ステップ応答の行き過ぎが大きくなり，かつ応答全体が振動的になる(過渡応答波形の不良)．
という不都合が生じます(3.6 節，5.8 節参照)．

4.5 むだ時間システムの応答と安定性

となる。$t=L=b/a$ になったときに，はじめに入っていた液体がすべて流れ出す。それ以後は，$G_0(s)$ の部分から供給された液体が出てくるから

$$y(t) = y_A(t-L) \qquad t \geq L \qquad (4.59)$$

となる。ただし，$y_A(t)$ は $G_0(s)$ の過渡応答である(添字 A は $y(t)$ を進めた信号(advanced signal)という意味です)。式(4.58)，(4.59)がむだ時間を直列に含むシステムの過渡応答を与える基本式である。関数 $\theta(t)$ $(0 \leq t < L)$ のことを**むだ時間要素の初期値**とよぶ。このように，むだ時間要素は関数を初期値としてもつので，無限次元のシステムである†。

4.5.2 むだ時間を含むフィードバック制御系の応答と安定条件

図 3.22 で制御対象の $P(s)$，$P_d(s)$ が前項で調べたむだ時間を直列に含むシステム

$$P(s) = P_d(s) = e^{-Ls}P_0(s) \qquad (4.60)$$

である場合を考えよう(図 4.11)。このようなシステムの過渡応答を求めるには，図 4.12 に示したように，時間軸をむだ時間の長さ L で区切って，各区間の信号を順番に求めてゆけばよい(ただし，図中の x は，u, y, w といった信号を代表させたものです)。具体的な例を使って説明しよう。

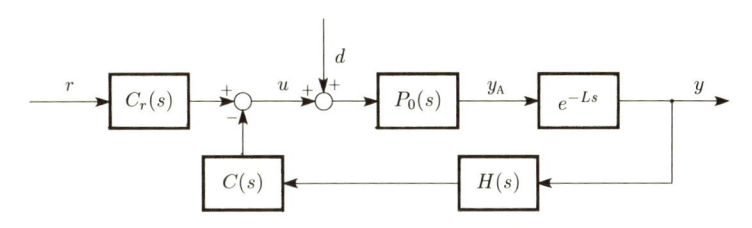

図 4.11 むだ時間を含むフィードバック制御系の例

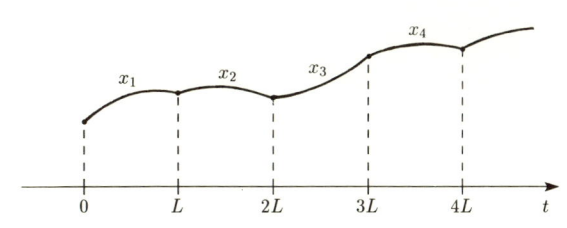

図 4.12 むだ時間を含むフィードバック制御系の過渡応答の求め方について

---

† 一般に，出力を決めるために必要な初期値の空間の次元をシステムの次元とよびます。

■ 例 4.12 図 4.11 で

$$C(s) = C_r(s) = K, \quad H(s) = 1, \quad P_0(s) = \frac{1}{s} \quad (4.61)$$

の場合を考え，外乱 d は 0 とする．$P_0(s)$ およびむだ時間の初期値をどちらも 0 とし，目標値として $r(t) = 1 (t \geq 0)$ というステップ信号を加えたときの応答を，はじめの 3 区間分計算してみるとつぎのようになる．

$0 \leq t < L$ において，

$$y(t) = 0 \text{(仮定より)}$$
$$u(t) = K(1-0) = K$$
$$y_A(t) = \int_0^t u(\tau)\,d\tau = Kt$$

$L \leq t < 2L$ において，

$$y(t) = y_A(t-L) = K(t-L)$$
$$u(t) = K\{1 - K(t-L)\}$$
$$y_A(t) = y_A(L) + \int_L^t u(\tau)\,d\tau = KL + K(t-L) - \frac{1}{2}K^2(t-L)^2$$

$2L \leq t < 3L$ において，

$$y(t) = KL + K(t-2L) - \frac{1}{2}K^2(t-2L)^2$$
$$u(t) = K\{1 - KL - K(t-2L) + \frac{1}{2}K^2(t-2L)^2\}$$
$$y_A(t) = y_A(2L) + \int_{2L}^t u(\tau)\,d\tau$$
$$= 2KL - \frac{1}{2}K^2L^2 + K(1-KL)(t-2L)$$
$$+ \frac{1}{2}K^2(t-2L)^2 + \frac{1}{6}K^3(t-2L)^3$$

上の例からわかるように，$u(t)$ や $y(t)$ の値を逐次求めるのは難しいことでないが，その結果を一般式として書き下すのは容易でない．なお，図 4.11 のフィードバック制御系の安定性は，式 (4.49) の形の特性方程式の根の実部によってつぎのように判別できることがわかっている[†]．

むだ時間を含むフィードバック制御系の安定条件 図 4.11 の制御系において，$P_0(s)\,C(s)\,H(s)$ の中で不安定因子の相殺が起こらないものとする．このとき，フィードバック制御系が安定であるための必要十分条件は，方程式

$$1 + e^{-Ls} P_0(s)\,C(s)\,H(s) = 0 \quad (4.62)$$

の根の実部がすべて負であることである．

[†] むだ時間を含む図 4.11 のようなシステムについては，リアプノフの漸近安定性と入出力安定性とが等価となります．上の安定条件はこの意味で安定となるための必要十分条件です．詳しくは，文献 14)，15) を参照して下さい．

5

周波数応答

本章では周波数応答について説明する。周波数応答とは，もともと「安定な線形システムに正弦波を加えると，ある程度時間がたって定常状態になったときには，出力も同じ角周波数の正弦波になる」という現象に基づいて導かれた概念である。しかし，フィードバックシステムの解析・設計のためには，定常状態での入出力関係を離れ，数学的手段で周波数応答を定義しておく方が便利である。その結果，不安定なシステムについても周波数応答が定義される。

周波数応答は 1940 年代から 50 年代に発展したフィードバック制御系の解析・設計手法において中心的な役割を果たした。そのため，周波数応答を使った解析・設計理論は古典制御理論とよばれている（これが書名の由来です）。その後，周波数応答についての研究があまりなされない時期もしばらくあったが，1980 年代に入ってその重要性が再認識され，現在では，フィードバック制御系の解析・設計に不可欠な概念の 1 つと考えられている。

5.1 周波数応答とベクトル線図

5.1.1 周波数応答の定義と意味

まず，理論的準備をかねて定義を述べる。システム $G(s)$ に振幅 1，角周波数 ω の複素正弦波入力†

$$u(t) = e^{j\omega t} = \cos \omega t + j \sin \omega t \tag{5.1}$$

を加えるものとする。$u(t)$ のラプラス変換は $1/(s-j\omega)$ であり，$s=j\omega$ に唯一の極をもつ。ここでは，入力の極 $s=j\omega$ に対応する出力中の成分を調べる。一般に，出力 y は初期値応答と静止状態応答の和となるが，入力の極に対応

---

† 最近の制御理論の論文では，ω を単に**周波数**(frequency)とよぶことが多いのですが，本書では本来の用語である**角周波数**(angular frequency)を用います。一方，「複素正弦波」とは具体的にどんな波形なのかという疑問を抱かれる読者も多いと思います。これは計算を簡単にするために考えた数学的存在ですから，「式(5.1)で与えられる関数が微分方程式の強制力として加えられるもの」と割り切って読み進んで下さい。

する成分は後者に含まれる(4.1節)。

もし $s=j\omega$ がシステム $G(s)$ の極でなければ，静止状態応答はシステム固有成分 y_{sys} と入力固有成分 y_{inp} とからなり，その中の y_{inp} が入力の極 $s=j\omega$ に対応する。y_{inp} は，$G(s)/(s-j\omega)$ の部分分数展開中の $A/(s-j\omega)$ という項を逆ラプラス変換すれば求められる。係数 A を 2.4.1 の方法で計算して y_{inp} を求めれば

$$y_{inp}(t)=G(j\omega)\,e^{j\omega t} \tag{5.2}$$

であることがわかる。すなわち，$s=j\omega$ としたときの伝達関数の値 $G(j\omega)$ が，入力の極 $s=j\omega$ に対応する出力中の成分 $e^{j\omega t}$ の振幅(ただし，複素数の形の)を与える。

もし $s=j\omega$ がシステム $G(s)$ の r 位の極であれば，静止状態応答は広義の共振成分 y_{res} とシステム固有成分 y_{sys} の和になり，その中の y_{res} が入力の極 $s=j\omega$ に対応する。y_{res} は一般に

$$y_{res}(t)=\{c_1+c_2 t+\cdots+c_{r+1}t^r\}e^{j\omega t} \qquad c_i;\text{複素数の定数} \tag{5.3}$$

という形になる。この成分は時間と共に振幅が無限大になる複素正弦波であると理解できるから，やはり $G(j\omega)=\infty$ という値が静止状態応答中の入力の極に対応する成分 $e^{j\omega t}$ の振幅を与えているものと解釈できる。$G(j\omega)$ のことを**周波数応答**(frequency response)または**周波数伝達関数**(frequency transfer function)とよぶ。

つぎに周波数応答の意味を調べておく。上記の事実と，式(1.15)およびシステムの線形性を使えば，通常の正弦波入力

$$u(t)=\sin\omega t \tag{5.4}$$

を加えたときには，出力中にも同じ角周波数の正弦波成分 y_{in} が現れ，

$$y_{in}(t)=c\sin(\omega t+\theta) \tag{5.5}$$

$$c=|G(j\omega)|,\qquad \theta=\arg G(j\omega) \tag{5.6}$$

となることが導ける(図5.1)。ただし，複素正弦波の場合と同じく，$s=\pm j\omega$ が $G(s)$ の極でない場合には，y_{in} は静止状態応答中の入力固有成分 y_{inp} である。また，$s=\pm j\omega$ が $G(s)$ の極である場合には，y_{in} は広義の共振成分 y_{res} であって，上の等式は「y_{in} は振幅が無限大になる正弦波である」という理解

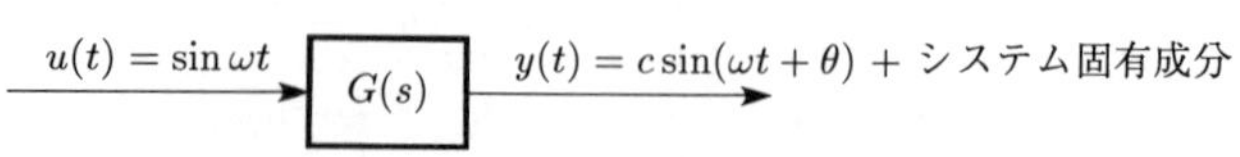

$$u(t)=\sin\omega t \longrightarrow \boxed{G(s)} \longrightarrow y(t)=c\sin(\omega t+\theta)+\text{システム固有成分}$$

図 5.1 周波数応答

5.1 周波数応答とベクトル線図

のもとで成立する．以上より，周波数応答がつぎの意味をもっていることがわかる．

周波数応答の意味 周波数応答 $G(j\omega)$ の絶対値 $|G(j\omega)|$ は，正弦波入力に対する**振幅の増幅率**を，またその偏角 $\arg G(j\omega)$ は**位相のずれ**を与える．

式(5.5)，(5.6)を**周波数応答の基本式**という．また，$|G(j\omega)|$ を角周波数 ω におけるシステムの**ゲイン**，$\arg G(j\omega)$ を**位相角**とよぶ．$\arg G(j\omega)$ は多価関数であるが，どの価をとるかによって以下の議論が本質的影響を受けることはない†．

安定なシステムに式(5.4)の正弦波を加えた場合には，定常状態における出力が式(5.5)で与えられる正弦波になるから，定常応答の振幅と位相を測ることによって周波数応答を実験的に求めることができる．しかし，不安定なシステムの場合には，式(5.5)の正弦波にシステムの不安定極に対応する成分を加えたものが定常応答となるので，このような実験で周波数応答を求めることはできない．

■ **問 5.1** 式(5.2)，(5.5)を導け．また，周波数応答を使って問4.5(1)を解け．

5.1.2 ベクトル線図

周波数応答は角周波数 ω の関数であり，ω を1つ定めると複素平面上の1点

$$x = \mathrm{Re}[G(j\omega)], \quad y = \mathrm{Im}[G(j\omega)] \tag{5.7}$$

が定まる．ω を $-\infty$ から $+\infty$ まで変化させたときの点 $G(j\omega)$ の軌跡を**ベクトル軌跡**(Vector Locus)とよび，ベクトル軌跡を描いた図面を**ベクトル線図**(Vector Diagram)という．

■ **例 5.1** 式(3.37)の一次遅れの周波数応答は

$$G(j\omega) = \frac{K}{1 + T\omega j}$$
$$= \frac{K}{1 + T^2\omega^2} - \frac{KT\omega}{1 + T^2\omega^2}j$$

となり，ベクトル軌跡は図5.2の円になる．

■ **問 5.2** 一次遅れのベクトル軌跡が，実軸上の点 $K/2$ を中心とする半径 $K/2$ の円であることを示せ．

---

† ただし，位相角のグラフを描く(5.3節)ときには $\arg G(j\omega)$ のどの価を使うかを決めなければなりません．詳しくは5.3.1をみて下さい．

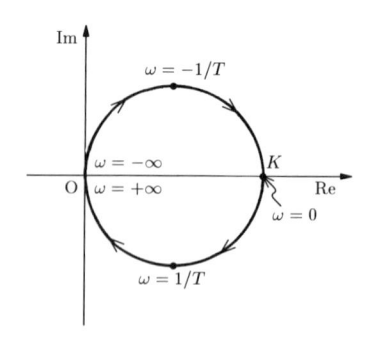

図 5.2　一次遅れのベクトル軌跡

　例 5.1 において，ベクトル軌跡の大きさはゲイン定数 K だけで定まり，時定数 T は ω の値と軌跡上の点との対応関係にのみ影響を与える．一般の伝達関数においても類似の現象が生じる．そのためベクトル軌跡を描くときには，代表的な ω の値に対応する軌跡上の点を明示し，ω の増加する方向に矢印を付しておくことが望ましい．伝達関数 $G(s)$ が実係数の有理関数であれば，

　[VL 1]　ベクトル軌跡上の 2 点 $G(j\omega)$ と $G(-j\omega)$ は実軸対称であることが導ける (VL は Vector Locus の意味です)．この性質があるので，ベクトル軌跡としては通常 $\omega \geqq 0$ の部分だけを表示する．$G(s)$ が，$s=0$ 以外の不安定極をもたず，不安定零点をもたず，かつゲイン定数が正であれば，そのベクトル軌跡はつぎの性質を満たす．

　[VL 2]　$\omega=0$ 付近の振舞：$G(s)$ が積分器を含まなければ，$\omega=0$ でベクトル軌跡は実軸正の部分の点 $G(0)$ を通る．積分器を σ 個含んでいれば，$\omega \to +0$ において偏角が $-\sigma \times \pi/2$ の方向に発散する．

　[VL 3]　$\omega \to +\infty$ での振舞：$G(s)$ の相対次数 d が 0 でなければ，$\omega \to +\infty$ で，偏角が $-d \times \pi/2$ の方向から原点に収束する．相対次数 d が 0 であれば実軸正の部分の点に収束する．

　性質 [VL 2]，[VL 3] が成り立つ理由については 5.1.3 で説明する．

■ **例 5.2**　つぎの伝達関数のベクトル軌跡は図 5.3 の通りである (定数はすべて正の実数で，$ab > c$ とする)．

(1)　$G_1(s) = \dfrac{K}{1+2\zeta Ts + T^2 s^2}$　　(2)　$G_2(s) = \dfrac{Kc}{s^3 + as^2 + bs + c}$

(3)　$G_3(s) = \dfrac{K}{s(1+Ts)}$　　(4)　$G_4(s) = \dfrac{K(1+T_0 s)}{(1+T_1 s)(1+T_2 s)(1+T_3 s)}$

5.1 周波数応答とベクトル線図

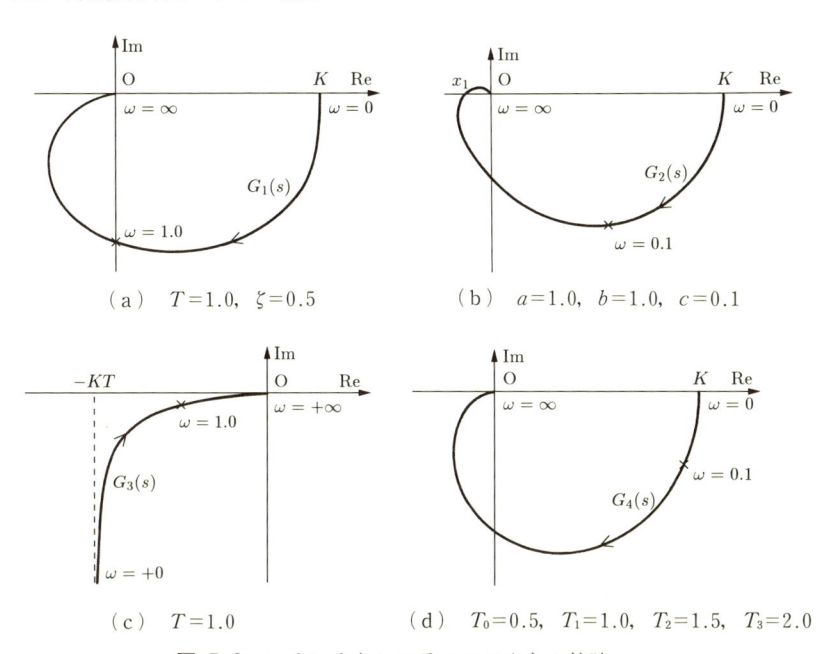

(a) $T=1.0$, $\zeta=0.5$

(b) $a=1.0$, $b=1.0$, $c=0.1$

(c) $T=1.0$

(d) $T_0=0.5$, $T_1=1.0$, $T_2=1.5$, $T_3=2.0$

図 5.3 いろいろなシステムのベクトル軌跡

■ **問 5.3** 例5.2の各ベクトル軌跡について性質[VL 2]，[VL 3]を確認せよ．

■ **問 5.4** （1） 例5.2(1)について $0<\zeta<1/\sqrt{2}$ であれば，$|G_1(j\omega)|$ は $\omega=\sqrt{1-2\zeta^2}/T$ のとき最大値 $G_p=K/2\zeta\sqrt{1-\zeta^2}$ をとる．また，$\zeta>1/\sqrt{2}$ であれば単調減少である．このことを確かめよ．

（2） 例5.2(3)について，$\omega \to +0$ のときベクトル軌跡が直線 $\mathrm{Re}\,s=-KT$ に漸近すること，および $\omega \to +\infty$ のとき実軸負の部分に接するように原点に収束することを確かめよ．

5.1.3 周波数応答の合成

複雑な伝達関数の周波数応答の性質を知るには，つぎの事実が役に立つ．$G(s)$ が図3.18に示したように N 個の要素の直列結合

$$G(s) = G_N(s) \times \cdots \times G_1(s) \tag{5.8}$$

として表される場合，

$$|G(j\omega)| = |G_N(j\omega)| \times \cdots \times |G_1(j\omega)| \tag{5.9a}$$

$$\arg G(j\omega) = \arg G_N(j\omega) + \cdots + \arg G_1(j\omega) \tag{5.9b}$$

が成立する．上の等式は，「直列結合の周波数応答のゲインは各要素のゲイン

の積に，また位相角は各要素の位相角の和に」なることを示している．

上の性質を使うと，5.1.2 の性質[VL 2]，[VL 3]がつぎのように確かめられる．[VL 2]の直前に記した仮定により，$G(s)$ は

  ゲイン定数 K，一次進み $1+Ts$，二次進み $1+2\zeta Ts+T^2s^2$

  積分 $1/s$，一次遅れ $1/(1+Ts)$，二次遅れ $1/(1+2\zeta Ts+T^2s^2)$

の積として表現できる．ただし，$K>0$，$T>0$，$0<\zeta<1$ である．$s=j\omega$ で $\omega \to +0$ としたとき，積分要素以外は正の実数に漸近し，積分要素については

$$\left|\frac{1}{s}\right| \to \infty, \quad \arg\frac{1}{s}=-\frac{\pi}{2} \tag{5.10}$$

である．この事実から性質[VL 2]は明らかである．また $s=j\omega$ で $\omega \to +\infty$ としたとき，

$$\begin{aligned}\arg\left(\frac{1}{1+Ts}\right) \to -\frac{\pi}{2}, &\quad \arg\left(\frac{1}{1+2\zeta Ts+T^2s^2}\right) \to -\pi \\ \arg(1+Ts) \to \frac{\pi}{2}, &\quad \arg(1+2\zeta Ts+T^2s^2) \to \pi\end{aligned} \tag{5.11}$$

となることと，定数がすべて正であることを考慮すれば，性質[VL 3]が導ける．

つぎに，式(5.8)で $N=2$ の場合を考えると

$$|G(j\omega)|=|G_1(j\omega)|\times|G_2(j\omega)| \tag{5.12 a}$$
$$\arg G(j\omega)=\arg G_1(j\omega)+\arg G_2(j\omega) \tag{5.12 b}$$

となる．この式は，$G_1(s)$，$G_2(s)$ のベクトル軌跡が描かれていれば，つぎのようにして $G(s)=G_1(s)G_2(s)$ のベクトル軌跡が作図できることを示している．すなわち，図5.4 に示したように，原点を O，実軸上の座標1の点を A，$G_1(s)$，$G_2(s)$ のベクトル軌跡上の $\omega=\omega_0$ に対応する点をそれぞれ B，C とする．$\varDelta$OAB と $\varDelta$OCD が相似形となるように点 D を選べば，D が $G(s)$ の

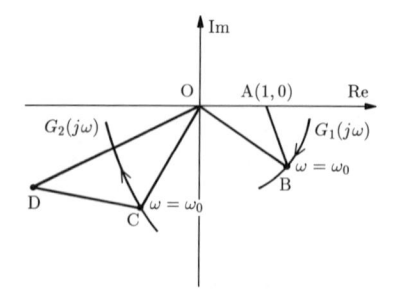

図 5.4　ベクトル軌跡の合成

5.1 周波数応答とベクトル線図   129

ベクトル軌跡の $\omega = \omega_0$ に対応する点になる。このような手法で $G(s)$ のベクトル軌跡を作図することを**ベクトル軌跡の合成**とよんでいる。

5.1.4 むだ時間を直列に含むシステムの周波数応答

まず，むだ時間要素

$$G(s) = e^{-Ls} \tag{5.13}$$

だけの性質を調べておく。式(3.56)を使えば，初期値を0として式(5.4)の正弦波を加えたときの出力が

$$y(t) = \begin{cases} 0 & t < L \\ \sin(\omega t - L\omega) & t \geq L \end{cases} \tag{5.14}$$

となることがわかる。すなわち正弦波がむだ時間要素を通ると，振幅は変わらず，位相が $L\omega$ だけ遅れる。一方，式(5.13)に $s = j\omega$ を代入して，その絶対値と偏角を調べてみると，

$$|G(j\omega)| = |e^{-jL\omega}| = 1, \quad \arg G(j\omega) = \arg e^{-jL\omega} = -L\omega \tag{5.15}$$

となる。以上から，むだ時間の場合についても，周波数応答の基本式(5.5)，(5.6)が成立すること，したがって $G(j\omega)$ を**周波数応答**とよぶのが適当であることがわかる。また，式(5.15)から，むだ時間要素(5.13)のベクトル軌跡は原点を中心とする単位円であって，ω が $2\pi/L$ 増加すると点 $G(j\omega)$ はこの円上を時計まわりに一周することがわかる（図 5.5）。

つぎに，むだ時間を直列に含むシステム（図 4.10）に式(5.4)の正弦波を加えた場合を考えてみる。5.5.1 で述べたように，$y_A(t)$ には正弦波成分

$$y_{A,\text{in}}(t) = c_0 \sin(\omega t + \theta_0) \tag{5.16}$$

$$c_0 = |G_0(j\omega)|, \quad \theta_0 = \arg G_0(j\omega) \tag{5.17}$$

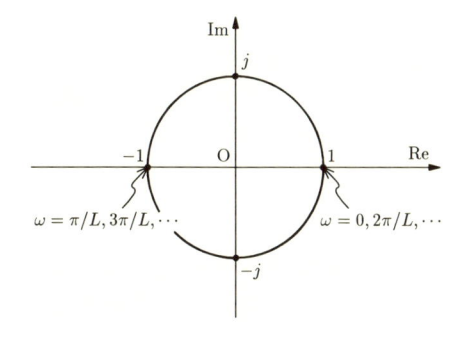

図 5.5 むだ時間要素 e^{-Ls} のベクトル軌跡

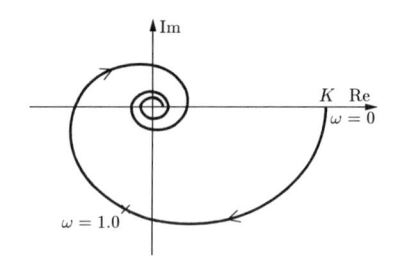

図 5.6 むだ時間を直列に含むシステム $G(s)=Ke^{-Ls}/(1+Ts)$ のベクトル軌跡。$T=1.0$, $L=1.0$

が現れる。この正弦波成分がむだ時間要素 e^{-Ls} を通ると，式(5.14)の場合と同様に，$t<L$ で $y_{\text{in}}(t)=0$, $T\geqq L$ で

$$y_{\text{in}}(t) = c_0 \sin(\omega t + \theta_0 - L\omega) \equiv c \sin(\omega t + \theta) \qquad (5.18)$$
$$c = |G_0(j\omega)| \cdot |e^{-L\omega j}|, \qquad \theta = \arg G_0(j\omega) + \arg e^{-L\omega j} \qquad (5.19)$$

となる。この式は，伝達関数が有理関数であるシステムとむだ時間要素とが直列に結合された場合でも，やはり周波数応答の合成則が成立すること，したがってベクトル軌跡の合成という手段で全体のベクトル軌跡が描けることを意味する。$G_0(s)$ が強プロパーな有理関数であれば，$\omega \to \infty$ で $G_0(j\omega) \to 0$ となる。一方，先に述べたように，むだ時間要素 e^{-Ls} だけのベクトル軌跡は，ω が $2\pi/L$ 増加するごとに原点を一周する単位円である。したがって，図4.10のシステム全体のベクトル軌跡は，図5.6に例示したように，原点へまき込んでいくうず巻き状の図形となる。以上では，$G_0(s)$ の後に e^{-Ls} がある場合（これを**出力側にむだ時間を含む**場合という）を考えたが，この順序が逆になっていても（すなわち，**入力側にむだ時間を含む**場合であっても）同じ結果になることに注意されたい。

■ 問 5.5　$G(s)=Ke^{-Ls}/s$ のベクトル軌跡の概形を描け。$\omega \to +0$ のときベクトル軌跡が直線 $\text{Re}\,s=-KL$ に漸近することを確かめよ。

5.2　ナイキストの安定判別法――一巡伝達関数の周波数応答を使ったフィードバック制御系の安定判別法

図3.22のフィードバック制御系で，各伝達関数は式(3.69 a)～(3.69 c)の

5.2 ナイキストの安定判別法

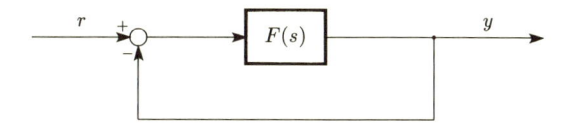

図 5.7 単純なフィードバック制御系
$F(s) = P(s)C(s)H(s)$

通りとする(3.4.1, 3.4.3 参照). 本節では, この制御系の安定性を, 一巡伝達関数

$$F(s) = P(s)C(s)H(s) \qquad (5.20)$$

の周波数応答を使って判別する方法を述べる. 4.4.2 で説明したように, 一巡伝達関数の分母・分子間で不安定因子の相殺が起こらない場合には, 図 3.22 の制御系が安定であるための必要十分条件が「方程式

$$1 + F(s) = 0 \qquad (5.21)$$

の根の実部が負であること」となる. したがって, この場合には, 図 3.22 の制御系の安定性は図 5.7 に示した単純な制御系の安定性と等価になる. この章では不安定因子の相殺が起こらない場合だけを考えることにして, 図 5.7 を参照しながら説明を進める.

5.2.1 一巡伝達関数の極が虚軸を含む左半平面にある場合

この項では, $F(s)$ が安定であるか, または安定極以外に虚軸上の極だけをもつ(すなわち, $F(s)$ の極が閉左半平面にある)場合の安定条件について説明する.

ナイキストの安定条件(特殊形)　図 5.7 において $F(s)$ はプロパーな有理関数で $F(s)$ の極はすべて閉左半平面 $\mathrm{Re}\, s \leqq 0$ にあるとする. このとき, $F(s)$ のナイキスト軌跡が複素平面の実軸上の点 -1 を回らなければ図 5.7 のフィードバック制御系は安定であり, 点 -1 の上を通るもしくは点 -1 のまわりを回れば不安定である. ただし, **ナイキスト軌跡**(Nyquist locus)とは, s がつぎに定義するナイキスト経路上を動いたとき, 点 $\xi = F(s)$ が複素平面上に描く軌跡である.

ナイキスト経路(Nyquist contour)　図 5.8 に示したように, 原点を中心とする十分大きな半径 R の円の $\mathrm{Re}(s) \geqq 0$ の部分を ABC とする. ただし, R は $|s| \geqq R$ で $|1 + F(s)| \geqq \varepsilon > 0$ となるように選ぶ(wellposedness 条件によりこのような R が必ず存在する).

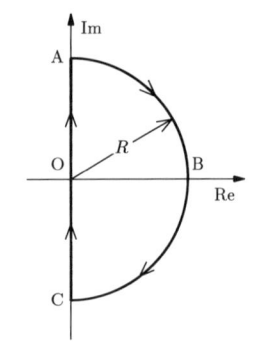

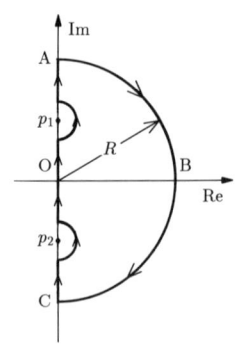

(a) 虚軸上に極がない場合　　(b) 虚軸上に極がある場合

図 5.8　ナイキスト経路

[NC 1] 一巡伝達関数 $F(s)$ が虚軸上に極をもたない場合：点 $C(0, -jR)$ から出発し，虚軸を通って $A(0, +jR)$ に至り，半円 ABC を通って C に戻る閉路を**ナイキスト経路**とよぶ。

[NC 2] 一巡伝達関数 $F(s)$ が虚軸上に極 $p_i(i=1,\cdots,m)$ をもつ場合：点 p_i を中心に十分小さい半径 ρ_i の半円を $\mathrm{Re}(s) \geq 0$ 側に描く。ただし，ρ_i は $|s-p_i| \leq \rho_i$ で $|F(s)| \geq 1+\varepsilon > 1$ となり，また 2 つの半円が重ならないように選ぶ（p_i が極であるから，このような ρ_i が必ず存在する）。点 $C(0, -jR)$ から出発し，極 p_i の近傍以外は虚軸上を通り，極 p_i の近傍では半径 ρ_i の半円上を通って点 $A(0, -jR)$ に達する経路を考える。この経路に半円 ABC を加えてできる閉路を**ナイキスト経路**とよぶ。

上の条件を使ってフィードバック制御系の安定性を判別する方法を**ナイキストの安定判別法**という。安定条件の証明は，より一般的な設定のもとで次項で与える。ナイキスト軌跡は，前節で述べたベクトル軌跡と基本的に同じものであり，$F(s)$ が虚軸上に極をもつ場合にのみつぎの違いを生じる。すなわち，ベクトル軌跡では，虚軸上に極があってもそれを避けずに s を変化させる。そのため，極のところで ∞ へ発散してしまって，-1 という点のまわりを回っているのか否かが判別できなくなる。これに対して，ナイキスト軌跡では極を避けて s を動かすので，常に閉曲線になり，点 -1 を回っているか否かが判別できる。表面的な相違点として，$|s|$ が非常に大きいところでの経路の取り方の違いがあるが，これは $F(s)$ がプロパーな有理関数である限り実質的相違を生じない。すなわち，$F(s)$ がプロパーな有理関数であれば

5.2 ナイキストの安定判別法

$$F_\infty = \lim_{s \to \infty} F(s)$$

が存在する。ベクトル軌跡の方は $s=j\omega$ とおいて $\omega \to \pm\infty$ とするからちょうど点 F_∞ の上を通るが，ナイキスト軌跡の方は s を半円 ABC 上で動かすから点 F_∞ の近傍を動くことになる。しかし，wellposedness 条件により $F_\infty \neq -1$ であるから，この相違が安定判別の結果に影響を与えることはない。一歩進めていえば，プロパーな有理関数のナイキスト軌跡については，s が半径 R の半円上を通る部分の軌跡を描く必要はなく，この部分はベクトル軌跡と同じく F_∞ 上を通る図面を描いておけばよい。ナイキスト経路の定義で半径 R の半円を使っているのは，安定条件の証明を行うときに必要となるからである。

■ 例 5.3　三次遅れ系の比例制御

図 3.22(a) で $C_r(s)=K_r$，$C(s)=K(>0)$，$H(s)=1$ であって，制御対象が安定な三次遅れ系

$$P(s)=P_d(s)=\frac{c}{s^3+as^2+bs+c} \qquad a>0,\ b>0,\ c>0,\ ab>c$$

の場合を考える†。一巡伝達関数 $F(s)$ は

$$F(s)=\frac{Kc}{s^3+as^2+bs+c}$$

であり，虚軸上に極をもたない。したがって，図 5.3(b) のベクトル軌跡がそのままナイキスト軌跡であると考えてよい。この軌跡が実軸負の部分を横切る座標 x_1 を求めておく。「実軸を横切る点では $F(j\omega)$ が実数である（具体的には分母の虚部が 0 である）」という条件から，$\omega=\pm\sqrt{b}$ を得る。ゆえに

$$x_1=F(j\sqrt{b})=F(-j\sqrt{b})=-\frac{Kc}{ab-c}$$

である。したがって，ベクトル軌跡が点 -1 を回らないという条件は

$$-1<-\frac{Kc}{ab-c} \quad \text{すなわち} \quad K<\frac{ab-c}{c} \tag{5.22}$$

となる（$ab-c>0$ と仮定していることに注意）。これがナイキストの安定判別法で得られる安定条件である。この結果は，例 4.7 の結果と一致している。

上例に関連して，つぎの点が重要である。$H(s)=1$，$C(s)=K$ であって，$P(s)$ が一般の伝達関数である場合を考える。このとき，一巡伝達関数 $F(s)$ のナイキスト軌跡は，制御対象 $P(s)$ のナイキスト軌跡を，原点を中心として K 倍に拡大（$K<1$ なら縮小）したものになる。したがって，$P(s)$ のナイキスト

---

† システム構成は例 4.7 と同じですが，ここでは制御対象 $P(s)$ が安定であると仮定している点が違います。$ab>c$ という不等式がこの仮定に対応します。この不等式は特性方程式 $s^3+as^2+bs+c=0$ にラウスの条件を適用すれば直に得られます。

軌跡を描いておけば，ゲイン K を変化させたときの制御系の安定性の変化が容易に推測できる。より具体的にいえば，$P(s)$ のナイキスト軌跡が実軸負の部分と交わる点（これを位相交点といいます。5.2.3参照）の座標 x_i を

$$x_i = -\alpha_i (= P(j\omega_i)) \tag{5.23}$$

（α_i は正数）とすれば，安定限界のゲインの値 K_i（4.4.3 参照）が

$$K_i = \frac{1}{\alpha_i} \tag{5.24}$$

となる。例5.3については，$P(s)$ のナイキスト軌跡が実軸負の部分と1点で交わり，その点の α_1 の値が $\alpha_1 = c/(ab-c)$ であった。このことから，$K_1 = (ab-c)/c$ が安定限界のゲインの値であるという結論（すなわち，式(5.22)の条件）がただちに得られる。

上のような推論に習熟すれば，「ゲインの変化に対する制御系の安定性の変化の様子を直観的に把握できる」ようになる。これがナイキストの安定判別法の大きな特徴である†。特にベクトル軌跡を描いてくれるソフトウェアがある場合には，具体的な制御系について安定性の変化を容易に調べることができる。なお，上に述べた安定限界を求める方法は，$H(s)$ が必ずしも1でなく，また $C(s)$ がゲイン要素でないような一般的な場合についても使えることに留意されたい。すなわち，$C(s)$ を4.4.3の式(4.55)の形で表現しておいて，$F_0(s) \equiv P(s)H(s)C_0(s)$（これは $K=1$ としたときの一巡伝達関数 $P(s)H(s)C(s)$ に他ならない）のナイキスト軌跡を描けばよい。この軌跡が，実軸負の部分と交わる点の座標を式(5.23)の通りとすれば，安定限界のゲインの値はやはり式(5.24)で与えられる。

■ 例5.4 「一次遅れ＋積分」の比例制御

図3.22(a)で $C_r(s)$，$C(s)$，$H(s)$ は前例と同様とし，制御対象が「一次遅れ＋積分」

$$P(s) = P_d(s) = \frac{1}{s(1+Ts)} \qquad T > 0$$

である場合（例4.8）を考える。一巡伝達関数 $F(s)$ は

$$F(s) = \frac{K}{s(1+Ts)}$$

となり，そのベクトル軌跡は図5.3(c)の曲線になる。この場合，$F(s)$ が原点に極を

---

† 例5.3のように $P(s)$ が簡単な有理式であるときには，ラウスの条件を使っても容易に安定限界を求めることができます。しかし，$P(s)$ が複雑な有理式である場合には，ラウスの条件が K の2次以上の項を含む（一般には，連立）不等式となり，見通しよく安定限界を求めることができなくなります。

5.2 ナイキストの安定判別法

(a) ナイキスト経路 (b) ナイキスト軌跡

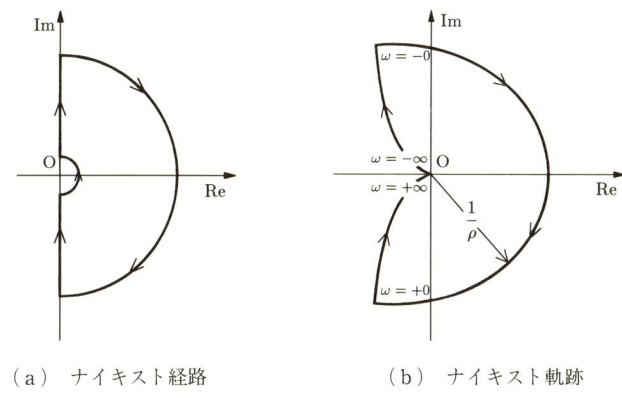

図 5.9 $K/s(1+Ts)$ のナイキスト経路とナイキスト軌跡

もつため，$\omega \to \pm 0$ でベクトル軌跡は ∞ に発散している．したがって，安定判別には，[NC 2]で説明したように $s=0$ を中心とする小半円を通るナイキスト経路を使わなければならない（図 5.9(a)）．小半円の方程式は

$$s = \rho e^{j\theta} \qquad -\frac{\pi}{2} \leq \theta \leq \frac{\pi}{2} \tag{5.25}$$

であるから，s が小半円上を動くとき $\xi = F(s)$ は

$$\xi = \frac{1}{\rho e^{j\theta}(1+T\rho e^{j\theta})} \fallingdotseq \frac{1}{\rho} e^{-j\theta} \qquad -\frac{\pi}{2} \leq \theta \leq \frac{\pi}{2} \tag{5.26}$$

となる．ゆえに，ナイキスト軌跡は図 5.9(b)の通りになって，点 -1 を回らないことがわかる．したがって，この制御系はゲイン K の値にかかわらず安定であると結論できる．

■ **問 5.6** 図 3.22(a)で $C_r(s)=K_r$, $H(s)=1$, $P_d(s)=P(s)$ とする．以下の各場合について，$K=1$ のときの一巡伝達関数 $P(s)C(s)$ のナイキスト軌跡の概形を描け．つぎに，K を変化させたときの制御系の安定性を調べよ．ただし，定数はすべて正とする（これらの例題は，いずれも伝達関数が簡単な形をしているので，ラウスの条件によっても容易に解析できます．ラウスの条件による解析結果と一致することを確かめて下さい）．

(1) $C(s)=K, \quad P(s)=\dfrac{1}{(1+T_1 s)^2(1+T_2 s)^2}$

(2) $C(s)=K, \quad P(s)=\dfrac{1+T_0 s}{(1+T_1 s)(1+T_2 s)(1+T_3 s)}$

(3) $C(s)=K\left(1+\dfrac{1}{Ts}\right), \quad P(s)=\dfrac{1}{(1+T_1 s)(1+T_2 s)}$

(4) $C(s)=K\left(1+\dfrac{1}{Ts}\right), \quad P(s)=\dfrac{1}{s}$

5.2.2 一巡伝達関数の極が一般的な位置にある場合

この項では，$F(s)$ が一般的な位置に極をもつ場合を考える。

ナイキストの安定条件（一般形） 図5.7において，$F(s)$ はプロパーな有理関数とする。開右半平面 $\mathrm{Re}\, s > 0$ にある $F(s)$ の極の数を X，$F(s)$ のナイキスト軌跡が実軸上の点 -1 のまわりを反時計方向に回る回数を Y とする。

$$X = Y \tag{5.27}$$

であれば，図5.7のフィードバック制御系は安定であり，そうでなければ不安定である。ナイキスト軌跡が点 -1 の上を通る場合にはフィードバック制御系は不安定である。

前項で述べた安定条件は，上の条件で $X = 0$ とした場合に他ならない。

■ **例5.5** 図3.22(a)で $C_r(s) = K_r$，$C(s) = K$，$H(s) = 1$ であって，制御対象が不安定な一次系

$$P(s) = P_d(s) = \frac{1}{1 - Ts} \qquad T > 0$$

の場合を考える。一巡伝達関数 $F(s)$ は

$$F(s) = \frac{K}{1 - Ts}$$

であり，$s = 1/T$ に1位の極をもつ。したがって，$F(s)$ のベクトル軌跡が点 -1 を反時計まわりに1回まわるときに制御系は安定になる。$F(s)$ のベクトル軌跡は図5.10の円になる。したがって，$K > 0$（すなわちネガティブフィードバック）である限り点 -1 のまわりを回ることがないから，フィードバック制御系は不安定である。K を負の値とし（すなわち実質的にはポジティブフィードバックをかけて），その絶対値を1以上にしたときはじめてフィードバック制御系が安定になる。

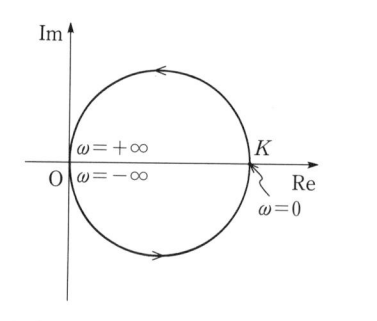

（a）ネガティブフィードバックの場合（$K > 0$）

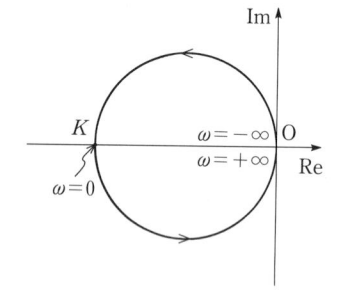

（b）ポジティブフィードバックの場合（$K < 0$）

図 5.10 $K/(1 - Ts)$ のベクトル軌跡

5.2 ナイキストの安定判別法

■**問 5.7** 図 3.22(a) で $C_r(s)=K_r$, $C(s)=K$, $H(s)=1$, $P(s)=P_d(s)=1/(1-T_1s)(1+T_2s)$ の場合について安定性を調べよ。ただし，$T_1>0$, $T_2>0$, $T_1 \neq T_2$ とする（T_1 と T_2 の大小関係によっては，K をどう選んでも安定にできない場合があることに注意して下さい。ナイキストの安定判別法で検討すると同時にラウスの安定判別法も使って結果を確かめて下さい）。

ナイキストの安定条件の証明を簡単に記しておく。C を複素平面上の単純な閉曲線とし，$f(s)$ を C 上で正則であって 0 にならない関数とする。また，$f(s)$ は C の内部に極以外の特異点をもたないものとする。C の内部にある $f(s)$ の極の数を X，零点の数を Z とする（高位の極，零点については位数の分だけ重複して数える）。s が C 上を時計方向に一周したときに $\hat{\xi}=f(s)$ が原点のまわりを反時計方向に回転する角度を Θ とすれば，Θ, Z, X の間に

$$\Theta = 2\pi(X-Z) \tag{5.28}$$

という関係がある。上式は**偏角の公式** (principle of argument) とよばれるもので，$f'(s)/f(s)$ の積分を計算することによって導かれる†。ここで，$\hat{\xi}=f(s)$ の軌跡が原点のまわりを反時計方向に回る回数を Y とすれば，$Y=\Theta/2\pi$ であるから，結局

$$Y = X - Z \tag{5.29}$$

という公式が得られる。ここで，C をナイキスト経路とし，$f(s)=1+F(s)$ とおく。ナイキスト経路の作り方により，C 上で $f(s)$ は正則であって，0 にならないことが保証される。また $\hat{\xi}(=f(s))$ 平面の原点は $\xi(=F(s))$ 平面の -1 に平行移動される。したがって，C の内部にある $F(s)$ の極の数を X，$F(s)$ のナイキスト軌跡が点 -1 のまわりを反時計方向に回る回転数を Y，ナイキスト経路の内部にある式 (5.21) の根の数を Z としたとき，X, Y, Z について式 (5.29) が成立する。ナイキスト経路を作るときの仮定（すなわち，[NC 1] の R についての条件，および [NC 2] の ρ_i についての条件）より，方程式 (5.21) が $\operatorname{Re} s \geqq 0$ なる根をもつとすれば，その根はナイキスト経路 C の内部にしか存在し得ない。したがって，フィードバック制御系が安定であるためには $Z=0$ が必要十分条件となる。式 (5.29) で $Z=0$ とすれば式 (5.27) が得られる。

---

† 偏角の公式は，通常 s の動く方向を上とは逆方向（すなわち反時計方向）にとった形で述べられます。ここでは，ナイキストの安定条件が主なテーマなので s の動きを時計方向に変えておきました。

5.2.3 ナイキスト軌跡が単純な形の場合

図 5.7 で一巡伝達関数 $F(s)$ は強プロパーな有理関数であって，安定であるか，または安定極以外に原点に 1 位の極をもつものとする．さらに，ゲイン定数は正とする．このようなときには，$F(s)$ のナイキスト軌跡全体を描かなくても，その一部だけをみて安定性を判別できる．以下にその方法を説明する．

まず，上の条件から，$\omega=0$ 付近で $F(s)$ のナイキスト軌跡は $\mathrm{Re}\,\xi>0$ の部分を通ることが保証できる．すなわち，$F(s)$ が安定であれば，$F(0)$ は実軸正の側に位置する点となる．また，$F(s)$ が原点に 1 位の極をもてば，極のまわりに作った小円の右半分を s が動くとき，ナイキスト軌跡は非常に大きな半径の円の近くを虚軸正の方向から時計方向に虚軸負の方向まで動く（図 5.9 参照）．一方，$\omega \to +\infty$ のとき，$F(s)$ のナイキスト軌跡は $-d\times\pi/2$ の方向（d は $F(s)$ の相対次数）から原点に収束する．以上の性質を考慮すれば，実軸負の側の半直線付近，または単位円（原点を中心とする半径 1 の円）の円周付近のナイキスト軌跡の振舞だけをみて，つぎのように安定性を判別できることがわかる．すなわち，ナイキスト軌跡が実軸負の側の半直線を -1 より左で横切る点が偶数個（接する場合は，0 になっている微係数の階数分だけ重複して数える）であればフィードバック制御系は安定であり，奇数個であれば不安定である．また，ナイキスト軌跡が $\arg \xi < -\pi$ の部分で単位円を横切る点が偶数個であればフィードバック制御系は安定であり，奇数個であれば不安定である．安定な場合を図 5.11 に，不安定な場合を図 5.12 に例示する．なお，上の条件の判定に用いる範囲ではナイキスト軌跡とベクトル軌跡が完全に一致することに注意されたい．

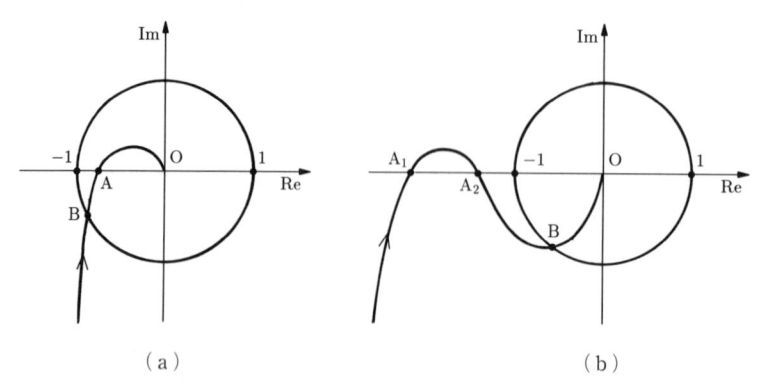

図 5.11 安定な場合のナイキスト軌跡

5.2 ナイキストの安定判別法

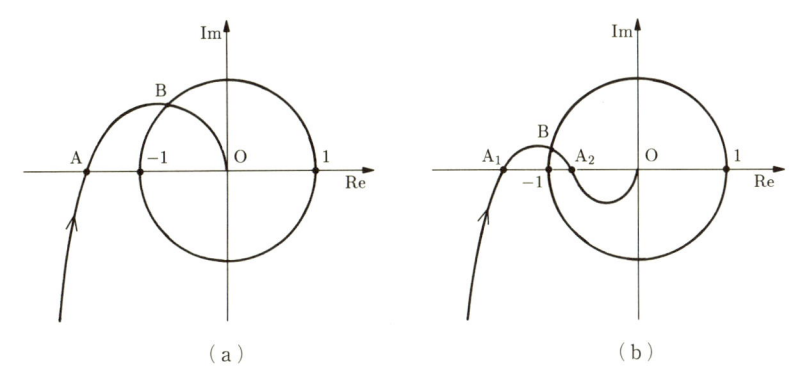

図 5.12 不安定な場合のナイキスト軌跡

ナイキスト軌跡(=ベクトル軌跡)が実軸負の部分と交わる点，すなわち位相角が$-180°$になる点 $A, A_1, A_2, \cdots$ を**位相交点**とよび，その角周波数を**位相交点角周波数** (phase cross-over angular frequency)という。また，ナイキスト軌跡が単位円と交わる点，すなわちゲインが1になる点 $B, B_1, B_2, \cdots$ を**ゲイン交点**とよび，その角周波数を**ゲイン交点角周波数**(gain cross-over angular frequency)，または単に**クロスオーバー角周波数**(cross-over angular frequency)とよぶ。フィードバック制御系が安定な場合で，図5.11(b)のように点-1より左側に位相交点が存在する場合を**条件付安定**であるという。条件付安定である場合には，なんらかの理由(たとえば操作器の動作が不良になるなど)で一巡伝達関数 $F(s)$ のゲインが小さくなると制御系が不安定になってしまう可能性があるので，実用上注意を要する。

■ **問 5.8** 図3.22(a)で $C_r(s)=K_r$, $C(s)=K$, $H(s)=1$, $P(s)=P_d(s)=(1+T_{01}s)(1+T_{02}s)/(1+T_1s)(1+T_2s)(1+T_3s)$, $T_{01} \leq T_{02} < T_1 \leq T_2 \leq T_3$ の場合に，条件付安定という現象が生じることを確かめよ(たとえば，$T_{01}=T_{02}=1$, $T_1=T_2=T_3=10$ とすれば，ベクトル軌跡は解答に示したような形で，制御系は条件付安定になります。ラウスの安定判別法を併用して確かめて下さい)。

最後に，ナイキスト軌跡が点-1を通る場合について補足しておく。この条件は，ある ω_0 について $F(\pm j\omega_0)=-1$ となること，すなわち特性方程式(5.21)が $s=\pm j\omega_0$ という根をもつことを意味する。この根が**閉ループ極**になるから，閉ループ制御系は不安定であり，初期値応答および静止状態応答のシステム固有成分(または共振成分)の中に，角周波数 ω_0 の正弦波成分 $c_0\sin(\omega_0 t + $

θ_0)が含まれる。もし $s=\pm j\omega_0$ 以外の閉ループ極が安定であれば，初期値応答は定常状態で角周波数 ω_0 の正弦波となる（これを**自励振動**という）。ステップ応答の定常成分はこの正弦波と定数 $G(0)$ の和となる。例 5.3 の場合，ゲイン K を安定限界の値 $(ab-c)/c$ に選べば，フィードバック制御系の応答に角周波数 $\omega_0=\sqrt{b}$ の正弦波成分が現れる。

5.2.4 むだ時間を含むシステムの安定条件

むだ時間を直列に含む制御対象をフィードバック制御する場合（4.5.2 参照）を考える。外乱は入力側に加わるものとし，それ以外の外乱性信号を無視すれば，システムの構成は図 4.11 のようになる。4.5.2 では，一巡伝達関数からむだ時間を除いた

$$F_0(s) = C(s)H(s)P_0(s) \tag{5.30}$$

において不安定因子の相殺が起こらなければ，「方程式(4.62)の根の実部がすべて負であること」が制御系が安定であるための必要十分条件であることを述べた。この場合についても安定条件をナイキスト条件の形で表すことができる。すなわち，$F_0(s)$ の極がすべて虚軸を含む左半平面に存在する場合には，一巡伝達関数

$$F(s) = e^{-Ls}P_0(s)C(s)H(s) \tag{5.31}$$

のナイキスト軌跡が実軸上の点 -1 を回らなければ図 4.11 のフィードバック制御系は安定であり，点 -1 の上を通るかもしくは点 -1 のまわりを回れば不安定である。ただし，ナイキスト経路は 5.2.1 と同様にとればよい。

■ **例 5.6** 図 4.11 の各伝達関数がつぎの通りとする。

$$C_r(s) = K_r, \quad C(s) = K(>0), \quad H(s) = 1, \quad P(s) = P_d(s) = \frac{e^{-Ls}}{s}$$

一巡伝達関数の極は 1 位の極 $s=0$ だけであるから，5.2.3 で述べた方法が使える。一巡伝達関数の周波数応答は

$$F(j\omega) = -\frac{K}{\omega}\sin L\omega - j\frac{K}{\omega}\cos L\omega$$

で，ベクトル軌跡は図 5.13 のようになる（問 5.5 参照）。位相交点角周波数を求めるために $\mathrm{Im}[F(j\omega)]=0$ を解けば，$\omega>0$ の範囲の解として

$$\omega_n = \frac{\pi}{2L} + (n-1)\frac{\pi}{L} \quad n=1,2,\cdots$$

を得る。$|F(j\omega)|$ は $\omega>0$ の範囲で単調減少であるから，ナイキスト条件は，一番小さい位相交点角周波数 ω_1 においてゲインが 1 より小

$$|F(j\omega_1)| < 1$$

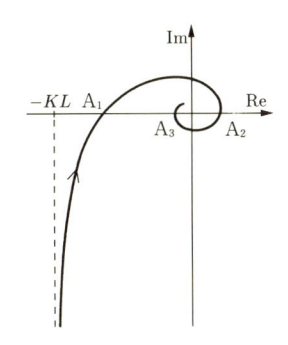

図 5.13 Ke^{-Ls}/s のベクトル軌跡

という条件になる．これから，フィードバック制御系の安定条件として

$$K < \frac{\pi}{2L}$$

が得られる．

■ 問 5.9　$C_r(s) = K_r$, $C(s) = K(>0)$, $H(s) = 1$, $P(s) = P_d(s) = e^{-Ls}/(1+Ts)$ の場合について安定条件を求めよ．また $L=2$, $T=3$ の場合について安定限界のゲインの値を求めよ．ただし $\tan x = -\alpha x$ の $x>0$ での最小根 $x_{\min}$ はつぎの通りである．

α	0.5	1	1.5	2
$x_{\min}$	2.289	2.029	1.907	1.837

5.3　ボード線図とゲイン位相線図

5.3.1　ボード線図

　これまで，点 $G(j\omega)$ をそのまま複素平面上にプロットした図をベクトル軌跡とよんで，周波数応答のグラフによる表現として用いてきた．ベクトル軌跡は理論的検討を行う（たとえば，ナイキストの安定条件を導く）上では重要な道具である．しかし，その概形を知るにはかなり細かく数値計算を行う必要があり，直列に要素を付加したときに軌跡の形がどう変わるかを正確に予測すること（その重要性は設計編で明らかになる）も容易でない．この点を補強する手段として**ボード線図**（Bode diagram）がある．ボード線図はゲイン曲線と位相曲線とからなる．**ゲイン曲線**は，横軸を

$$x_\omega = \log \omega \qquad \omega > 0 \tag{5.32}$$

とし(**log**は**常用対数**です．1.4節参照)，縦軸に

$$y_\mathrm{g} = 20\log|G(j\omega)| \equiv [G(j\omega)]_\mathrm{dB} \tag{5.33}$$

をとった曲線である．**位相曲線**は横軸は同じで，縦軸に

$$y_\mathrm{ph} = \frac{180°}{\pi} \times \arg G(j\omega) \equiv \angle G(j\omega)° \tag{5.34}$$

をとった曲線である†．ゲイン曲線と位相曲線は，横軸の目盛りをそろえて縦に並べて(紙面が狭ければ同じスペースに重ねて)描く．たとえば，

$$G(s) = \frac{6(1+2s)}{(1+5s)(1+0.4s)} \tag{5.35}$$

のボード線図は図5.14の通りである．

ボード線図の横軸の1単位(すなわち，角周波数 ω の10倍分の変化)を**1デカード**とよぶ．たとえば，$\omega=1.2$ より「2デカードだけ高い」角周波数とは $\omega=120$ のことである(これに対して，2倍分の変化を1オクターブとよびます)．横軸には(x_ω でなくて)ω を直接目盛る．

ゲイン曲線に関して，式(5.33)の y_g を，$G(j\omega)$ のゲインの**デシベル値**(単位は **dB**)とよんで，同式に付記したように $[G(j\omega)]_\mathrm{dB}$ で表す．デシベル値には

20 dB＝振幅を10倍にする．　−20 dB＝振幅を1/10にする．

という意味がある．定量的な感覚を養っていただくため，絶対値とデシベル値の対応を表5.1に示しておく．一般に

$$[a\times b]_\mathrm{dB} = [a]_\mathrm{dB} + [b]_\mathrm{dB} \qquad [a/b]_\mathrm{dB} = [a]_\mathrm{dB} - [b]_\mathrm{dB} \tag{5.36}$$

であることに注意されたい．

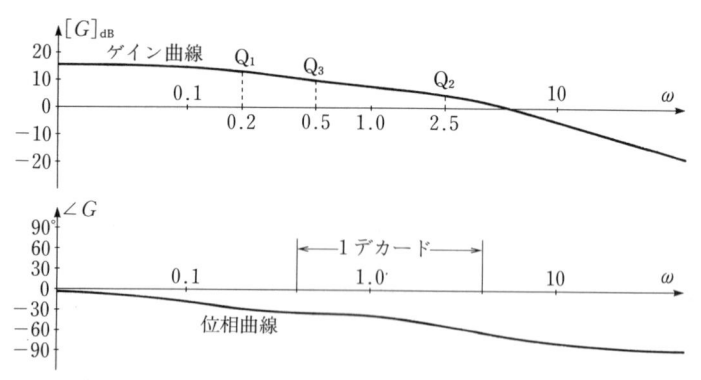

図 5.14　ボード線図の例　$G(s) = 6(1+2s)/(1+5s)(1+0.4s)$

---

† 理論的問題を扱うときの角度の単位はラジアンとし，ボード線図やゲイン位相線図(後出)を描くときの単位は度とします．区別しやすいように，前者の値を arg $G(j\omega)$，後者の値を $\angle G(j\omega)°$ と記します．

5.3 ボード線図とゲイン位相線図

■ **問 5.10** 表 5.1 を確認せよ。

表 5.1 絶対値とデシベル値

$\|G\|$	$[G]_{dB}$	$\|G\|$	$[G]_{dB}$
1	0	1	0
$\sqrt{2}$	3.01	$1/\sqrt{2}$	-3.01
2	6.02	0.5	-6.02
3	9.54	0.3	-10.46
5	13.98	0.2	-13.98
10	20	0.1	-20
10^n	$20n$	10^{-n}	$-20n$

位相曲線に関して，式(5.34)の $\angle G(j\omega)°$ は多価関数であるが，その価はつぎのものを使う。ただし，ゲイン定数が正の場合を考える。$G(s)$ が虚軸上に極をもっていない場合は $\angle G(j0)°=0°$ とし，ω を変化させたときに $\angle G(j\omega)°$ が連続的に変化するように定める。$G(s)$ の虚軸上の極が原点のみに存在して σ 位である場合(すなわち σ 個の積分器を含んでいる場合)には

$$\lim_{\omega \to +0} \angle G(j\omega)° = -\sigma \times 90° \tag{5.37}$$

とし，その他の ω では $\angle G(j\omega)°$ が連続になるよう定める。$G(s)$ が虚軸上の一般的な位置に極をもっている場合には，必ずしも確立された規則はない[†]。

ボード線図上の点は，横軸上に目盛った ω の値と縦座標の y_g または y_{ph} の値の組を使って表示するものとする。たとえば，ゲイン平面上の点 $(1/T,\ 0)$ とは，$\omega=1/T$，$y_g=0$ の点のことである。ただし，この点における横座標 x_ω の値は

$$x_\omega = \log \frac{1}{T} = -\log T \tag{5.38}$$

であることに注意されたい。また直線や曲線の方程式を書くときには，式(5.32)で与えられる x_ω を変数として使うことになる(後出の式(5.41)，(5.45)，(5.59))。

複素数の対数関数(その 1 つの分枝を ln で表す。こちらは **自然対数** です)を使えば，式(5.33)の y_g および式(5.34)の y_{ph} を，

$$y_g = (20 \log e) \operatorname{Re}[\ln G(j\omega)], \quad y_{ph} = \frac{180}{\pi} \operatorname{Im}[\ln G(j\omega)] \tag{5.39}$$

[†] ナイキストの安定判別法との関連からは，つぎのように描くのが妥当でしょう。すなわち $\omega \to +0$ での値は上記のように定めます。この値を出発点として，極以外の点では $\angle G(j\omega)$ が連続になるように定めます。極の前後では，s がナイキスト経路の半径 ρ_i の小半円(5.2.1 参照)にそって動いたときの位相角の変化分だけ値がジャンプするように定めます。

と表すことができる。すなわち，y_g は $\ln G(j\omega)$ の実部を dB 単位で表した値，y_ph は $\ln G(j\omega)$ の虚部を度を単位として表した値になっている。このことは，ボード線図が「$G(j\omega)$ の対数のグラフ」であることを意味する。そのため，5.3.7 で説明するように，積の形の伝達関数のボード線図をその因子のボード線図から容易に合成できることになる。

5.3.2 積分要素のボード線図

積分要素

$$G(s) = \frac{1}{Ts} \tag{5.40}$$

のボード線図は図 5.15 の通りである。すなわち，ゲイン曲線は点 $(1/T, 0)$ を通る傾きが $-20\,\mathrm{dB/dec}$ の直線

$$y_\mathrm{g} = -20(x_\omega + \log T) \tag{5.41}$$

であり，位相曲線は横軸に平行な直線 $y_\mathrm{ph} = -90°$ である。

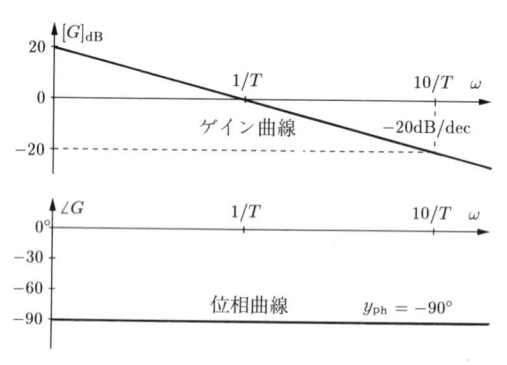

図 5.15 積分要素 $1/Ts$ のボード線図

5.3.3 一次遅れのボード線図

一次遅れ

$$G(s) = \frac{1}{1+Ts} \tag{5.42}$$

のボード線図は図 5.16 の通りである。このボード線図に関して

$$\omega_\mathrm{BK} = \frac{1}{T} \tag{5.43}$$

を**折れ点角周波数**，x_ω 軸上の点 $(\omega_\mathrm{BK}, 0)$ を**折れ点**とよぶ。折れ点での x_ω の値は式 (5.38) で与えられることに注意されたい。

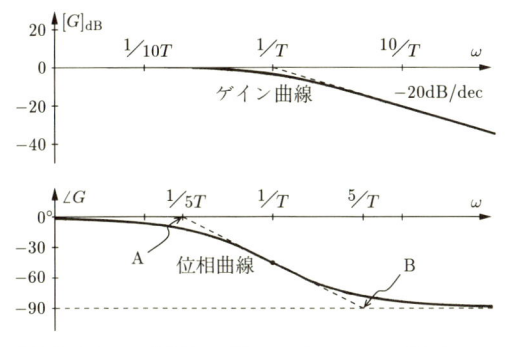

5.3 ボード線図とゲイン位相線図

図 5.16 一次遅れ $1/(1+Ts)$ のボード線図

ゲイン曲線は

$$\omega \to +0 \quad \text{で} \quad y_g = 0 \tag{5.44}$$

$$\omega \to +\infty \quad \text{で} \quad y_g = -20(x_\omega + \log T) \tag{5.45}$$

に漸近する。この2本の漸近線は折れ点で交わる。$\omega = \omega_{BK}$ でのゲインの値は

$$[G(j\omega_{BK})]_{dB} \fallingdotseq -3.01 [dB] \tag{5.46}$$

である。漸近線を利用すればゲイン曲線の概形を容易に描くことができる。すなわち，まず x_ω 軸上に折れ点をプロットし，$\omega \leqq \omega_{BK}$ の範囲に式(5.44)の，$\omega \geqq \omega_{BK}$ の範囲に式(5.45)の直線を描く（式(5.45)の方は，折れ点を通る傾き $-20\,\text{dB/dec}$ の直線であり，積分要素のゲイン曲線(5.41)の $\omega \geqq \omega_{BK}$ の部分に他ならないことに注意して下さい）。つぎに，折れ点の下 3.01 dB の点をプロットし，その点から2本の直線へ漸近する曲線を描けばよい。

位相曲線の方は

$$\omega \to +0 \quad \text{で} \quad y_{ph} = 0 \tag{5.47}$$

$$\omega \to +\infty \quad \text{で} \quad y_{ph} = -90° \tag{5.48}$$

に漸近する。また，点 $(\omega_{BK}, -45°)$ を通り，その点で直線

$$y_{ph} = -\frac{90°}{\pi \log e}(x_\omega + \log T) - 45° \tag{5.49 a}$$

に接する。上の接線は，近似的につぎのように書ける。

$$y_{ph} \fallingdotseq -\frac{45°}{\log 5}(x_\omega + \log T) - 45° \tag{5.49 b}$$

上式は，接点およびつぎの2点を通る直線を表している。

$$A = \left(\frac{1}{5}\omega_{BK}, 0\right), \quad B = (5\omega_{BK}, -90°) \tag{5.50}$$

位相曲線全体は接点 $(\omega_{BK}, -45°)$ に関して点対称である。式(5.47)，(5.48)の

直線に加えて，式(5.49)の接線のことも，慣習的に**位相曲線の漸近線**とよんでいる．位相曲線の概形も漸近線を利用して容易に描くことができる．ただし，

$$\omega = \frac{\omega_{BK}}{5} \text{ で } y_{ph} \fallingdotseq -12°, \quad \omega = 5\omega_{BK} \text{ で } y_{ph} \fallingdotseq -78°$$

である．

■ 問 5.11　上で述べた一次遅れのボード線図の性質を確認せよ．

■ 問 5.12　つぎの伝達関数のボード線図をその漸近線とともに同じ平面(横軸，縦軸を共通に使うという意味です)の上に描け．

$$G_1(s) = \frac{1}{1+5s}, \quad G_2(s) = \frac{1}{1+0.4s}$$

5.3.4　二次遅れのボード線図

二次遅れ

$$G(s) = \frac{1}{1+2\zeta Ts + (Ts)^2} = \frac{\omega_n^2}{s^2 + 2\zeta\omega_n s + \omega_n^2} \tag{5.51}$$

のボード線図は図 5.17 の通りになる．ゲイン曲線は

$$\omega \to +0 \text{ で } y_g = 0 \tag{5.52}$$

$$\omega \to +\infty \text{ で } y_g = -40(x_\omega + \log T) \tag{5.53}$$

に漸近する．また，$0 < \zeta < 1/\sqrt{2}$ のとき，

$$\omega_p = \omega_n\sqrt{1-2\zeta^2} = \frac{\sqrt{1-2\zeta^2}}{T} \tag{5.54}$$

において $|G(j\omega)|$ は最大値 G_p (y_g は最大値 $[G_p]_{dB}$) をとる．ここに，

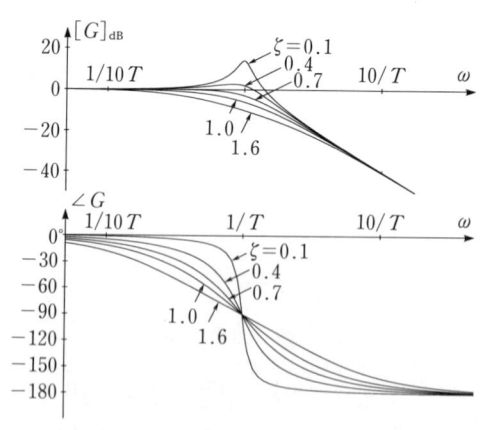

図 5.17　二次遅れ $1/\{1+2\zeta Ts+(Ts)^2\}$ のボード線図

5.3 ボード線図とゲイン位相線図

$$G_{\mathrm{p}} = \frac{1}{2\zeta\sqrt{1-\zeta^2}} \qquad (5.55\,\mathrm{a})$$

$$[G_{\mathrm{p}}]_{\mathrm{dB}} = -20\log 2\zeta\sqrt{1-\zeta^2} \qquad (5.55\,\mathrm{b})$$

である(問 5.4 (i) 参照)。G_{p} を周波数応答の**ピーク値**とよぶこともある。位相曲線は

$$\omega \to +0 \quad \text{で} \quad y_{\mathrm{ph}} = 0° \qquad (5.56)$$

$$\omega \to +\infty \quad \text{で} \quad y_{\mathrm{ph}} = -180° \qquad (5.57)$$

に漸近する。また,点 $(\omega_n, -90°)$ を通り,その点に関して点対称である。

 ζ が小さいとき,ゲイン曲線は ω_n よりわずかに小さい ω で高いピークをもち,位相角は ω_n の前後で約 0° から約 $-180°$ まで急激に変化する。これは共振現象にみられる周波数応答上の特徴である。

5.3.5 むだ時間要素およびゲイン要素のボード線図

むだ時間要素

$$G(s) = e^{-Ls} \qquad (5.58)$$

のボード線図のゲイン曲線は x_ω 軸であり,位相曲線は図 5.18 に示した単調減少する指数曲線

$$y_{\mathrm{ph}} = -\frac{180L}{\pi}10^{x_\omega} \qquad (5.59)$$

となる。

 ゲイン要素 K については,ゲイン曲線が $y_{\mathrm{g}} = 20\log K$ の直線,位相曲線が $y_{\mathrm{ph}} = 0$ の直線になることは明らかであろう。

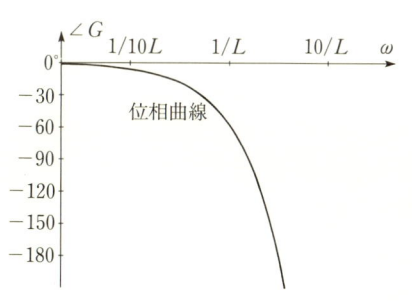

図 5.18 むだ時間 e^{-Ls} のボード線図の位相曲線

5.3.6 逆数要素のボード線図

 伝達関数 $G_2(s)$ が $G_1(s)$ の逆数

$$G_2(s) = \frac{1}{G_1(s)} \tag{5.60}$$

であったとする．このとき

$$[G_2(j\omega)]_{\mathrm{dB}} = -[G_1(j\omega)]_{\mathrm{dB}} \tag{5.61}$$

$$\angle G_2(j\omega)° = -\angle G_1(j\omega)° \tag{5.62}$$

が成立する．したがって，$G_2(s)$のゲイン曲線，位相曲線は，$G_1(s)$のそれを横軸に関して対称に移動したものである．これは，微分s，一次進み$1+Ts$，二次進み$1+2\zeta Ts+T^2s^2$のボード線図が，それぞれ図5.15，図5.16，図5.17の曲線を横軸に関して対称移動したものであることを意味する．

■ **問5.13** つぎの要素のボード線図を問5.12の解答と同じ平面の上に描け．
$$G_3(s) = 1+2s, \qquad G_4(s) = 6$$

5.3.7 ボード線図の合成

伝達関数$G(s)$が式(5.8)のように$G_i(s)$ ($i=1,\cdots,N$)の直列結合として表されるときには，

$$[G(j\omega)]_{\mathrm{dB}} = [G_N(j\omega)]_{\mathrm{dB}} + \cdots + [G_1(j\omega)]_{\mathrm{dB}} \tag{5.63}$$

$$\angle G(j\omega)° = \angle G_N(j\omega)° + \cdots + \angle G_1(j\omega)° \tag{5.64}$$

が成立する．したがって，$G(s)$のボード線図は$G_i(s)$のボード線図を「加え合わせる」ことによって得られる．一般的な曲線のグラフを加え合わせるには各点ごとの加算が必要となるので，かなり手数を要する．しかし，「線分だけからなるグラフ」すなわち「折れ線」の場合には，加え合わせた結果も「折れ線」になるため，作業は極めて簡単である．このことと，簡単な関数のボード線図が漸近線をもとに描けるという事実を利用すると，有理関数のボード線図の概形を非常に見通しよく描くことができる．以下，例を使って説明する．なお，ここでの説明は，単にボード線図を描く手段を提供するだけでなく(ボード線図だけなら計算機に描かせればよろしい)，むしろ要素を直列につなぐとどのようにボード線図が変形するかを明らかにすることに重点があるものと理解されたい．この性質は制御系の設計で重要な役割を果たすことになる．

■ **例5.7 ボード線図の合成**

5.3.1で例に使った式(5.35)の$G(s)$は
$$G_1(s) = \frac{1}{1+5s}, \quad G_2(s) = \frac{1}{1+0.4s}, \quad G_3(s) = 1+2s, \quad G_4(s) = 6$$
の直列結合として表される(問5.12，問5.13を解いた人はその答を参照しながら読

5.3 ボード線図とゲイン位相線図

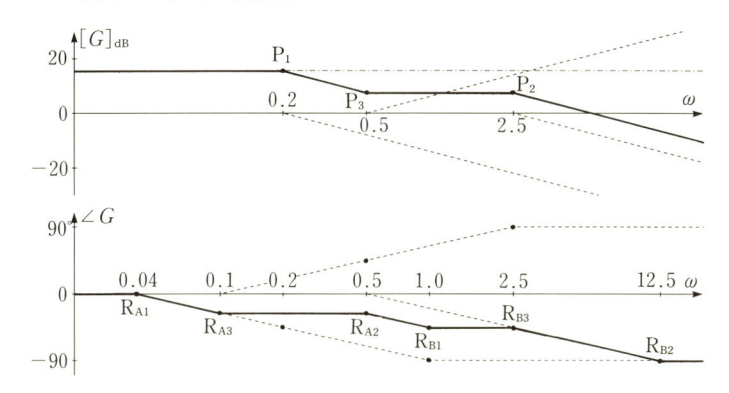

図 5.19 ボード線図の漸近線の合成

んで下さい）。$G_1(s) \sim G_3(s)$ のゲイン曲線の漸近線は図 5.19 上半分に点線で示したように，それぞれ

$$\omega_{BK1}=\frac{1}{5}=0.2, \quad \omega_{BK2}=\frac{1}{0.4}=2.5, \quad \omega_{BK3}=\frac{1}{2}=0.5$$

を折れ点角周波数とする折れ線である。また，$G_4(s)$ のゲイン曲線は，同図に一点鎖線で示した直線 $y_g=20\log 6$ である。この4つの漸近線（$G_4(s)$ についてはゲイン曲線自身であるが，これも漸近線とよぶことにする）を加え合わせるため，まず ω_{BK1}，ω_{BK2}，ω_{BK3} における値を加え合わせて，点 P_1，P_2，P_3 をとる。$\omega \leq \omega_{BK1}$ では 4 本の漸近線はすべて傾き 0 の直線である。そこで，この部分については P_1 を通る傾き 0 の直線を描く。つぎに，ω の大小関係 $\omega_{BK1} < \omega_{BK3} < \omega_{BK2}$ の順に P_1，P_3，P_2 を直線で結ぶ。$\omega \geq \omega_{BK2}$ で，4 本の漸近線の傾きは，それぞれ

$$-20\,\mathrm{dB/dec}, \quad -20\,\mathrm{dB/dec}, \quad 20\,\mathrm{dB/dec}, \quad 0\,\mathrm{dB/dec}$$

である。そこで，$\omega \geq \omega_{BK2}$ の部分には P_2 を通り，これらの傾きの総和 $-20\,\mathrm{dB/dec}$ に等しい傾きの直線を描く。以上の結果，図 5.19 に実線で示した折れ線を得る。これを**合成された漸近線**とよぶ。ゲイン曲線を描くには，ω_{BK1}，ω_{BK2}，ω_{BK3} における漸近線とゲイン曲線の差（これは，各伝達関数における漸近線とゲイン曲線の差の総和になる）を計算して，P_1，P_2，P_3 の上下にゲイン曲線上の点 Q_1，Q_2，Q_3 をプロットする（図 5.14）。この 3 点を起点とし，合成された漸近線に漸近するようにゲイン曲線を描けばよい。結果は図 5.14 の通りになる。位相曲線についても，ゲイン曲線の場合と同様に，まず漸近線を合成してから曲線を描けばよい。ただし，一次遅れの位相曲線の漸近線は 2 か所で折れ曲がっているから，上の例題では合計 6 個の角周波数

$$\omega_{A1}=0.04, \quad \omega_{B1}=1, \quad \omega_{A2}=0.5, \quad \omega_{B2}=12.5,$$
$$\omega_{A3}=0.1, \quad \omega_{B3}=2.5,$$

において漸近線が「折れる」ことになる。そこで，これらの点すべてにおいて漸近線上の点を加え合わせて，点 R_{A1}，R_{B1}，R_{A2}，R_{B2}，R_{A3}，R_{B3} をプロットする（図 5.19）。以下の操作はゲイン曲線の場合と同様である。

■ **例 5.8** 例 5.2 の $G_2(s)$, $G_3(s)$, $G_4(s)$ のボード線図は, 図 5.20 の通りになる ($G_1(s)$ については図 5.17 参照).

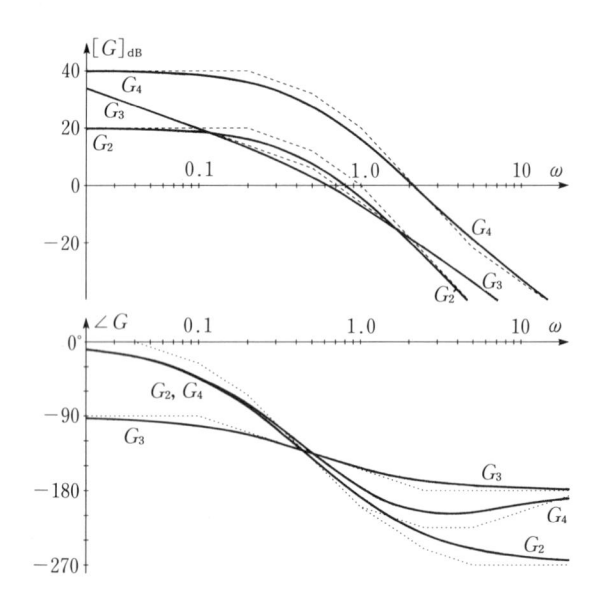

図 5.20 ボード線図の例　$G_2(s)=10/(1+5s)(1+2s)(1+s)$, $G_3(s)=1/s(1+2s)$, $G_4(s)=100(1+0.2s)/(1+5s)(1+2s)(1+s)$

■ **問 5.14** $G(s)=\dfrac{1+Ts}{1+\gamma Ts}$ ($T>0, \gamma>0$) のボード線図を描き, γ が 1 より小さいか大きいかによって位相角の符号が変わることを確かめよ. また, それぞれの場合についてステップ応答を求めその概形を描け.

■ **問 5.15** ボード線図を描け (この場合の位相曲線については, 漸近線の合成という手段が使えません. 各点ごとに加え合わせて概形を描いてみて下さい).

（1）　$G_1(s)=\dfrac{e^{-2s}}{1+s}$　　（2）　$G_2(s)=\dfrac{e^{-0.2s}}{2s}$

5.3.8　ゲイン位相線図

ボード線図は対数のグラフであるから (式 (5.39) 参照), 積の形の伝達関数のボード線図が各因子のボード線図の和となるという利点をもっている. しかし, 一方では, 1 つの関数 $G(j\omega)$ の性質を 2 枚のグラフで表しているため, 理論的な扱いに不便が生じる場合もある. そこで,「対数のグラフ」という性質

5.4 ボード線図・ゲイン位相線図を使ったフィードバック制御系　151

を保存しながら，$G(j\omega)$ を「1枚のグラフ」で表すことが考えられた．すなわち，縦軸に $y_g = [G(j\omega)]_{dB}$ を，横軸に $y_{ph} = \angle G(j\omega)°$ をとって $\omega = 0 \sim \infty$ に対応する点をプロットする．このグラフを**ゲイン位相線図**といい，$G(j\omega)$ の軌跡を**ゲイン位相曲線**とよぶ．

■ **例 5.9** 例 5.2 の $G_1(s)$，$G_2(s)$，$G_3(s)$ および $G_4(s)$ のゲイン位相線図は図 5.21 の通りである．

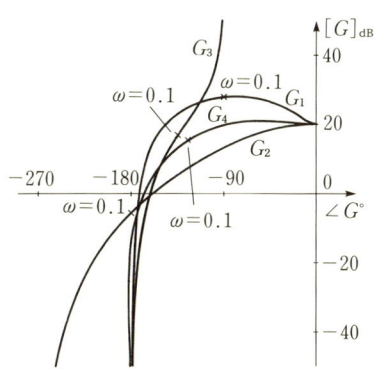

図 5.21 ゲイン位相線図の例

ゲイン位相線図において，積の伝達関数 $G(s) = G_2(s) G_1(s)$ のゲイン位相曲線 $G(j\omega)$ は，各因子のゲイン位相曲線 $G_1(j\omega)$，$G_2(j\omega)$ を表す2つのベクトルの和を作ることによって得られる（図 5.22）．

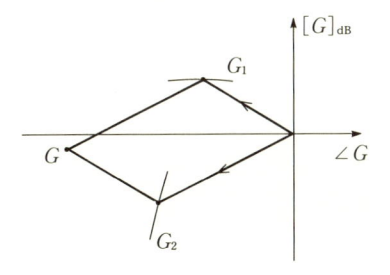

図 5.22 ゲイン位相線図の合成

5.4 ボード線図・ゲイン位相線図を使ったフィードバック制御系の安定判別法

図 5.7 の制御系の安定性を，一巡伝達関数 $F(s)$ のボード線図またはゲイン

位相線図を使って判別する方法を述べる。ただし，$F(s)$ が 5.2.3 の条件を満たす(すなわち，ナイキスト軌跡が単純な形になる)場合だけを考える。

5.4.1 ボード線図による安定判別

ゲイン交点または位相交点が 1 個しかない場合には，5.2.3 で述べた安定条件は，一巡伝達関数 $F(s)$ のゲインおよび位相角に関する条件としてつぎのように表現できる。

簡易安定判別法 図 5.7 で $F(s)$ は強プロパーな有理関数で，その極はすべて安定であるか，または安定極以外に原点に 1 位の極があるものとする。さらに，ゲイン定数は正とする。

(ⅰ) 位相交点が 1 個しかない場合，位相交点角周波数 ω_{ph} での $F(s)$ のゲインのデシベル値が負であれば制御系は安定であり，0 または正であれば不安定である。

(ⅱ) ゲイン交点が 1 個しかない場合，ゲイン交点角周波数 ω_g での $F(s)$ の位相角が $-180°$ より大きければ制御系は安定であり，$-180°$ に等しいか $-180°$ より小さければ不安定である。

ナイキスト軌跡上の位相交点は，ボード線図上で位相曲線が直線 $y_{ph} = -180°$ と交わる点(この点をボード線図上の**位相交点**とよぶ)に対応する。またゲイン交点は，ゲイン曲線が座標軸 $y_g = 0$ と交わる点(この点をボード線図上の**ゲイン交点**とよぶ)に対応する。このことに注目すれば，上の条件の成否は容易に判定できる。すなわち，(i)については図 5.23 に示したように，位相

(a) フィードバック制御系は安定 (b) フィードバック制御系は不安定

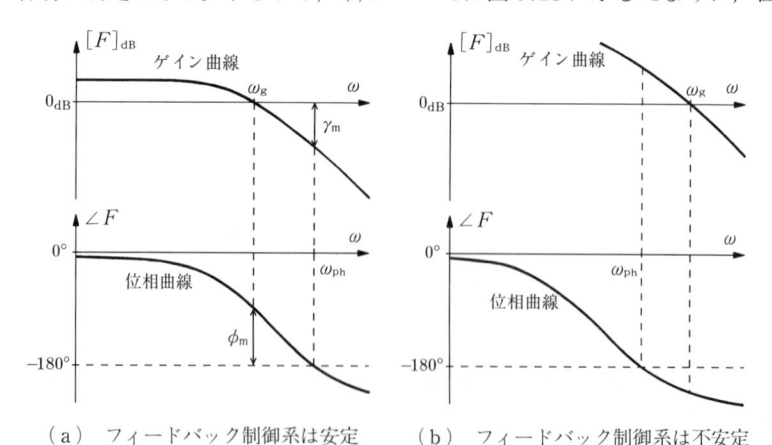

図 5.23 ボード線図による安定判別

5.4 ボード線図・ゲイン位相線図を使ったフィードバック制御系　　　153

曲線が $y_{ph}=-180°$ の直線と交わる点(すなわち位相交点)を求め，その角周波数の線を上にたどっていってゲインの正負を判定すればよい．また，(ii)については，やはり同図に示したように，ゲイン曲線が座標軸 $y_g=0$ と交わる点(すなわちゲイン交点)を求め，その角周波数の線をたどっていって位相角が $-180°$ より大か小かを判定すればよい．

簡易安定判別法が使えるような場合には，位相交点角周波数 ω_{ph} におけるゲインが 0_{dB} よりどれだけ小さいかを表す値

$$\gamma_m = 0 - [F(j\omega_{ph})]_{dB} = -20\log|F(j\omega_{ph})| \quad [dB] \quad (5.65)$$

を**ゲイン余裕**(gain margin)とよぶ．また，ゲイン交点角周波数における位相が $-180°$ よりどれだけ大きいかを表す値

$$\phi_m = \angle F(j\omega_g)° - (-180°) = 180° + \angle F(j\omega_g) \quad [度] \quad (5.66)$$

を**位相余裕**(phase margin)とよぶ．ゲイン余裕，位相余裕は，どの程度のモデル化誤差があっても安定性が保持できるかを表す量であり，制御系のロバスト性に関する重要な評価指標である．

簡易安定判別法が使える条件が満たされていて，一巡伝達関数 $F(s)$ のボード線図に位相交点またはゲイン交点のどちらかがない場合には，フィードバック制御系は必ず安定になる．位相交点およびゲイン交点がともに複数個存在する場合には，ボード線図のデータをもとにナイキスト軌跡の概形(特に点 -1 との相互関係)を推定してみれば安定性が判別できる．

5.4.2 ゲイン位相線図による安定判別

前項の条件(i), (ii)の成否はゲイン位相線図によっても容易に判定できる．すなわち，(i)の条件についてはゲイン位相曲線が $\angle G° = -180°$ の直線と交わる点(これをゲイン位相平面上の**位相交点**とよぶ)の $[G]_{dB}$ の値をみればよい．また，(ii)についてはゲイン位相曲線が $[G]_{dB}=0$ の直線と交わる点(ゲイン位相線図上の**ゲイン交点**)の $\angle G°$ の値をみればよい．図5.24からわかるように，この2つの条件の成否は，ゲイン位相曲線と，ゲイン位相平面上の点

$$N_{G-Ph} : \angle G° = -180°, \quad [G]_{dB} = 0\,dB \quad (5.67)$$

の相対関係によって決定される．すなわち，ゲイン位相曲線を ω が増加する方向にたどったとき，点 N_{G-Ph} が右側にあればフィードバック制御系は安定であり，左側にあれば不安定である．なお，上の点 N_{G-Ph} は，複素平面の実軸上の点 -1 に対応していることに注意されたい．

(a) 安定な場合　　　　　(b) 不安定な場合

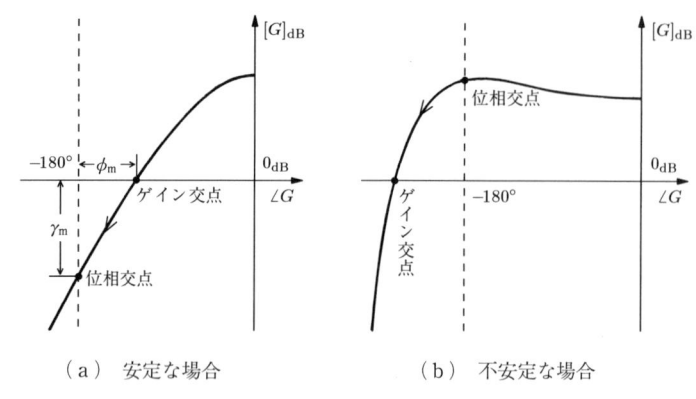

図 5.24 ゲイン位相線図による安定判別

■**問 5.16** 図 3.22 の制御系において $C(s) = C_r(s) = K$, $H(s) = 1$,
$$P(s) = P_d(s) = \frac{3}{s(1+0.7s)(1+2.5s)}$$
とする。ボード線図を使って、$K=1$ の場合、および $K=0.1$ の場合の安定性を調べ、安定であればゲイン余裕・位相余裕を求めよ。また、安定限界のゲインの値を求めよ。ただし、$P(s)$ の周波数応答は表 5.2 の通りである。

表 5.2 $\dfrac{3}{s(1+0.7s)(1+2.5s)}$ のゲインと位相角

ω	$[P]_{dB}$	$\angle P°$	ω	$[P]_{dB}$	$\angle P°$
0.005	55.6	−90.9	0.6	8.16	−169.1
0.01	49.5	−91.8	0.65	6.86	−172.9
0.02	43.5	−93.7	0.7	5.62	−176.4
0.04	37.5	−97.3	0.75	4.44	−179.6
0.08	31.3	−104.5	0.8	3.31	−182.7
0.12	27.6	−111.5	0.85	2.22	−185.6
0.16	24.8	−118.2	0.9	1.18	−188.3
0.20	22.5	−124.5	0.95	0.18	−190.8
0.24	20.5	−130.5	1.0	−0.79	−193.2
0.26	19.57	−133.3	1.05	−1.73	−195.5
0.28	18.70	−136.1	1.1	−2.63	−197.6
0.30	17.87	−138.7	1.15	−3.51	−199.7
0.35	15.94	−145.0	1.2	−4.36	−201.6
0.4	14.16	−150.6	1.3	−5.99	−205.2
0.45	12.52	−155.9	1.4	−7.53	−208.5
0.5	10.97	−160.6	1.5	−8.99	−211.5
0.55	9.52	−165.0	1.6	−10.4	−214.2

5.5 安定な伝達関数の周波数応答の性質

安定な伝達関数の周波数応答に関する理論的事項を補足しておく。

5.5.1 全域通過関数と最小位相関数への分解

安定な伝達関数 $G(s)$ のゲインが全周波数で 1 である

$$|G(j\omega)|=1 \tag{5.68}$$

とき、$G(s)$ は**全域通過**であるという。代表例として

$$G_a(s) = \frac{1-Ts}{1+Ts} \qquad T>0 \tag{5.69}$$

$$G_b(s) = \frac{1-2\zeta Ts + T^2 s^2}{1+2\zeta Ts + T^2 s^2} \qquad T>0,\ 0<\zeta<1 \tag{5.70}$$

がある。全域通過関数の積は(したがって、上の2種類の関数の積は)、明らかに全域通過であるが、逆につぎの性質も成立する。すなわち、安定な有理関数 $G(s)$ が全域通過であれば、$G(s)$ は式(5.69)、(5.70)の2種類の伝達関数の積としてつぎの形に表現できる(したがって、相対次数は 1 である)。

$$G(s) = K \times G_{a1}(s) \times \cdots \times G_{am}(s) \times G_{b1}(s) \times \cdots \times G_{bn}(s) \tag{5.71}$$

ただし、$K = G(0)$ はゲイン定数で $+1$ か -1 である。

式(5.69)、(5.70)の伝達関数の位相特性を調べれば、いずれも $\angle G(j0)° = 0$ から出発し、ω が増加するに従って単調減少することがわかる。したがって、プロパーな有理関数 $G(s)$ が全域通過であって、そのゲイン定数 $K = G(0)$ が正(すなわち $+1$)であれば、$\omega > 0$ での位相角は負である。

■ **問 5.17** 式(5.69)、(5.70)の伝達関数のボード線図を描いて、その周波数応答の性質を確かめよ。

3.1.3で述べたように、プロパーな有理関数 $G(s)$ が安定で不安定零点をもたないとき、$G(s)$ は**最小位相**であるという。全域通過関数と最小位相関数はつぎの意味で基本的である。

[定理 5.1]
プロパーな有理関数 $G(s)$ が安定であれば、$G(s)$ は全域通過関数 $G_I(s)$ と最小位相関数 $G_o(s)$ の積として一意に表現できる。

■ 例 5.10 伝達関数
$$G(s) = \frac{(1-3s)(1-5s)}{(1+s)(1+2s)(1+s+s^2)}$$
は，つぎの2つの関数の積になっている．
$$G_\mathrm{I}(s) = \frac{(1-3s)(1-5s)}{(1+3s)(1+5s)}, \quad G_\mathrm{O}(s) = \frac{(1+3s)(1+5s)}{(1+s)(1+2s)(1+s+s^2)}$$
$G_\mathrm{I}(s)$は全域通過で，$G_\mathrm{O}(s)$は最小位相である．

上の定理と，全域通過関数の位相についての性質から，最小位相関数は「同じゲイン特性をもつ安定な伝達関数の中で，$\omega>0$ での位相の遅れが最小のものである」ことがわかる．「最小位相」という名称はこの性質に由来する．次項で述べるように，最小位相関数の位相はゲイン特性によって一意に決まってしまう(逆も成り立つ)．このことは，周波数に応じてゲインを変化させると，それに伴う必然的な位相変化が存在することを意味する．定理 5.1 は，安定な伝達関数を，ゲイン変化とそれに必然的に伴う位相変化を担う因子(最小位相関数)と，位相の変化だけを与える因子(全域通過関数)に分解するものである．なお，数学の用語としては，全域通過関数を**インナー**(inner)**関数**，最小位相関数を**アウター**(outer)**関数**とよび(上定理中で使った添字 I と O はこの意味です)，上定理の分解を**インナー・アウター分解**という．

5.5.2　ボードの定理——ゲイン特性と位相特性の関係

一般に正則な複素関数の実部と虚部はコーシー・リーマンの方程式とよばれる偏微分方程式を満足する[8]．したがって，両者の間には一定の関係が存在し，その結果として絶対値と偏角の間にも特定の関係が成立する．特に，最小位相関数についてはつぎの定理が成立する．

[定理 5.2]　**Bode**

$G(s)$はプロパーな有理関数で最小位相であり，そのゲイン定数 $G(0)$ は正とする．$G(j\omega)$ の絶対値を $c(\omega)$，偏角を $\theta(\omega)$ とすれば(式(5.6)参照)，両者の間に次式が成立する[16]．

$$\theta(\omega_1) = \frac{\omega_1}{\pi}\int_{-\infty}^{\infty}\frac{\ln c(\omega)}{\omega^2-\omega_1^2}d\omega \tag{5.72}$$

$$\ln c(\omega_1) = \ln c(0) - \frac{\omega_1^2}{\pi}\int_{-\infty}^{\infty}\frac{\theta(\omega)}{(\omega^2-\omega_1^2)\omega}d\omega \tag{5.73}$$

上の定理は，$G(s)$ のゲイン特性または位相特性のどちらかを全周波数域で

定めれば，他方が，したがって周波数応答全体が一意に定まることを意味する．さらに，解析関数についての一致の定理(1.5節)により，伝達関数自身も一意に定まることになる．

この定理の結果を，ボード線図の性質に変換しておこう．式(5.72)で積分変数を

$$x = \ln\frac{\omega}{\omega_1} = (\log e)^{-1}\{x_\omega - \log\omega_1\} \tag{5.74}$$

に変更すれば

$$\theta(\omega_1) = \frac{1}{\pi}\int_{-\infty}^{\infty}\ln\left(\coth\frac{|x|}{2}\right)\frac{d}{dx}[\ln c(\omega)]\,dx \tag{5.75}$$

が得られる．関数 $\ln\left(\coth\frac{|x|}{2}\right)$ は $x=0$ の付近で非常に大きな値をとり，$x=0$ から少し離れると急激に減衰する．また

$$\int_{-\infty}^{\infty}\ln\left(\coth\frac{|x|}{2}\right) = \frac{1}{2}\pi^2 \tag{5.76}$$

が成立する．一方，式(5.74)およびボード線図についての式(5.32)，(5.33)より，式(5.75)の被積分関数の第2因子は

$$\frac{d}{dx}[\ln c(\omega)] = \frac{1}{20}\frac{d}{dx_\omega}[G(j\omega)]_{\mathrm{dB}} \tag{5.77}$$

であることがわかる．また，式(5.75)左辺の $\theta_1 \equiv \theta(\omega_1) = \arg G(j\omega_1)$ とボード線図における位相曲線上の値 $\phi_1° = \angle G(j\omega_1)°$ の間には式(5.34)の関係がある．以上より，最小位相伝達関数 $G(s)$ のボード線図について，$\omega=\omega_1$ 付近でのゲイン曲線の傾きがほぼ一定であれば，

$$\angle G(j\omega_1)° \fallingdotseq 90° \times \frac{1}{20}\left[\frac{d}{dx_\omega}[G(j\omega)]_{\mathrm{dB}}\right]_{\omega=\omega_1} \tag{5.78}$$

という関係が成り立つことがわかる．これは，ω_1 付近のある程度広い範囲でゲイン曲線の傾きが $-20\,\mathrm{dB/dec}$ であれば $\angle G(j\omega_1)° \fallingdotseq -90°$，$-40\,\mathrm{dB/dec}$ であれば $\angle G(j\omega_1)° \fallingdotseq -180°$，$\cdots$ となることを意味する．

■ 問 5.18　式(5.72)から式(5.75)を導出せよ．

5.6　周波数応答からステップ応答を推定する方法

5.6.1　周波数応答と過渡応答の関係を与える基本式

システム $G(s)$ の初期値を0として，入力 $u(t)$ を加えたときの出力を $y(t)$

とすれば，$u(t)$ のラプラス変換 $U(s)$ と $y(t)$ のラプラス変換 $Y(s)$ との間には関係式(3.25)が成立する．

まず，システム $G(s)$ が安定で，入力信号 $U(s)$ も安定極しかもたない場合を考える．式(3.25)より $Y(s)$ の極もすべて安定である．したがって，$u(t)$，$y(t)$ はフーリエ変換可能で，その周波数スペクトルはラプラス変換の s に $j\omega$ を代入した $U(j\omega)$，$Y(j\omega)$ になる．$U(j\omega)$ と $Y(j\omega)$ の関係は，式(3.25)で $s=j\omega$ とおいた

$$Y(j\omega) = G(j\omega)\,U(j\omega) \tag{5.79}$$

で与えられる．さらに，この場合には，逆ラプラス変換の公式(2.6)のブロムヴィッチ積分路を虚軸に選ぶことができるから，次式が得られる．

$$y(t) = \frac{1}{2\pi j}\int_{\text{Im-axis}} Y(s)\,e^{st}ds = \frac{1}{2\pi}\int_{-\infty}^{\infty} G(j\omega)\,U(j\omega)\,e^{j\omega t}d\omega \tag{5.80}$$

つぎに，システム $G(s)$ が安定で，入力信号 $u(t)$ がステップである場合を考える．この場合，$u(t)$ のラプラス変換 $U(s)$ は $1/s$ で，原点に1位の極をもつ．したがって，上の議論をそのまま適用することはできないが，適当な積分路(図5.9(a)に示したナイキスト経路から半径 R の半円をとり除いた積分路を考えればよい)を使うことによって

$$\begin{aligned}y(t) &= \frac{1}{2}G(0) + \frac{1}{2\pi}\lim_{R\to\infty}\lim_{\rho\to+0}\left(\int_{-R}^{-\rho} + \int_{\rho}^{R}\right)G(j\omega)\frac{1}{j\omega}e^{j\omega t}d\omega \\ &= \frac{1}{2}G(0) + \frac{1}{\pi}\int_{0}^{\infty}\frac{1}{\omega}\{\text{Im}[G(j\omega)]\cos\omega t + \text{Re}[G(j\omega)]\sin\omega t\}d\omega\end{aligned} \tag{5.81}$$

が導ける．式(5.81)が周波数応答からステップ応答を求めるための基本式である．

■ 問 5.19　式(5.81)を導出せよ．

5.6.2　ステップ応答の推定

上述のように，システム $G(s)$ の周波数応答がわかっていれば，式(5.81)の積分を計算することによってステップ応答が求められる．しかし，制御系設計においては，もう少し簡単にステップ応答の特徴を推定したいという要求がある．そのような推定法を以下で説明する．

2つの安定なシステム $G_1(s)$，$G_2(s)$ を考える．式(5.81)から，周波数応答

5.6 周波数応答からステップ応答を推定する方法

システム $G(s)$ の周波数応答
⇩ 近似
近似モデル $G_{AM}(s)$
⇩ 公式
近似モデル $G_{AM}(s)$ のステップ応答
⇩ 近似†
システム $G(s)$ のステップ応答

図 5.25 ステップ応答の推定法の流れ図

$G_1(j\omega)$ と $G_2(j\omega)$ が「似て」いれば，ステップ応答 $y_1(t)$ と $y_2(t)$ も「似た」ものになることが期待できる．ステップ応答の推定はこの事実に基づいて行うもので，その代表的手法として二次系近似法，理想フィルタ近似法，ガウスフィルタ近似法などがある．これらの方法は，形の決まった適当な近似モデル $G_{AM}(s;\alpha,\beta,\cdots)$ を仲介としてステップ応答の特徴量を算出するもので，その考え方は図 5.25 に示した通りである．ここに $G_{AM}(s;\alpha,\beta,\cdots)$ は二次遅れや，理想フィルタ，ガウスフィルタなどの伝達関数で，添字は Approximating Model の頭文字である．また，$\alpha,\beta,\cdots$ はこれらの伝達関数に含まれるパラメータで，それを調整して $G_{AM}(j\omega)$ を $G(j\omega)$ に近づける役割を担う．

これらの推定法は，いずれも $G(j\omega)$ の周波数応答のグラフ(特に，ボード線図)が与えられていることを前提としており，結論としては，周波数応答の特徴量からステップ応答の特徴量を計算する公式を与えることになる．ステップ応答の特徴量についてはすでに 3.6.3 で紹介した．次項で周波数応答の特徴量について説明し，5.6.4 以降で推定法の詳細を紹介する．

5.6.3 周波数応答の特徴量

制御系において，目標値から制御量への閉ループ伝達関数 $G(s)$ は当然安定であるから(ここでは，閉ループ伝達関数として目標値から制御量への伝達関数だけを扱うので，添字 yr は省略します)，その周波数応答は

$$\omega \to 0 \quad \text{のとき} \quad G(j\omega) \to K = y_\infty > 0 \quad (5.82)$$

を満たす．ただし，K は $G(s)$ の定常ゲインであり，y_∞ はステップ応答の最終値である．もしステップ目標値に対する定常偏差が 0 になるよう設計されていれば，$K=1$ となる．さらに通常の制御対象は高域遮断特性をもつから，大

---
† 正確には，「近似していることを期待する」というべきでしょう．

部分の制御系で
$$\omega \to \infty \quad \text{のとき} \quad G(j\omega) \to 0 \tag{5.83}$$
が成り立つ．これらの性質を前提として，周波数応答の特徴量をつぎのように定義する（図 5.26）（FR は Frequency Response の意味です）．

ゲイン曲線に関する特徴量

- **[FR 1]** ピーク値 (peak value) M_p：$\omega = \omega_p$ でゲイン $|G(j\omega)|$ が最大値 $M_p K$ をとるとき，M_p をピーク値とよぶ（ボード線図上の最大値は $[M_p K]_{dB} = [M_p]_{dB} + [K]_{dB}$ になります）．

- **[FR 2]** ピーク角周波数 (peak angular frequency) ω_p：$|G(j\omega)|$ が最大値 $M_p K$ をとる角周波数．

- **[FR 3]** 遮断角周波数 (cut-off frequency) ω_c：$0 < b < 1$ なる b を1つ選ぶ．$\omega < \omega_c$ で $|G(j\omega)| > bK$，$\omega > \omega_c$ で $|G(j\omega)| < bK$ となる角周波数 ω_c を，**減衰レベル**を b としたときの**遮断角周波数**という（ボード線図上では，$\omega < \omega_c$ で $[G(j\omega)]_{dB} > [b]_{dB} + [K]_{dB}$，$\omega > \omega_c$ で $[G(j\omega)]_{dB} < [b]_{dB} + [K]_{dB}$ となります）．

位相曲線に関する特徴量

- **[FR 4]** 遮断角周波数での遅れ角 θ_c：$\omega = \omega_c$ における位相角の符号を逆転したもの，すなわち $\theta_c = -\arg G(j\omega_c)$ である（ボード線図上での値 ϕ_c° は $\phi_c = (180/\pi)\theta_c$ になります）．

以上の諸量の他，5.2.3 で定義した**位相交点角周波数** ω_{ph}，**ゲイン交点角周波数** ω_g や 5.4.1 で定義した**ゲイン余裕** $\gamma_m[dB]$，**位相余裕** $\phi_m[度]$ なども，周

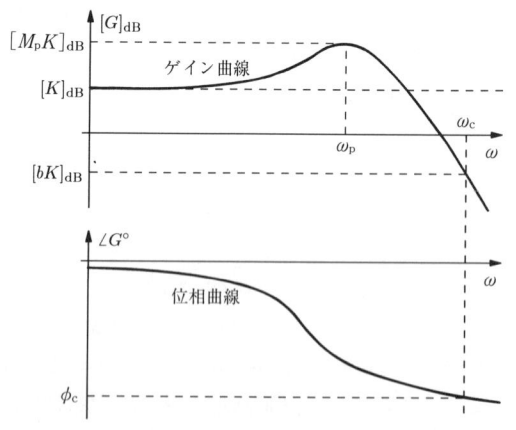

図 5.26　周波数応答の特徴量（ボード線図上で示す）

5.6 周波数応答からステップ応答を推定する方法　　161

波数応答に関する特徴量である．なお，[FR 3]の遮断角周波数の定義中の減衰レベル b の値としては，$b=1/\sqrt{2}$ または $b=1/2$ が使われることが多い（$b=1/\sqrt{2}$ のとき $[b]_{\mathrm{dB}} \fallingdotseq -3\,\mathrm{dB}$，$b=1/2$ のとき $[b]_{\mathrm{dB}} \fallingdotseq -6\,\mathrm{dB}$ となります）．ゲイン曲線の形と減衰レベル b の選び方によっては，遮断角周波数が定義されない場合が生じる．

5.6.4　二次系近似法——振動系の行き過ぎ量と行き過ぎ時間の推定

周波数応答 $G(j\omega)$ のゲインの値が，$\omega=\omega_{\mathrm{p}}$ でピーク値 M_{p} をとるようなシステム $G(s)$ に適用できる手法であって，近似モデル $G_{\mathrm{AM}}(s)$ としては，3.2.5 の二次遅れ要素

$$G_{\mathrm{AM}}(s)=\frac{K_{\mathrm{AM}}\omega_{\mathrm{AM}}^{2}}{s^{2}+2\zeta_{\mathrm{AM}}\omega_{\mathrm{AM}}s+\omega_{\mathrm{AM}}^{2}} \tag{5.84}$$

を使う．$0<\zeta<1/\sqrt{2}$ のとき，$G_{\mathrm{AM}}(s)$ のゲインの値は，角周波数

$$\omega_{\mathrm{AM,p}}=\omega_{\mathrm{AM}}\sqrt{1-2\zeta_{\mathrm{AM}}^{2}} \tag{5.85}$$

においてピーク値

$$G_{\mathrm{AM,p}}=\frac{K_{\mathrm{AM}}}{2\zeta_{\mathrm{AM}}\sqrt{1-\zeta_{\mathrm{AM}}^{2}}} \tag{5.86}$$

をとる（式(5.54)，(5.55)参照）．そこで，システム $G(s)$ を

$$K_{\mathrm{AM}}=K,\quad \omega_{\mathrm{AM,p}}=\omega_{\mathrm{p}},\quad G_{\mathrm{AM,p}}=M_{\mathrm{p}} \tag{5.87}$$

となる二次遅れ要素 $G_{\mathrm{AM}}(s)$ で近似することが考えられる．具体的手順はつぎの通りである．

ステップ1：システム $G(s)$ のボード線図からゲイン定数 K，ピーク角周波数 ω_{p} およびピーク値の dB 値 $[M_{\mathrm{p}}]_{\mathrm{dB}}$ を読み取り，M_{p} を次式で計算する．

$$M_{\mathrm{p}}=10^{[M_{\mathrm{p}}]_{\mathrm{dB}}/20} \tag{5.88}$$

ステップ2：近似モデル $G_{\mathrm{AM}}(s)$ のパラメータをつぎのように定める．

$$K_{\mathrm{AM}}=K,\quad \omega_{\mathrm{AM}}=\omega_{\mathrm{p}}\left(1-\frac{1}{M_{\mathrm{p}}^{2}}\right)^{-1/4}$$

$$\zeta_{\mathrm{AM}}=\frac{1}{\sqrt{2}}\left\{1-\left(1-\frac{1}{M_{\mathrm{p}}^{2}}\right)^{1/2}\right\}^{1/2} \tag{5.89}$$

ステップ3：システム $G(s)$ のステップ応答の行き過ぎ量，減衰比および行き過ぎ時間の推定値 $\hat{A}_{\mathrm{p}}, \hat{\varGamma}, \hat{T}_{\mathrm{p}}$ をつぎの通りとする．

$$\text{行き過ぎ量 }\hat{A}_{\mathrm{p}}=e^{-\pi\zeta_{\mathrm{AM}}/\sqrt{1-\zeta_{\mathrm{AM}}^{2}}} \tag{5.90}$$

$$\text{減衰比 }\hat{\varGamma}=e^{-2\pi\zeta_{\mathrm{AM}}/\sqrt{1-\zeta_{\mathrm{AM}}^{2}}}=\hat{A}_{\mathrm{p}}^{2} \tag{5.91}$$

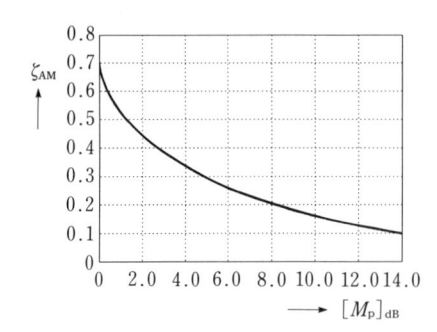

図 5.27 周波数応答のピーク値 $[M_p]_{dB}$ と近似モデルの減衰係数 ζ_{AM}

図 5.28 周波数応答のピーク値 $[M_p]_{dB}$ とステップ応答の行き過ぎ量 A_p（減衰比 Γ は A_p^2 である）

$$\text{行き過ぎ時間 } \hat{T}_p = \frac{\pi}{\omega_{AM}\sqrt{1-\zeta_{AM}^2}} \equiv k_{Tp}\frac{1}{\omega_p} \quad (5.92)$$

この方法を使う場合の減衰係数 ζ_{AM} および行き過ぎ量 $\hat{A}_p$ のグラフを図 5.27, 図 5.28 に掲げる．これからわかるように，ζ_{AM} および $\hat{A}_p$ はゲイン曲線のピーク値 $[M_p]_{dB}$ によって一意に決まる．特に，図に示した範囲では，$\hat{A}_p$ が $[M_p]_{dB}$ に「ほぼ正比例」することに留意されたい．一方，行き過ぎ時間の推定値 $\hat{T}_p$ はピーク角周波数 ω_p に反比例し，比例係数 k_{Tp} は M_p の関数であって

$$k_{Tp} = \pi \left\{ \frac{2\sqrt{1-M_p^{-2}}}{1+\sqrt{1-M_p^{-2}}} \right\}^{1/2} \quad (5.93)$$

となる．k_{Tp} の値を図 5.29 に示しておく．

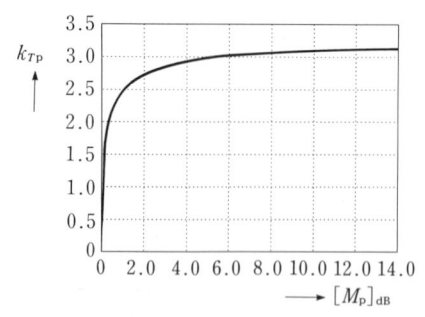

図 5.29 行き過ぎ時間の推定値を与える公式 (5.92) の係数 k_{Tp}

■ 問 5.20 式 (5.89), (5.93) を導け．

5.6 周波数応答からステップ応答を推定する方法

以上からわかるように，二次系近似法は，周波数応答中のゲインに関する特徴量のみを使って推定を行う方法である。定理 5.2 に照らして考えると，$G(s)$ が最小位相であれば，ゲイン特性だけから伝達関数の特徴を推定することに本質的な問題はない。しかし，上の推定法はゲイン特性の「一部分」だけを使っているわけだから，$G(s)$ の特徴を正確に把握できるという保証は必ずしもない。良好な推定値が得られるためには，周波数応答がピークをもつという条件以外に，つぎのような性質を満たしていることが望ましい。

（ⅰ）適当な減衰レベル b に対して遮断角周波数 ω_c が定義できる。
（ⅱ）$\omega < \omega_c$ においては，ゲイン曲線が単峰性で位相曲線が $0°$ から $180°$ 近くまで単調減少する。さらに $\omega = \omega_p$ で $\angle G°$ が $-90°$ 付近の値をとる。
（ⅲ）$\omega > \omega_c$ では，ゲイン曲線が $-40\,\mathrm{dB/dec}$ またはそれ以上の減衰を示す（十分減衰した周波数域であれば極大値等はあってもよい）。

5.6.5 理想フィルタ近似 ―― 振動系の行き過ぎ時間などの推定

図 5.30 に示す周波数応答をもつシステムを理想フィルタという。ただし，図 5.30 はボード線図でないことに注意されたい。すなわち，横軸は線形目盛（ω の値そのものを目盛っているという意味です）であり，縦軸もゲインについては $|G(j\omega)|$ を，位相については $\arg G(j\omega)$ を目盛ったものである。理想フィルタのステップ応答は

$$y_{\mathrm{AM}}(t) = \frac{K}{2} + \frac{K}{\pi}\int_0^{\omega_c t - \theta_c} \frac{\sin x}{x}\,dx \tag{5.94}$$

で与えられ，図 5.31 のような波形になる†。理想フィルタを近似モデルとして

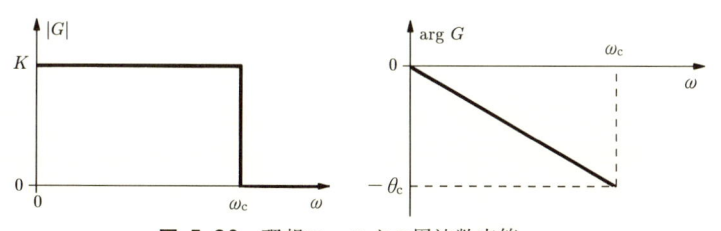

図 5.30 理想フィルタの周波数応答

---

† 図 5.31 からわかるように，この波形は「反因果的」（入力が加わる以前から 0 でない値をもっていることを指します）であり，通常の意味のステップ応答とは異なった性格のものです。もともと，図 5.31 の周波数応答をもつシステムは現実に存在しないもので，その事実の反映としてステップ応答が反因果的になっていると理解できます。ここで述べる理想フィルタ近似法は，現実に存在するシステムで $G(s)$ を近似するのではなく，$G(s)$ の周波数応答を図 5.30 のような形の簡単なグラフでおきかえて，式(5.81) の積分の計算を近似的に行っているものと理解して下さい。

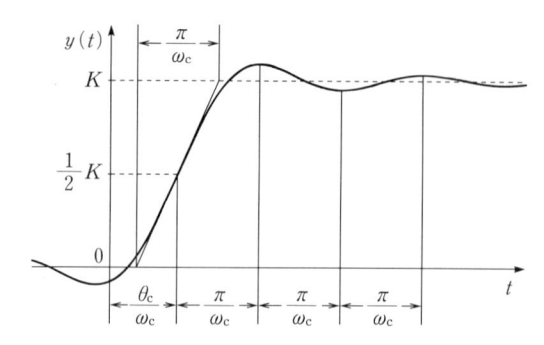

図 5.31 理想フィルタのステップ応答

使うと，つぎの手順でステップ応答の行き過ぎ時間，立ち上がり時間などが推定できる．

ステップ1 減衰レベル b を $1/\sqrt{2} \sim 1/2$ 程度に選ぶ．システム $G(s)$ のボード線図から遮断角周波数 ω_c と ω_c における位相遅れ $-\phi_c$ [度]を読みとり，θ_c を次式で定める．

$$\theta_c = \frac{\pi}{180}\phi_c \quad [\text{ラジアン}] \tag{5.95}$$

ステップ2 ステップ応答の行き過ぎ時間，遅延時間，立ち上がり時間の推定値 $\hat{T}_p, \hat{T}_D, \hat{T}_r$ をつぎの通りとする．

$$\hat{T}_p = \frac{\pi}{\omega_c} + \frac{\theta_c}{\omega_c}, \quad \hat{T}_D = \frac{\theta_c}{\omega_c}, \quad \hat{T}_r \fallingdotseq \frac{\pi}{\omega_c} \tag{5.96}$$

式(5.96)中，T_r の近似式の値はつぎのように得られる．すなわち，$y_{AM}(t) = K/2$ となる点で接線を引いて，$y=0$ および $y=K$ の直線との交点の時刻 T_1, T_2 を求め，$\hat{T}_r \fallingdotseq T_2 - T_1$ としたものである．したがって，この値は 3.6.3 において定義した立ち上がり時間 T_r と必ずしも一致しない．上の手順からわかるように，理想フィルタ近似法には，位相角に関する情報を加味した推定を行うという特徴がある．一方，図 5.31 のグラフからわかるように，ω_c, ϕ_c の値にかかわらず行き過ぎ量が一定(約9%)になるから，波形に関する推定については無力である．減衰レベル b の選び方に任意性があるが，どのような対象に対してどの程度の b を使えばよいかといったことが明らかでないので，この任意性は推定の信頼性を損なう方にしか働かない．理想フィルタ近似が使える要件は，つぎのようなものと考えられる．

[i] $1/\sqrt{2} \sim 1/2$ 程度の減衰レベルに対して遮断角周波数が定義できる．

[ii] ゲイン曲線が，遮断角周波数 ω_c 付近で急峻な減衰特性を有する．

5.7 1自由度単位フィードバック制御系の周波数応答

[iii] ゲイン曲線が,ピーク値をもつ(すなわち,ステップ応答が振動的であることが予想される)。

■ 問 5.21 式(5.94), (5.96)を導け。

5.7 1自由度単位フィードバック制御系の周波数応答とステップ応答

図 3.22 の一般的なフィードバック制御系については,閉ループ伝達関数が式(3.67)で与えられるから,その周波数応答も制御対象,検出要素,補償要素によって複雑に変化する。しかし,検出要素が十分速くかつ正確に動作するときには $H(s)=1$ とみなしてよい。さらに,制御系を1自由度構造に限定し外乱は入力側に加わるものとすれば,制御系は図 5.32 のようになる($P(s)C(s)=F(s)$ とおけばループの部分は図 5.7 に帰着します)。このような**1自由度単位フィードバック系**(3.5.1)については,一巡伝達関数 $F(s)$ が開ループ伝達関数 $P(s)C(s)$ と一致し,目標値から制御量への閉ループ伝達関数 $G_{yr}(s)$ は次式で与えられる。

$$G_{yr}(s) = \frac{P(s)C(s)}{1+P(s)C(s)} = \frac{F(s)}{1+F(s)} \tag{5.97}$$

この節では図 5.32 の制御系について,**開ループ周波数応答**(開ループ伝達関数 $P(s)C(s)$ の周波数応答のことをいう)から**閉ループ周波数応答**(閉ループ伝達関数 $G_{yr}(s)$ の周波数応答のことをいう)を求めるための線図,および閉ループ制御系のステップ応答の推定法について説明する。さらに,5.8 節で,本節の内容を利用しつつ,古典的な制御系設計法の考え方を説明する。

5.7.1 ホール線図

式(5.97)より,開ループ周波数応答 $P(j\omega)C(j\omega)=F(j\omega)$ の値が

$$F(j\omega) = x + jy \tag{5.98}$$

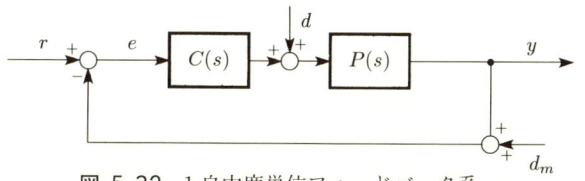

図 5.32 1自由度単位フィードバック系

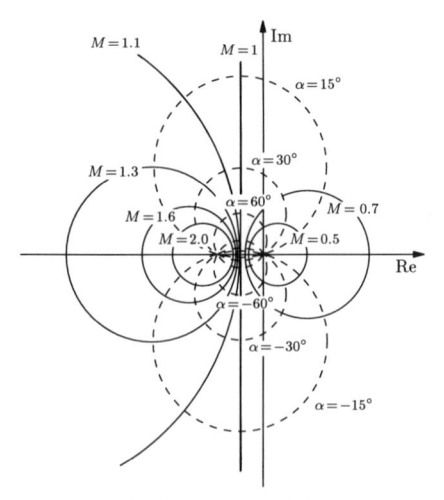

図 5.33 ホール線図

であれば，閉ループ周波数応答 $G_{yr}(j\omega)$ のゲイン M および位相角 α が

$$M=\left\{\frac{x^2+y^2}{(1+x)^2+y^2}\right\}^{1/2} \tag{5.99}$$

$$\alpha=\mathrm{Tan}^{-1}\frac{y}{x+x^2+y^2} \tag{5.100}$$

となることがわかる．このことは，($F(j\omega)$ のベクトル軌跡を描く)複素平面上の1点 $x+jy$ に対応して，$G_{yr}(j\omega)$ のゲイン M と位相角 α が一意に定まることを意味する．したがって，複素平面上に，式(5.99)の値を一定値にするような曲線群(これをベクトル平面上の**定 M 曲線**とよぶ)および式(5.100)の値を一定値にするような曲線群(**定 α 曲線**とよぶ)を描いた用紙(図5.33)を用意しておいて，その上に $F(s)$ のベクトル軌跡を描けば，各 ω に対する $G_{yr}(j\omega)$ の値がただちに読みとれる．式(5.99)より，定 M 曲線の方程式は

$$\left(x+\frac{M^2}{M^2-1}\right)^2+y^2=\left(\frac{M}{M^2-1}\right)^2 \tag{5.101}$$

で，実軸上に中心をもつ円群である．また，式(5.100)より定 α 曲線の方程式は

$$\left(x+\frac{1}{2}\right)^2+\left(y-\frac{1}{2}\cot\alpha\right)^2=\left(\frac{1}{2}\mathrm{cosec}\,\alpha\right)^2 \tag{5.102}$$

で直線 $x=-\frac{1}{2}$ 上に中心をもつ円群である．この2つの円群は互いに直交している．複素平面上にこの円群を描いた線図を**ホール線図**とよぶ．

5.7　1自由度単位フィードバック制御系の周波数応答

5.7.2　ニコルス線図

前項では，$F(j\omega)$ の直交座標表示から $G_{yr}(j\omega)$ の極座標表示を求めたが，$F(j\omega)$ の方も極座標表示として同様のことを行えばつぎの通りになる。すなわち，

開ループ周波数応答： $F(j\omega) = ce^{j\theta}$ (5.103)

閉ループ周波数応答： $G_{yr}(j\omega) \equiv Me^{j\alpha}$ (5.104)

とおけば

$$M = \left\{ \left(\frac{1}{c} + \cos\theta\right)^2 + (\sin\theta)^2 \right\}^{-1/2} \quad (5.105)$$

$$\alpha = \mathrm{Tan}^{-1}\left(\frac{\sin\theta}{c + \cos\theta}\right) \quad (5.106)$$

となる。上式は，（$F(j\omega)$ のゲイン位相曲線を描く）ゲイン位相平面上の1点 $(\phi, [F]_{\mathrm{dB}})$ に対応して†閉ループ周波数応答 $G_{yr}(j\omega)$ のゲイン M と位相角 α が一意に決まることを意味している。したがって，ゲイン位相平面上に式 (5.105) の値を一定値にするような曲線群（これを**ゲイン位相平面上の定 M 曲線**とよぶ）および式 (5.106) の値を一定値にするような曲線群（これを**ゲイン位相平面上の定 α 曲線**とよぶ）を描いた用紙を準備しておいて，その上に開ループ伝達関数 $F(s) = P(s)C(s)$ のゲイン位相曲線を描けば，$G_{yr}(j\omega)$ のゲインと位相がただちに読みとれる。ゲイン位相線図上の定 M 曲線の方程式は

$$[F]_{\mathrm{dB}} = \begin{cases} -20\log\left\{-\cos\varphi \pm \left(\cos^2\varphi - \dfrac{M^2-1}{M^2}\right)^{1/2}\right\} & M > 1 \\ -20\log\left\{-\cos\varphi + \left(\cos^2\varphi - \dfrac{M^2-1}{M^2}\right)^{1/2}\right\} & M \leq 1 \end{cases} \quad (5.107)$$

であり，定 α 曲線の方程式は

$$[F]_{\mathrm{dB}} = 20\log\frac{\sin(\phi - \alpha)}{\sin\alpha} \quad (5.108)$$

である。ゲイン位相平面にこれらの曲線群を描きこんだ図を**ニコルス線図**とよぶ。ニコルス線図を図 5.34 に示す。なお，同図では閉ループゲインをデシベル値 $[M]_{\mathrm{dB}}$ で付記していることに注意されたい。

5.7.3　開ループ周波数応答から閉ループ制御系のステップ応答を求める方法

図 5.32 の1自由度単位フィードバック制御系については，開ループ周波数応答 $P(s)C(s)$ のゲイン位相曲線を前項で説明したニコルス線図上に描けば，

---

† ゲイン位相線図の横軸・縦軸はつぎの通りです。

横軸：$\angle F° \equiv \phi = \dfrac{180}{\pi}\theta$，　縦軸：$[F]_{\mathrm{dB}} = 20\log c$

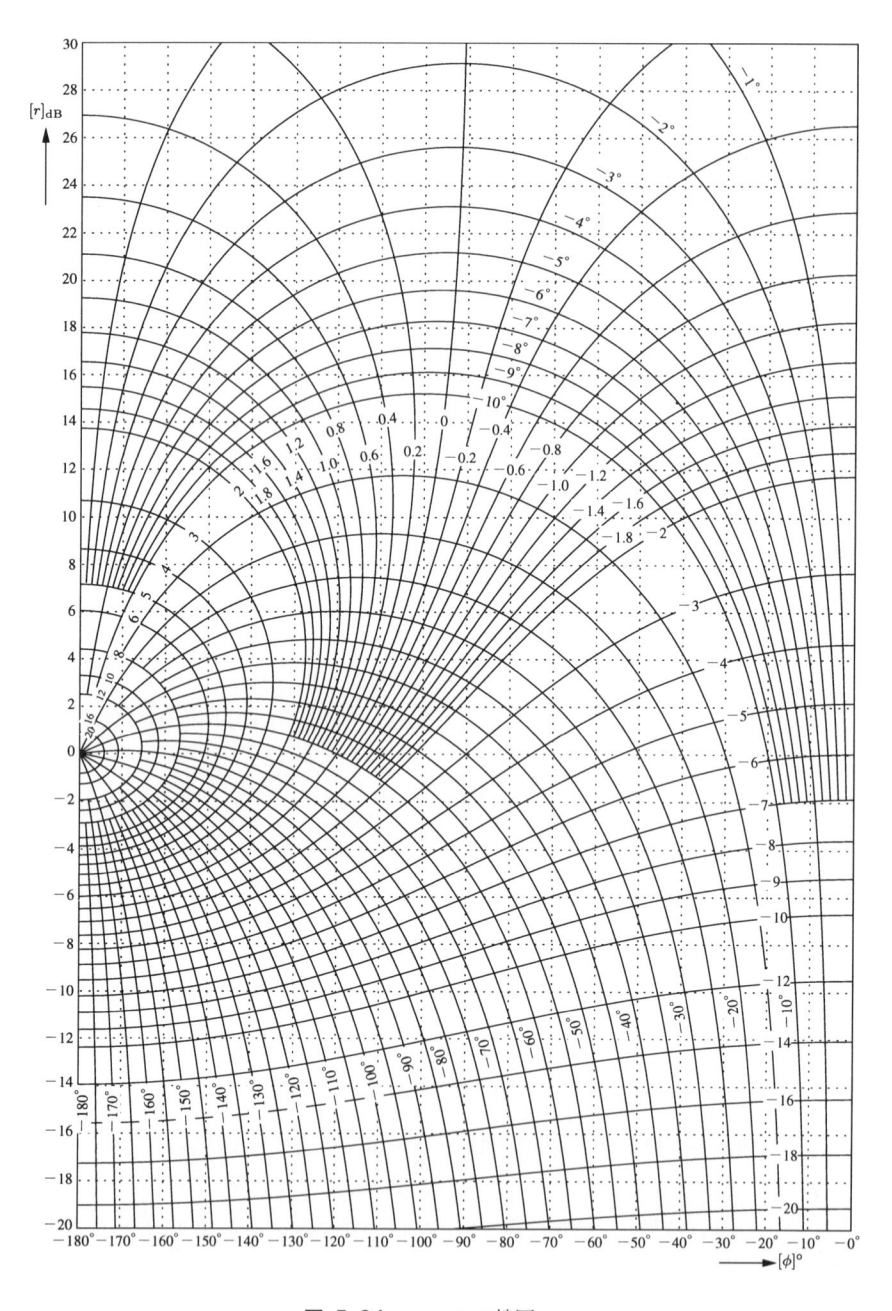

図 5.34 ニコルス線図

5.7 1自由度単位フィードバック制御系の周波数応答　　169

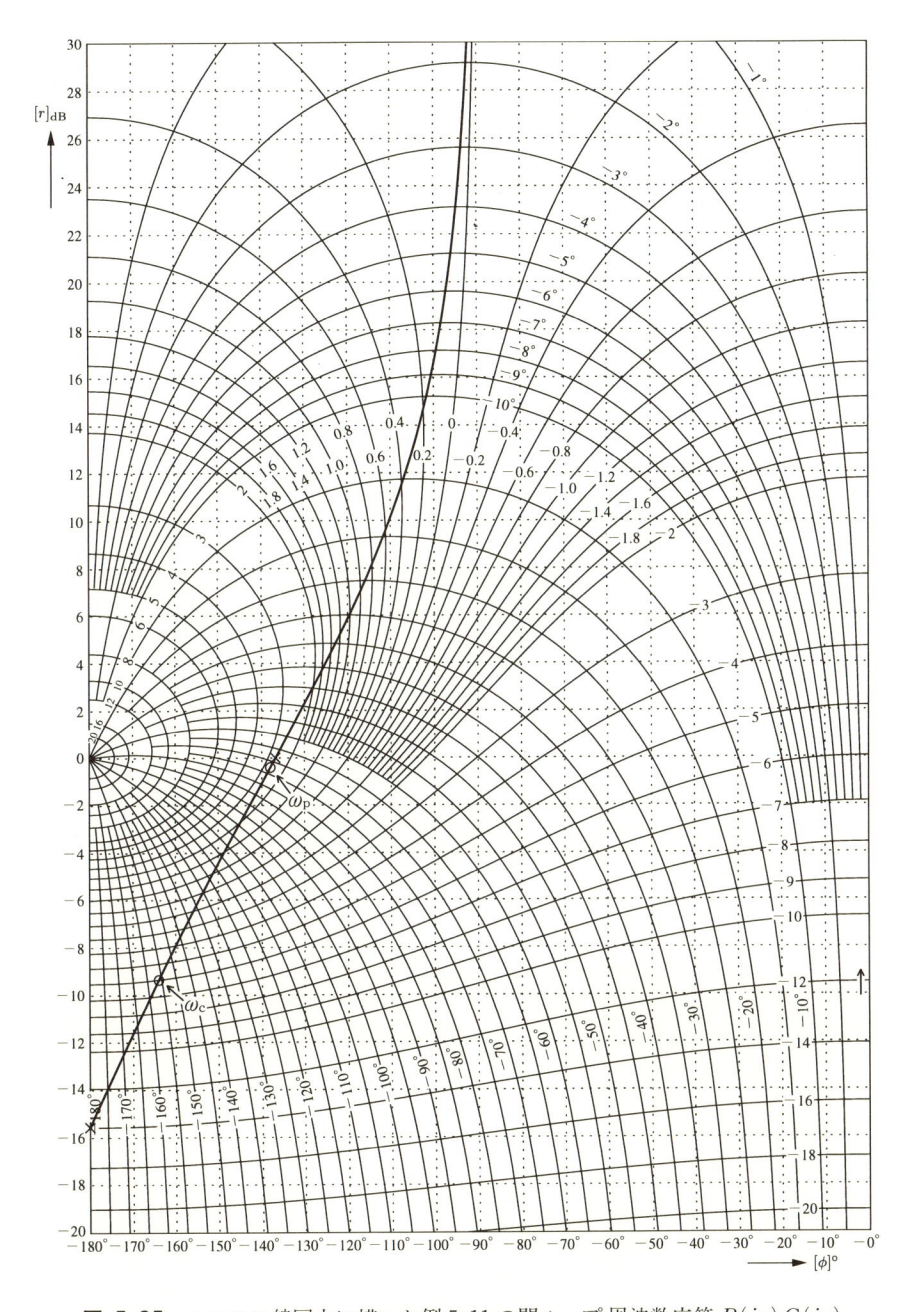

図 5.35　ニコルス線図上に描いた例 5.11 の開ループ周波数応答 $P(j\omega)C(j\omega)$

角周波数の各値に対する閉ループ周波数応答 $G_{yr}(s)$ のゲインと位相角を読みとることができる。このデータをもとに閉ループ周波数応答のボード線図を描き，5.6.4，5.6.5 の手法を適用すれば，閉ループ制御系の目標値に対するステップ応答の行き過ぎ量，減衰比，行き過ぎ時間などが推定できる。

■ **例 5.11** 図 5.32 の制御系で

$$C(s) = K, \qquad P(s) = \frac{1}{s(1+s)(1+5s)} \qquad (5.109)$$

であったとする。$K=0.2$ の場合について開ループ周波数応答をニコルス線図上に描けば図 5.35 の通りとなる。このゲイン位相曲線から位相交点角周波数 ω_{ph}，ゲイン余裕 γ_m，ゲイン交点角周波数 ω_g，位相余裕 ϕ_m が

$$\omega_{ph} \fallingdotseq 0.447, \qquad \gamma_m \fallingdotseq 15.6\,\mathrm{dB}, \qquad \omega_g \fallingdotseq 0.156, \qquad \phi_m \fallingdotseq 43°$$

であることがわかる（ω_{ph}，ω_g は図中の×印）。さらに，各 ω での閉ループ周波数応答 $G_{yr}(j\omega)$ を読みとってプロットすれば図 5.36 のボード線図を得る。このボード線図から ω_p と $[M_p]_{dB}$，および減衰レベルを 6dB としたときの ω_c と ϕ_c が

$$\omega_p \fallingdotseq 0.161 \qquad [M_p]_{dB} \fallingdotseq 2.67\,[\mathrm{dB}] \qquad \omega_c \fallingdotseq 0.307 \qquad \phi_c \fallingdotseq 156°$$

であることがわかる。5.6.4 の二次系近似法を使えば，目標値に対するステップ応答の行き過ぎ量 A_p および行き過ぎ時間 T_p の推定値としてつぎの値を得る。

$$\widehat{A}_{p1} = 0.25 \qquad \widehat{T}_{p1} = 17.5$$

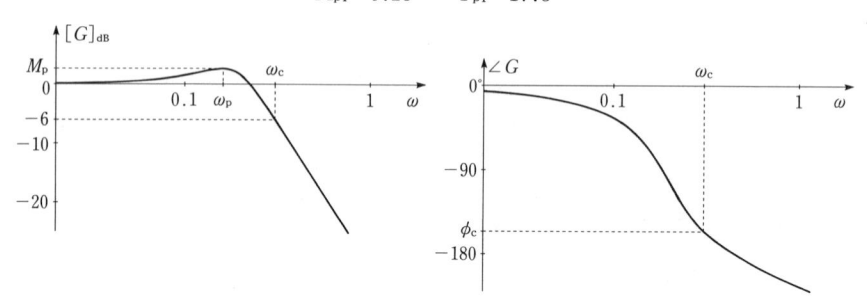

図 5.36 例 5.11 の閉ループ伝達関数 $G(s)$ のボード線図

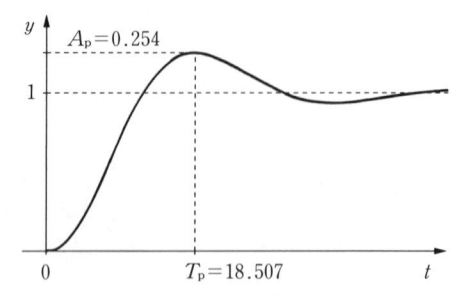

図 5.37 例 5.11 のステップ目標値に対する応答（$A_p = 0.254$，$T_p = 18.507$）

5.7 1自由度単位フィードバック制御系の周波数応答

一方,理想フィルター近似による T_p の推定値はつぎのようになる。
$$\hat{T}_{p2} = 19.1$$
この制御系のステップ目標値に対する応答を計算すると図5.37の通りとなり,上の推定値が妥当な値であることがわかる。

さて,以上の推定過程をふりかえってみると,必要なのは閉ループ周波数応答の特徴量(具体的にいえばピーク角周波数 ω_p とピーク値 $[M_p]_{dB}$,および遮断角周波数 ω_c と ω_c における位相角 ϕ_c)だけである。とすれば,閉ループ周波数応答のボード線図全体を描く必要はなく,その特徴量をニコルス線図上で直接読みとってしまえば十分である。具体的には,図5.35の○印の点を求めればよい。この中の ω_p については,ニコルス線図の等 M 曲線の中で開ループ周波数応答 $P(j\omega)C(j\omega)$ のゲイン位相曲線に接するものを探し出す。その $[M]_{dB}$ の値がすなわち $[M_p]_{dB}$ であり,接点における角周波数($P(j\omega)C(j\omega)$ の曲線上で読みとる)が ω_p である。また,ω_c については,減衰レベル $[b]_{dB}$ を決め,ニコルス線図の等 M 曲線で $[M]_{dB} = [b]_{dB}$ のものと開ループ周波数応答 $P(j\omega)C(j\omega)$ のゲイン位相曲線との交点を求める。交点における角周波数 ω がすなわち ω_c であり,交点を通る等 α 曲線の α の値が $-\phi_c$ である。

上例において,
$$\omega_{ph} > \omega_p > \omega_g \tag{5.110}$$
が成立していることに注意されたい。これは,5.8.2の条件を満たすような制御対象について,ステップ応答の行き過ぎ量を適正値(0〜30%程度)に調整した場合に成立する性質で,古典的設計法を理解する上で重要である。

▍問 5.22 　補償要素がゲイン要素 $C(s) = K$ で,制御対象が
$$P(s) = \frac{3}{s(1+0.7s)(1+2.5s)}$$
である場合を考える。$K = 0.1$ として
- (1) $KP(s)$ のゲイン位相曲線をニコルス線図上に描け。ただし,$P(s)$ の周波数応答は問5.16の表の通りである。
- (2) 各 ω に対する閉ループ周波数応答 $G_{yr}(j\omega)$ のゲイン $[M]_{dB}$ と位相角 $\alpha°$ を読みとって,$G_{yr}(s)$ のボード線図を描け。その図から,ピーク角周波数 ω_p,ピーク値 $[M_p]_{dB}$,遮断角周波数 ω_c および ω_c での位相角 $-\phi_c$ を求めよ。
- (3) 閉ループ制御系の行き過ぎ時間,行き過ぎ量を二次系近似で推定せよ。また行き過ぎ時間については,理想フィルター近似による推定も行え。
- (4) $G_{yr}(s)$ のピーク角周波数 ω_p,ピーク値 M_p,遮断角周波数 ω_c および ω_c での位相角 $-\phi_c$ をニコルス線図上で直接読みとってみよ。

5.8 フィードバック制御系の設計 II ―― 古典的汎用設計法の考え方

制御系の設計については，すでに 3.6 節で考察した。そこではまず，定常偏差が 0 になる条件およびフィードバックの効果を説明した。つづいて，ステップ応答の特徴量を定義し，制御系の性能評価について述べた。すなわち，[P 0] ノミナルな安定性，という大前提のもとで，[P 1] 目標値追従性，[P 2] 外乱抑制力，[P 3] ロバスト性という 3 つの評価項目が重要であることを述べ，[P 1] および [P 2] についてはステップ入力が加わる場合について少し一般的に考察した。さらに 4.4.3 で，定常偏差（すなわち，[P 1] および [P 2] の中の重要項目）が安定性の要求（[P 0] および [P 3] の 1 項目）によって制約されることを例題にもとづいて説明した。また 5.4.1 で，ロバスト安定性がゲイン余裕・位相余裕という形で評価できることを述べた。しかし，たとえばつぎの問題は未解決のまま残されている。

[Q 1] ステップ入力に対する定常偏差について：ゲインフィードバックでは，ほとんどの場合，安定性の要求によって定常偏差の改善に限界が生じる。一方，積分性補償を使えば，ステップ入力に対する定常偏差を 0 にできる。このような事実についてより見通しのよい説明はないか？（すなわち，積分性補償以外に定常偏差を改善する方法はないか？ あるとすればどんなものか？ それら（積分性補償を含んで）に要求される性質，それらを使用することによる欠点は？）

[Q 2] ステップ目標値に対する波形と速応性：一次系，二次系については極と零点によって定まること (3.2.4, 3.2.5, 4.2.2)，より複雑な系については代表根という考え方があること (4.2.1) を説明した。では，代表根が求められないもしくは定められない場合に，見通しよく評価する方法はないのか？ また，これらの性能をどのように調整し，さらに改善していけばよいのか？

[Q 3] ロバスト性：伝達特性のロバスト性については，「積分性補償をすれば，ステップ入力に対する定常偏差が 0 になるという性質がロバストに成立する」ことを述べた (3.6.1)。しかし，これ以外の問題は考慮していない。一方，安定性のロバスト性については，ゲイン余裕・位相余裕という評価（これらは，ゲインまたは位相のどちらか一方だけに誤差がある場合しか考えていない）で十分であろうか，という問題が残されている。

5.8 フィードバック制御系の設計II　　　　　　　　　　　　　　　　　173

[Q 4]　一般的な入力：3章および4章の設計法についての考察は，ステップ目標値およびステップ外乱に対する応答だけを対象としていた．より一般的な形の目標値や外乱が加わる場合は，どう扱えばよいのか？

以上の問題の解決が1940〜1960年頃にかけて発展した古典的周波数応答法の焦点であったが，その一部，特に[Q 3]，[Q 4]の問題については，当時の理論レベルでは一般的な対策を構築することができなかった．その後，1960〜1980年にかけて状態方程式に基づく理論が発展し，1980年代になってそのベースの上に再度周波数領域における考察が加えられた結果，これらの問題は（少なくとも理論的には）ほとんど解決されている．現在の研究の焦点は

[Q 5]　モデル（その誤差の範囲を含んだ）の構築方法，およびその構築過程をとり込んだ制御系設計のあり方

というところに移りつつある．本書では残念ながら以上のような制御理論の全体像を紹介する余裕はない．以下では，本章で学んだ周波数応答の理論を使って[Q 1]および[Q 2]に対する解答の基本的考え方を説明する．つづいて，次節で[Q 3]および[Q 4]についてコメントを加える．古典的な設計法の詳細およびより広範囲の話題については，本書の続巻である設計編で述べる．

5.8.1　古典的設計法について

1.3節で述べたように，現在の自動制御技術は，18世紀末〜19世紀に発達した蒸気機関のガバナーにその端を発するといってよい．このガバナーは直接制御系という特色を有し，速度制御を目的とした**自動調節機構**（3.6.5制御系の分類の項を参照して下さい．以下同じです）であった．つぎに現れた重要な自動制御装置としては，大型船の操舵のための**サーボ機構**がある．この装置では，蒸気船の動力源を利用して舵を動かすという工夫がなされた．さらに20世紀に入ると，乳製品，せっけん，紙，化学製品，自動車などの製造工場や金属精錬工場・発電所などで温度・流量・圧力・レベルなどを制御するために**プロセス制御装置**が使われるようになり，大量生産の発展に大きく貢献した．この装置は，記録用計器を制御にも利用できるように工夫したもので，最初は実質的にオン・オフ動作を行うものであった．それでは当然ハンチングを生じるので，比例帯の拡大と積分動作の導入，つづいて微分動作の付加が行われ，1939年に汎用制御装置として販売されるに至った．これが，**PID調節計**のはじまりで，いろいろな改良をうけながら現在に至るまで広く使われている．

これらの制御装置はそれぞれ個別に発展しており，20世紀初頭まではその設計・調整も個別に行われていたと考えられる．もちろん，19世紀のMaxwell, Routh, Vishnegradskii, Hurwitz, Stodoraなど，20世紀に入ってからはMinorski, Callenderなどの研究者がフィードバック制御の問題を統一的視点からとらえていたが[3,5]，その成果が広く実務レベルに生かされるという状況ではなかった．しかし1940年代に入ると，電気回路理論の影響のもとで，自動制御系の解析・設計も統一的視野で考えていこうという姿勢が生まれ，実際の設計・調整にその成果が生かされるようになった．ここに工学の一分野としての自動制御が誕生したといってよかろう．その後，1960年頃までの間に積み重ねられた理論的成果を**古典制御理論**，その中で確立されていった設計法を**古典的設計法**もしくは**古典的周波数応答法**とよぶ慣わしになっている．

　以上の歴史からわかるように，制御工学では，自動調節，サーボ，プロセスといった問題を統一的視点からとらえることが本質的であり，古典的設計法もその立場にたつものである．ただし，具体的に制御器を設計するとなれば，問題の性質，すなわち制御対象の伝達関数がどれくらい正確にわかるか，その伝達関数はどんな性質をもっているか，どの量が(フィードバックに使える形で)計測できるか，アクチュエータはどんなもので制約条件はどうか，…などによって設計の進め方を変えなければならない．したがって，高度な性能を目指す場合には，どうしても個別の解析・設計が要求される．しかし，その中でも，サーボとプロセス制御という2つの問題については，それぞれかなり広範囲に利用できる汎用的手法が確立されており，制御系設計のベースとして継承されてきた．前者については「位相進み・遅れ補償法」が，後者については「PID調節計の最適調整法」(実はこの「最適」調整法は「唯一」ではなく，多数の研究者によっていろいろなものが提案されています)がそれである．これらの方法は，具体的設計作業という面ではかなり異なっているが，その基礎においては古典制御理論が発展していった当時の主たる制御対象がもつ性格を前提とした共通の考え方を共有している．この考え方は，現代的な制御の問題についても，かなり広い範囲で有効に機能するものであり，それが古典的設計法が現在に至るまで長く使われてきたゆえんであるといえる．

　本節では，「位相進み・遅れ補償法」および「PID調節計の最適調整法」(この2つを，便宜的に**古典的汎用設計法**とよぶ)の基礎となる考え方を説明する．その考え方は，一巡伝達関数の周波数応答(図5.32の構造を前提として，

5.8 フィードバック制御系の設計 II

これを**開ループ周波数応答**とよぶ)を成形することによって制御性能を改善していこうというもので，現代的な設計法においても**ループ成形**(loop shaping)という呼称のもとで受け継がれている。

5.8.2 古典的汎用設計法が前提とする制御対象の性質

古典的汎用設計法は試行錯誤を基本とする設計手段であり[†]，どの範囲の制御対象に対して適用可能であるのかということが明確に述べられることは少なかった。しかし，設計法を詳細に調べてみれば，つぎのような性質を想定していることがわかる。

古典的汎用設計法の前提条件 制御対象は安定であるかまたは安定極以外に原点の1位の極をもつだけであって，そのゲインおよび位相は低周波域から中間周波域の範囲でおおむね単調に減少する。

上記の「低周波域」および「中間周波域」の意味は後で説明するが，この「範囲」は制御系に要求される速応性(実際には制御対象がもともと有している速応性を少し越える程度の範囲となる)によって定まる。また，「おおむね」の意味するところは，実際の設計作業を多数行うことによってはじめて把握できるものであるが，あえて説明すれば「数学的な意味で厳密に単調減少である必要はないが，極端な増減があったり，重要な周波数域(すなわち中間周波域)で増加傾向になったりすることなしに，平均的には減少していく」となろう。

5.8.3 定常偏差の改善

図 5.32 の制御系で，制御対象が次式の三次遅れである場合を考える(これは，3.5.4 で実際の制御対象として考えた式(3.104)で $K_p=1$，$T_p=1$，$\tau=0.1$，$\delta=0$ としたものである。比例制御のときの安定条件が例 4.7 および例 5.3 で調べられている)。

$$P(s) = \frac{100}{s^3 + 21s^2 + 120s + 100} \tag{5.111}$$

比例制御の場合には，ステップ状外乱に対する定常偏差の下限が約 0.04 となることを例 4.11 で導いたが，まずこの結果を周波数応答の立場から見直しておく。式(5.111)の $P(s)$ のボード線図は図 5.38 の通りで，プラントの位相交

[†] PID 調節計の最適調整法は試行錯誤ではないと考えておられる読者もあろうかと思います。もちろん，制御対象が最適パラメータ表にあるバッチモデルで正確に記述されるなら試行錯誤が入り込む余地はないともいえますが，実際にはその可能性はほとんど 0 です。最適パラメータ表の値を出発点として試行錯誤するのが常態と考えて下さい。

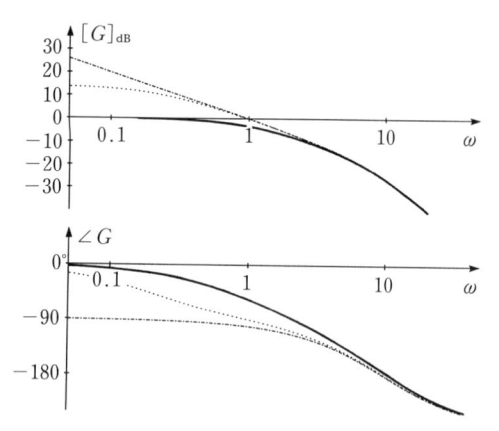

図 5.38 式(5.111)の $P(s)$ のボード線図(実線)および $C_{\text{SSE}}(s)$ による直列補償後の一巡伝達関数 $P(s)C_{\text{SSE}}(s)$ のボード線図(点線：$\beta=5$ の位相遅れ要素による補償，一点鎖線：PI 要素による補償，いずれも $T=1$)

点角周波数 ω_{phP} は

$$\omega_{\text{phP}} = \sqrt{120} \fallingdotseq 10.95 \tag{5.112}$$

である。比例制御の場合には，直列補償要素 $C(s)=K$ の位相角が 0 であるから，一巡伝達関数 $F(s)=P(s)C(s)$ の位相交点角周波数 ω_{phC} は ω_{phP} と一致する(添字 P はプラント単独，添字 C は補償後の一巡伝達関数の意味です)。ナイキストの安定判別法より ω_{phC} における一巡伝達関数のゲイン $|F(j\omega_{\text{phC}})|$ が 1 より大(ボード線図やゲイン位相線図上では，$[F(j\omega_{\text{phC}})]_{\text{dB}}$ が正)であれば制御系が不安定になる。補償要素 $C(s)=K$ の可調整パラメータはゲイン定数 K のみであり，K を変更するとボード線図中のゲイン曲線だけが全体的に上下する(ゲイン位相線図では，ゲイン位相曲線が上下に平行移動する)。ゲイン曲線が ω_{phC} で 0 dB の直線と交わる(ゲイン位相線図では，ゲイン位相曲線が点(−180°, 0 dB)を通る)ような，すなわち

$$|F(j\omega_{\text{phC}})| = |P(j\omega_{\text{phC}})C(j\omega_{\text{phC}})| = 1 \tag{5.113}$$

が成立する K の値が安定限界となり，それ以上に K を大きくすることができない。そのために，定常偏差の下限が例 4.11 の通り約 0.04 となる。

さて，定常偏差は式(3.76)，(3.77)，(3.78)などで与えられるが，これを図 5.32 の制御系の場合について書き下せば

$$\varepsilon_{r,\text{step}} = \lim_{s \to 0} \frac{1}{1+P(s)C(s)} \tag{5.114}$$

5.8 フィードバック制御系の設計II

$$\varepsilon_{r,\mathrm{ramp}} = \lim_{s \to 0} \frac{1}{s\{1+P(s)\,C(s)\}} \tag{5.115}$$

$$\varepsilon_{d,\mathrm{step}} = \lim_{s \to 0} \frac{-P(s)}{1+P(s)\,C(s)} \tag{5.116}$$

となる．この式から，定常偏差は角周波数 $\omega=0$ における補償要素のゲイン $C(0)$ によって決まる（$|C(0)|$ が大きいほど定常偏差は小さい）ことがわかる．一方，式(5.113)からわかるように，安定条件は 0 よりもある程度大きい ω での補償要素の周波数応答 $C(j\omega)$ に対する制約である（最終的には一巡伝達関数 $F(s)$ の位相交点角周波数 ω_{phC} における補償要素のゲイン $|C(j\omega_{\mathrm{phC}})|$ に対する制約となります．$C(s)$ がゲイン要素でないときには，ω_{phC} 自身が $C(s)$ の位相角によって変化するのでこの条件はそれ程単純ではありません）．すなわち，周波数領域でみると，定常偏差の抑制と安定条件とは異なる部分における要求事項になっている．したがって，周波数を分離して，それぞれの部分で要求にあうような補償を行うことができれば，安定条件を破ることなく定常偏差をより一層小さくすることができる．5.8.2 で「中間周波域」といったのは，安定条件によるゲインの制約が生じるような角周波数の領域のことを指す．具体的には，制御対象単独での位相交点角周波数 ω_{phP} から補償後の一巡伝達関数の位相交点角周波数 ω_{phC} までを十分カバーする範囲を中間周波域と考えればよい．古典的汎用設計法が想定してきた問題の範囲で，定常偏差の改善だけを考えるときには $\omega_{\mathrm{phC}} \fallingdotseq \omega_{\mathrm{phP}}$，次項で述べる速応性の改善も考えるときには $\omega_{\mathrm{phC}} - \omega_{\mathrm{phP}}$ が 0.5～1 デカード程度となる．中間周波域より低い角周波数の領域を「低周波域」，高い角周波数の領域を「高周波域」とよぶ．これらの用語は，周波数応答に基づく設計法を理解するために重要な概念であるが，以上の説明からも明らかなように，角周波数の範囲を厳密に規定するものではない．

以上の考察に基づいて，つぎのような定常偏差の抑制法が考えられる．まず，補償要素を式(3.129)と同じ形

$$C(s) = K C_0(s) \tag{5.117}$$

とする．$C_0(s)$ としては，つぎの条件を満たす要素 $C_{\mathrm{SSE}}(s)$ を使う（添字の SSE は Steady State Error の略号です）．

定常偏差抑制用の補償要素 $C_{\mathrm{SSE}}(s)$ の条件

[SSE 1]　直流ゲイン $C_{\mathrm{SSE}}(0)$ が大きい（少なくとも 1 より大である）．

[SSE 2]　補償しようとする対象の位相交点角周波数 $\omega=\omega_{\mathrm{ph2}}$ において $C_{\mathrm{SSE}}(s)$ が 1 に近い（すなわち $|C_{\mathrm{SSE}}(j\omega_{\mathrm{ph2}})| \fallingdotseq 1$，$\arg C_{\mathrm{SSE}}(j\omega_{\mathrm{ph2}}) \fallingdotseq 0$）．

条件[SEE 2]で「補償しようとする対象」という表現を用いたのは，直列補

償を何段にも行う(5.8.5)場合を想定したものである．制御対象に直接 $C_{\rm SSE}(s)$ を適用する場合には「補償しようとする対象」は制御対象そのものであり，$\omega_{\rm ph2}=\omega_{\rm phP}$ である．上の条件を満たす $C_{\rm SSE}(s)$ を使って式(5.117)の補償要素を作れば，条件[SEE 2]により安定限界の K の値 $K_{\rm c}$ は比例制御の場合とほとんど同じになるはずである．一方，直流ゲインは $C_{\rm SSE}(0)$ 倍されるから，その分だけ定常偏差の抑制の限界が向上する．$C_{\rm SSE}(s)$ の具体例としてはつぎのものがある．

$$\text{位相遅れ要素} \quad C_{\rm SSE}(s) = \beta \frac{1+Ts}{1+\beta Ts} \quad \beta > 1 \quad (5.118)$$

$$\text{PI 要素} \quad C_{\rm SSE}(s) = 1 + \frac{1}{Ts} \quad (5.119)$$

位相遅れ要素については $C_{\rm SSE}(0)=\beta$ であるから，$\beta>1$ という条件のもとでは[SSE 1]を満たし，β が大きいほど定常偏差改善の能力が大きい．位相遅れ要素で $\beta \to \infty$ とした極限が PI 要素であり[†]，この場合には 3.6 節で調べたようにステップ状入力に対する定常偏差をロバストに 0 にできる．一方これらの要素の周波数応答は図 5.39 の通りになるから，

$$\frac{1}{T} \ll \omega_{\rm ph2} \quad \text{すなわち} \quad T \gg \frac{1}{\omega_{\rm ph2}} \quad (5.120)$$

となるように T を選べば[SSE 2]の条件が満たされる．式(5.111)の制御対象に対して，条件(5.120)を満たすように $T=1$ と選んで $C_{\rm SSE}(s)$ をそのまま使っ

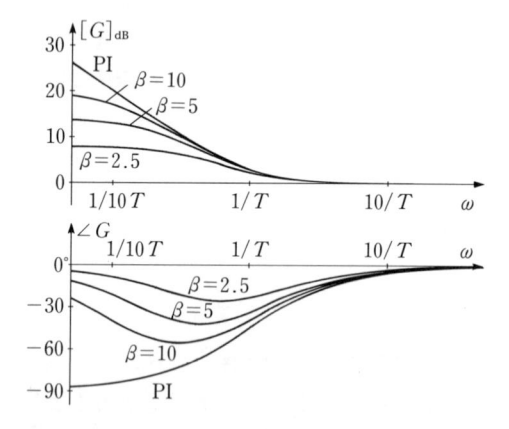

図 5.39 定常偏差改善用補償要素 $C_{\rm SSE}(s)$ のボード線図

[†] 式(5.118)を $\dfrac{1+Ts}{(1/\beta)+Ts}$ と変形して $\beta \to \infty$ とすれば確認できる．

5.8 フィードバック制御系の設計II

た(すなわち $C(s)=C_{\mathrm{SSE}}(s)$ とした)ときの一巡伝達関数のボード線図は，図5.38の点線および一点鎖線の通りとなる．この図からわかるように，一巡伝達関数 $F(s)$ の位相曲線は，低周波域で $P(s)$ よりも小さな値をとるが ω_{phP} 付近で $P(s)$ とほぼ同じになる．位相遅れ要素の場合には β が大きいほど低周波域での位相角の低減が大きくなり，PI要素では $\omega \to 0$ で $90°$ 遅れる．もし，制御対象が積分器を含んでいると，PI要素の場合には $\omega \to 0$ で $\angle F(j\omega) \to -180°$ になる．このことが，制御系の過渡応答波形(特に，アクチュエータのゲインが低下したときなど)に悪影響を及ぼすので，β の値を必要以上に大きくしたり，不用意にPI要素を使うことは避けるべきである．制御対象が積分器を含んでいる場合には，ステップ外乱に対する定常偏差を完全に抑え込みたい場合にのみ，保守を十分行うことを前提としてPI要素を導入するのがよい．一方，T の選択であるが，位相遅れの場合には制御対象の時定数が βT となる．このことから β や T を大きく選ぶと，補償要素の効果が現れるまでに時間がかかることが予想される．PI要素の場合については $\beta=\infty$ であるので時定数という考え方が使えないが，T の値はやはり同様の意味をもつと考えてよい．したがって，[SSE 2]の条件を満たす範囲でなるべく小さな T を使うというのが設計の指針となる．位相遅れ要素とゲイン要素を使う制御の方法を**位相遅れ補償**，PI要素とゲイン要素を使う場合を **PI 補償** とよぶ．

■ 問 5.23 位相遅れ要素のステップ応答の概形を描け．

■ 例 5.12 式(5.111)の制御対象に対して，比例制御，位相遅れ補償および PI 補償を行ったときの，ステップ外乱に対する応答は図 5.40 の通りになる．ただし，ゲイン定数はいずれも $K=6$(安定限界の約 $1/4$)とし，位相遅れ要素としては $\beta=5$ を用いた．時定数は本文中の説明にあるように $T=1$ である．

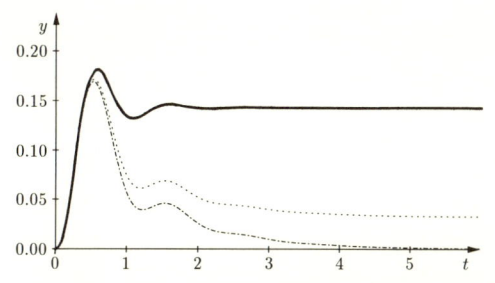

図 5.40 位相遅れ補償および PI 補償の効果(実線は比例制御，点線は位相遅れ補償，一点鎖線は PI 補償)

5.8.4 速応性の改善

ステップ状目標値に対する応答の行き過ぎ時間を指標として速応性の改善について考える。なお，以下の方法は，直接的には目標値応答を対象としているが，結果的には外乱応答をも改善することになる。これについては後の例5.13で確認されたい。

二次系近似による行き過ぎ時間の推定式(5.92)から，行き過ぎ量の推定値が同じ(すなわち近似二次系のζ_{AM}が同じ)であれば，行き過ぎ時間T_pはピーク角周波数ω_pに逆比例すること，すなわち

$$T_p \propto \frac{1}{\omega_p} \tag{5.121}$$

であることがわかる。一方，ω_pについては，式(5.110)が成立する。したがって，行き過ぎ時間を短くする(すなわち速応性を改善する)ためには，位相交点角周波数ω_{ph}を大きくしなければならない。5.8.2の古典的汎用設計法の前提条件(特に位相角が中間周波域で単調減少という条件)が成り立つ場合，補償要素を式(5.117)の形とし，$C_0(s)$としてつぎの条件を満たす$C_{RT}(s)$を使えばω_{ph}を大きくすることができる(添え字のRTはResponse Timeの略号です)。

速応性改善用の補償要素 $C_{RT}(s)$ の条件

[RT] 補償しようとする対象の位相交点角周波数$\omega = \omega_{ph1}$からそれより大きい適当な範囲の角周波数において位相角$\angle C_{RT}(j\omega)°$がある程度大きな正の値をとる。

条件中の「ある程度大きな正の値」がどの程度かを正確に述べるのは難しいが，少なくとも10°以上というのが1つの目安である。条件を満たす補償要素としてつぎのものがある。

$$\text{位相進み要素} \qquad C_{RT}(s) = \frac{1+Ts}{1+\alpha Ts} \qquad \alpha < 1 \tag{5.122}$$

$$\text{PD 要素} \qquad C_{RT}(s) = 1 + \frac{T_D s}{1+(T_D/\gamma)s} \qquad \gamma \gg 1 \tag{5.123}$$

なお，PD要素はこの形(γが10程度)で工業的によく使われるので別個に記載したが，位相進み要素の別表現(式(5.122)で$T=(1+\gamma)T_D/\gamma$，$\alpha=1/(\gamma+1)$とおいたもの)にすぎない。以下では，式(5.122)の形を使って説明する。

位相進み要素(5.122)の周波数応答は，図5.41の通りである。ゲインは$\omega=1/T \sim 1/\alpha T$で増加し，$\omega \to \infty$で$1/\alpha$になる。一方，位相角$\phi(>0)$はつぎの角周波数$\omega_m$で最大値$\phi_m$をとる。

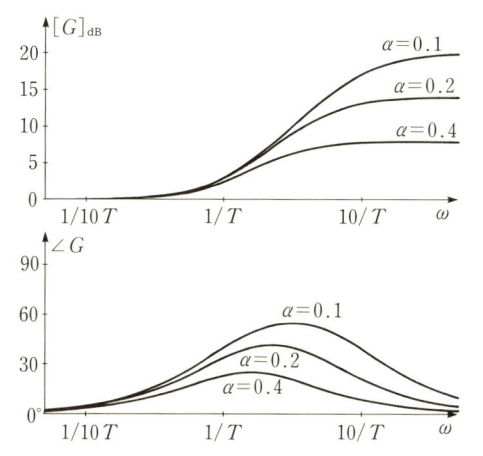

5.8 フィードバック制御系の設計II

図 5.41 速応性改善用補償要素 $C_{\mathrm{RT}}(s)$ のボード線図

$$\omega_{\mathrm{m}} = \frac{1}{\sqrt{\alpha}\,T}, \qquad \phi_{\mathrm{m}} = \mathrm{Tan}^{-1}\frac{1-\alpha}{2\sqrt{\alpha}}$$

α が小さいほど ϕ_m が大きく，また $\phi \geqq 10°$ となる範囲が広い．ただし，位相進み要素のステップ応答の初期値が $1/\alpha$ となるので，α を小さくすることによる効果はアクチュエータの飽和で制限される (3.5.3)[†]．また，α を小さくすると高周波でのゲインが増加し，検出雑音の影響を受けやすくなる[†]．したがって，α の値は必要以上に小さくしないよう注意すべきである．

■ **問 5.24** 位相進み要素のステップ応答の概形を描け．

式 (5.111) の制御対象に位相進み要素 $C_{\mathrm{RT}}(s)$ ($T=0.1$, $\alpha=0.2$) を使ったときの一巡伝達関数 $P(s)\,C_{\mathrm{RT}}(s)$ の周波数応答は図 5.42 の点線のようになる．位相交点角周波数 ω_{phC} は，補償前の ω_{phP} と比べて約 12.7 ラジアン高くなっていることがわかる．位相進み要素とゲイン要素による制御の方法を**位相進み補償**とよぶ．

[†]「アクチュエータの飽和」と書きましたが，実際にはアクチュエータへ送る操作信号自体に上下限制限や変化率制限をかけておくことが多いと考え下さい．また，$C_{\mathrm{RT}}(s)$ のゲインが高周波域で増加しても，もしシステム全体が線形動作をしていればプラント $P(s)$ の高周波減衰特性で打ち消され，全体としてはうまく動作するはずです．しかし，実際には，少なくともアクチュエータの部分に上述のような飽和特性が入ります．その結果，$C_{\mathrm{RT}}(s)$ で増幅された検出雑音が操作量に重畳し，その大部分が飽和特性にひっかかることになれば，平均化効果がうまく働かずシステム全体の動作も乱されることになります．

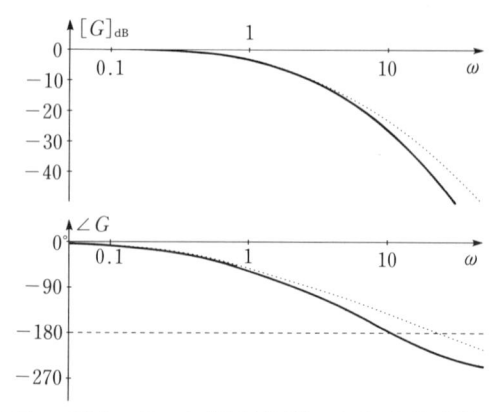

図 5.42 式(5.111)の $P(s)$ のボード線図(実線), および $C_{RT}(s)$ による直列補償後の一巡伝達関数 $P(s)\,C_{RT}(s)$ のボード線図(点線), $C_{RT}(s)$ のパラメータは, $a=0.2,\ T=0.1$)

■ **例 5.13** 式(5.111)の制御対象に対して, 比例制御および位相進み補償を行ったときの, ステップ状目標値およびステップ状外乱に対する応答は図 5.43 の通りになる。ただし, 位相進み補償のパラメータは $T=0.1,\ a=0.2,\ K=11.8$ である(ゲインは閉ループ周波数応答のピーク値が $M_P=2.96\text{dB}$ となるように選んだ。この M_P の値は, 例 5.12 の比例制御の場合と同じである)。

(a) ステップ状目標値に対する応答　　(b) ステップ外乱に対する応答

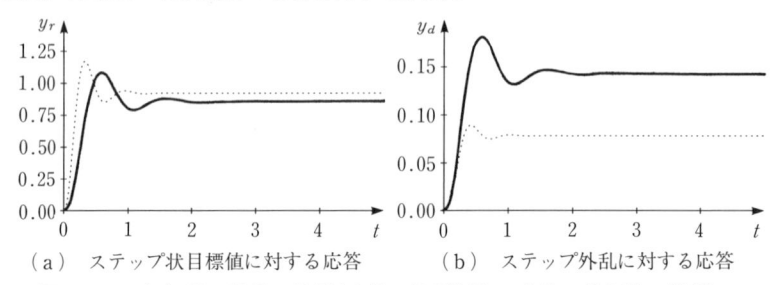

図 5.43 位相進み補償の効果(実線が比例制御, 点線が位相進み補償)

5.8.5　位相進み・遅れ補償法——サーボ系の設計法

位相進み・遅れ補償法は, 位相進み要素, 位相遅れ要素, ゲイン要素を直列に挿入して図 5.32 の制御系を構成していく方法で, サーボ系設計の標準的方法である。各要素の効果はすでに説明した通りであるから, ここではこれらの要素を系統的に利用するときの設計指標および手順の概要を説明する[†]。この

[†] サーボ系ではモータなどを使って位置を制御するので, 制御対象が積分器を含みます。したがって, ステップ目標値に対する定常偏差はロバストに 0 になります。2 自由度制御にしたときの効果についての考察は省略します(設計編参照)。

5.8 フィードバック制御系の設計 II

方法では，使用する各要素の機能に対応したつぎの3項目を主たる設計目標とする（LL は Lead-Lag compensation の意味です）．

位相進み・遅れ補償における標準的評価指標

[LL 1]　制御系のロバスト安定性（ゲイン余裕・位相余裕）とステップ状目標値に対する応答の波形（行き過ぎ量，減衰比）．

[LL 2]　ステップ状目標値に対する速応性（行き過ぎ時間，整定時間）．

[LL 3]　ランプ状目標値に対する定常偏差（定常速度偏差）．

これらを，3.6.4 で説明した性能評価項目と対応させれば，[LL 1]は[P 1]および[P 3]，[LL 2]と[LL 3]は[P 1]に関する指標で，[P 2]に関する指標は含まれていない．その事情を説明しておく．まず，第1に，古典的汎用設計法は，限定された補償要素の範囲で特性改善を目指すものであるから，性能についても限られた範囲の指標しか（直接的には）取り扱えない．第2に，この手法は 1940 年代に行われた，高射砲の操作に関連した制御の問題についての研究・開発をベースとするものである[2]．この種の問題では定速で移動する（これは理論適用のために理想化した仮定ですが）対象を追尾するという問題の解決が重要課題であり，定常速度偏差が重視されている．つぎに，このように限定された指標を使った設計法が長く使われてきた理由を述べる（それは，この方法を使って満足できる結果が得られたということに尽きますが，なぜそうなるのかについて，理論的な説明をしておきます）．主な問題点は[P 2]外乱抑制についての項目が陽に含まれていないことであるが，式(5.115)からわかるように，[LL 3]の定常速度偏差を改善しようとすれば必然的に $C(0)$ を大きくすることになる．そうすれば，外乱に対する定常偏差も結果的に抑制される．また，5.8.4 でみたように，ステップ状目標値に対する速応性を改善すれば，それと連動して外乱応答の速応性も改善される．すなわち，外乱応答は目標値応答と（特に1自由度構造では完全に）連動するものであるため，[LL 1]～[LL 3]に従って目標値応答を改善すれば外乱応答も一般的には（すなわち，波形についての細かい点を問題にしなければ）改善される．要するに，評価項目[P 2]は，標準的評価指標の中に陽には述べられていないが，暗に含まれているということである．

位相進み・遅れ補償の設計は，通常，ニコルス線図を用いて行い，その手順はつぎの通りである．まず，比例制御 $C(s)=K$ として，設計指標[LL 1]を満足させる．この場合，ゲイン定数 K を変えるとゲイン位相曲線が上下に移動する．5.8.2 の古典的汎用設計法の前提条件のもとでは，K を大きくすると

(図 5.35 参照)

　・ゲイン余裕・位相余裕が減少する。

　・閉ループ周波数応答のピーク値 M_p が大きくなる。(その結果，閉ループ制御系の目標値に対するステップ応答の行き過ぎ量 A_p が大きくなる)。

したがって，ゲイン余裕，位相余裕，行き過ぎ量についての仕様がそれぞれ γ_spec, ϕ_spec, A_spec であるときには，

$$\gamma_\mathrm{m} \geq \gamma_\mathrm{spec}, \qquad \phi_\mathrm{m} \geq \phi_\mathrm{spec}, \qquad A_\mathrm{p} \leq A_\mathrm{spec}$$

を満たす範囲で K を最大に選べばよい。なお，このように安定余裕とステップ応答の行き過ぎ量が連動するのは，対象としているのが「1 変数制御系」であって，しかも「1 自由度単位フィードバック構造(図 5.32)」を前提としているためである。複数の制御量を制御する**多変数制御系**の場合や 2 自由度構造(図 3.22)の場合には，安定余裕と行き過ぎ量は必ずしも連動しないので注意を要する†。

　比例制御を行っただけで，指標[LL 2]，[LL 3]が仕様を満足していればその時点で完成となる。そうでなければ，式(5.117)の形の制御装置を使う。細かくいえば

　　[LL 2]だけが不十分　　　　　$C_0(s) = C_\mathrm{RT}(s)$
　　[LL 3]だけが不十分　　　　　$C_0(s) = C_\mathrm{SSE}(s)$
　　[LL 2], [LL 3]の両方が不十分　$C_0(s) = C_\mathrm{SSE}(s) C_\mathrm{RT}(s)$

とする。$C_\mathrm{RT}(s)$, $C_\mathrm{SSE}(s)$ の定数は前 2 項で述べたことを考慮して定めればよい。$C_\mathrm{RT}(s)$ と $C_\mathrm{SSE}(s)$ を両方使う場合には，まず，ゲイン補償後の $KP(s)$ を対象として $C_\mathrm{RT}(s)$ の定数を決めてから，指標[LL 1]を満足するようにゲイン定数 K を再度調整する。つぎに，得られた $KC_\mathrm{RT}(s)P(s)$ を対象として $C_\mathrm{SSE}(s)$ を定め K をさらに調整する。サーボ系では制御対象が積分器を含んでいるので，$C_\mathrm{SSE}(s)$ としては式(5.118)の位相遅れ要素を使う。β は定常速度偏差に対する仕様を満たす範囲の最小値に選び，T は条件[SSE 2]を満たす範囲で最小に選ぶ。ただし，条件[SSE 2]において位相角がほぼ完全に 0° となることを要求すると T が非常に大きくなってしまうので，5° 程度の遅れは許容するのが普通である。このことを見込んで，あらかじめ $C_\mathrm{RT}(s)$ による位相角の改善に少し余裕をとっておくとよい。

---

† たとえば，行き過ぎがほとんどないにもかかわらず安定余裕が極めて小さいという場合が生じ得ます[44,45]。このような場合，「行き過ぎ量をみれば安定余裕が推定できる」と考えていると大失敗をする可能性があるので注意して下さい。

5.8 フィードバック制御系の設計II

設計を行ってみればわかるが，$C_{RT}(s)$を繰り返し使うことによって(机上では)速応性を次々に改善することができる．しかし，そのようにすると$C_{RT}(s)$のαを小さくしたときと同様の現象が生じ，実際はうまく動作しない．なお，位相進み遅れ補償の設計には制御対象の周波数応答が必要となるが，それを求める手法は次項のPID調節計の場合と基本的に同様である(ただし，バッチモデルのところが少し異なります)．

5.8.6 PID調節計

つぎの形の制御装置をPID調節計という．

$$C(s) = K_P\left\{1 + \frac{1}{T_I s} + \frac{T_D s}{1+(T_D/\gamma)s}\right\} \tag{5.125}$$

K_Pを**比例ゲイン**，T_Iを**積分時間**(または**リセットタイム**)，T_Dを**微分時間**(または**レートタイム**)とよぶ．{ }内の第3項は微分動作の近似として使われているもので，**近似微分要素**とよぶ．パラメータγは**微分ゲイン**とよばれており，近似微分要素単独のステップ応答の初期値および高周波域でのゲインを与える．通常は$\gamma=10$程度に固定して用いる†．PID調節計とは比例(Proportional)，積分(Integral)，微分(Derivative)の3項を使う制御器という意味で，それぞれの項の出力が制御対象の現在，過去，未来の状態を表しているものと解釈できる．「調節計」という名称はこの制御器の誕生の過程(5.8.1)に由来する．実用的には，{ }内の項を適宜選択して用いるが，つぎの形で利用することが多い．

比例動作(P動作)　　　　　　　$C(s) = K_P$

比例積分動作(PI動作)　　　　　$C(s) = K_P\left\{1 + \dfrac{1}{T_I s}\right\}$

比例微分動作(PD動作)　　　　　$C(s) = K_P\left\{1 + \dfrac{T_D s}{1+(T_D/\gamma)s}\right\}$

比例積分微分動作(PID動作)　　　式(5.125)

PID調節計のパラメータ調整の考え方は基本的に位相進み・遅れ補償の場合と同じであるが，プロセス制御の周辺事情がサーボ系と異なること，および各項が直列(積の形)ではなく並列(和の形)で装備されていることの2つの理由で，標準的設計手順は異なったものになる．周辺事情から説明する．

---

† γは位相進み要素の$1/\alpha$にほぼ対応するもので(正確には$\gamma=(1/\alpha)-1$)，アクチュエータの飽和と検出雑音によってその大きさが制約されます．ただし，近似微分に目標値変化が直接加わらない形にすれば，主として後者が制約要素となります．

プロセス制御の特徴(Pr-C は Process Control の略号です)

[Pr-C 1] プラントの伝達特性が高次であり，多くの場合，顕著な非線形特性を含んでいて，しかもその正確な形がわからない。

[Pr-C 2] 評価項目としては外乱応答が最も重要である。

なお，プロセス制御では図5.32や図3.22の r のことをを**設定値**(set-point variable)，y のことを**プラント変数**(plant variable)とよぶが，ここではこれまで同様，目標値・制御量という用語を使う。[Pr-C 2]の特徴，およびハードウェアの構成，その保守の問題などのため，従来は図5.32の1自由度構造で $C(s)$ を式(5.125)とする制御方法(**1自由度 PID 制御**)が広く用いられていた。しかし，最近ではプロセス制御においても目標値変更の要求が生じる場合が多くなっている。また，制御器がディジタル化されて，少々複雑な伝達関数を使っても保守が(少なくともハードウェア的には)難しくなることはない。このような事情のもとで，1984年に**2自由度 PID 制御**が提案され[46,30]，しだいに広く用いられるようになってきた。ここに，2自由度 PID 制御とは，図3.22(b)で，$C(s)$ を式(5.125)の要素，$C_f(s)$ を

$$C_f(s) = -K_\mathrm{P}\left\{\alpha + \beta \frac{T_\mathrm{D} s}{1+(T_\mathrm{D}/\gamma)s}\right\} \qquad (5.126)$$

とする制御方法である。2自由度 PID については，K_P, T_I, T_D を**基本パラメータ**，α と β を**2自由度化パラメータ**とよぶ。2自由度 PID 制御で $\alpha=\beta=0$ とすれば従来の1自由度 PID 制御になる。また，$\alpha=\beta=1$ とおいたものは **I-PD 制御**，$\alpha=0$, $\beta=1$ とおいたものは**微分先行型 PID 制御**として知られている制御方式になる。I-PD 制御は級数展開に基づく理論的設計法から，また微分先行型 PID 制御は近似微分要素にステップ状目標値が直接加わるのを避けるという目的から発想されたもので[47,48]，2自由度 PID 制御が提案される以前から使われていた。

つぎに，PID 調節計のパラメータ調整の標準的手順を説明する。

PID 調節計の標準的調整手順

[PID-Step 0] 制御対象の伝達関数の形 $P(s)$ を想定する。

[PID-Step 1] 簡単な実地テストを行って $P(s)$ のパラメータを決める。

[PID-Step 2] 最適パラメータ表などを利用して制御器 $C(s)$ (および $C_f(s)$) のパラメータの初期設定値を決める。

[PID-Step 3] 試験運転を行って，制御器の最終調整を行う。

Step 0 で用いる $P(s)$ を**バッチモデル**とよぶ。バッチモデルの役割はつぎの

5.8 フィードバック制御系の設計 II

通りである.すなわち,プラントの特性は複雑なもので,それを正確に求めることは(工学的状況下での時間・人的資源では)不可能である.そこで,簡単なテストによって定められる特徴量だけを把握して制御系の初期調整を行う.その目的に必要十分な数のパラメータを含み,かつプラントの特性におおむね合致する関数形を想定するというのがバッチモデルである.古くから使われてきたバッチモデルとして

（a） 定位性プロセス：一次遅れ＋むだ時間　　　$\dfrac{K}{1+Ts}e^{-Ls}$　　　(5.127)

（b） 無定位性プロセス：積分＋むだ時間　　　$\dfrac{1}{Ts}e^{-Ls}$　　　(5.128)

がある.ここに**定位性プロセス**とは定常ゲインが有限の(すなわち積分器を含まない)制御対象,**無定位性プロセス**とは定常ゲインが無限大の(通常は積分器を1台含む)制御対象のことである.このモデルで,K は定常ゲイン(無定位性の場合は無限大になるので陽に現れない),T はステップ応答の立ち上がり部分の傾き,L はむだ時間の長さである.ただし,この場合のむだ時間は,必ずしも 3.2.6 で述べた「純粋なむだ時間」を表すものとは限らない.すなわち,高次の遅れ要素のためにステップ応答が明確に立ち上がり出すまでに時間がかかる(すなわち,$0 \leqq t \leqq L$ でステップ応答が非常に小さな値になる)という現象を簡単な形で表現するために使われている場合が多い.以上のパラメータを周波数応答(特にボード線図)上でながめれば,K が $\omega \to 0$ でのゲイン $P(0)$ を,$1/T$ がゲインが大きく減少しはじめる折れ点角周波数 ω_{BK} を,L が(T と共に)位相交点角周波数 ω_{ph} を決めていると解釈できる.式(5.127),(5.128)は上記3種の特徴量を表現できる最も簡単な形の関数形であるが,これではプラントのステップ応答の立ち上がり部分の特徴(周波数応答でいえば,中間周波域での特徴)を必ずしもうまく表現できない場合も多い.そこで,最近ではバッチモデルとして

（a） 定位性プロセス　　　$\dfrac{K}{(1+Ts)^n}e^{-Ls}$　　　(5.129)

（b） 無定位性プロセス　　　$\dfrac{K_0}{s(1+Ts)^n}e^{-Ls}$　　　(5.130)

（c） 振動プロセス　　　$\dfrac{K}{1+2\zeta Ts + T^2 s^2}e^{-Ls}$　　　(5.131)

などが使われる.n の値の選択を含めてどのバッチモデルを使うかは,従来の制御経験や制御対象についての知見を総合して決めることになる.

Step 1のテストとしてはステップ応答試験,限界感度試験および周波数応答試験がある。**ステップ応答試験**は,制御対象にステップ入力を直接加えてその応答波形から$P(s)$のパラメータを決める方法で,要点は図5.44に示す通りである(バッチモデルとして式(5.127),(5.128)を使う場合を示した)。すなわち,ステップ応答波形がほぼ直線的に増加する部分(定位性の場合は変曲点あたりを選ぶ)で接線を引いて,その傾きからTを,基線との交点からLを決める。定位性プラントのKを求めるには,出力が定常状態になるまで待たなければならない。この場合には,Tの決定にも定常値と先に述べた接線との交点を使う方がより正確な結果が得られるものと考えられる。この方法は使いやすい方法として広く用いられているが,制御系設計に重要な中間周波域の情報は必ずしも正確に得られない。式(5.129)～(5.131)のバッチモデルを使う場合に対してもステップ応答試験を応用することが可能である。

　限界感度試験は,1自由度比例制御の状態で(すなわち,図5.32で$C(s)=K$として)運転してみる方法である。Kを大きくしていって,制御系に自励振動が生じたときのKの値K_cおよび振動周期T_cを計る†。K_cを**限界ゲイン**,T_cを**限界周期**とよぶ。ナイキストの安定条件から

$$\omega_{\mathrm{ph}}=\frac{2\pi}{T_c}, \qquad |P(j\omega_{\mathrm{ph}})|=\frac{1}{K_c} \tag{5.132}$$

である(ω_{ph}は制御対象$P(s)$の位相交点角周波数)。すなわち,制御対象の位相交点およびそこでのゲインがかなり正確に得られる。この方法は,制御系設計にとって最も重要な角周波数におけるデータに焦点を合わせて計測するもの

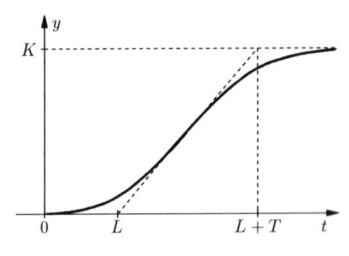

（a）定位性プロセスの場合

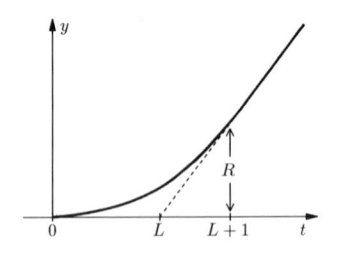

（b）無定位性プロセスの場合および定位性プロセスで定常状態に達するまでに結果を得たい場合

図5.44 ステップ応答試験によるモデルパラメータの決定($T=1/R$)

---

† ほとんどの場合,完全な自励振動を生じさせるとプロセスの運転上問題がある(危険である)ので,ある程度の減衰を許してK_cとT_cを求めます。

5.8 フィードバック制御系の設計 II

で，それが長所でもあり，また短所(他の角周波数におけるデータが得られない)でもある。

周波数応答試験は，制御対象に正弦波入力を加え，定常出力の振幅と位相角を測定する方法である。制御対象が安定であり，適度な大きさの正弦波入力の印加が可能で，測定時間を十分確保できるという条件が整えば，広範囲の周波数域についてのかなり正確な情報が得られる。ただし，条件を十分整えることが難しい。

Step 2 の初期値設定法は，Step 1 で得られた測定データまたは制御対象のモデルから PID 調節計のパラメータ K，T_I，T_D(および α，β)を公式または表に従って定めるもので，通常，**最適調整**とよばれる。PID パラメータの設定は実務上重要課題であるので，多数の研究者が最適調整則を発表している[30,31,49,50]。その中で，Ziegler-Nichols による**限界感度法**と**ステップ応答法**が先駆的である。これらは図 5.32 の形の 1 自由度 PID 制御を前提とするものである。前者は限界感度試験のデータから表 5.3 に従って K_P，T_I，T_D を定めるもので，一定のゲイン余裕が保証される。後者はステップ応答試験の結果から表 5.4 に従って K_P，T_I，T_D を定めるもので，試験運転からそのまま実運転へ入ることを視野に入れて提案されている。表 5.4 の値は，無定位性プロセスモデル (5.128) に対して良好な外乱応答を与えるパラメータとなっており，定位性プロセスに用いた場合には安全側(安定余裕が大きくなる側)の選択をしたことになる。その後発表された 1 自由度 PID 制御についての最適調整則の中では Chien, Hrones & Reswwick の方法(**CHR 法**)が比較的よく利用されている。この方法は，定位性プロセス (5.127) に対して目標値応答および外乱応答のそれぞれについて最適パラメータを与えるもので，表 5.5 の通りである。

2 自由度 PID 制御系については，バッチモデル (5.127) および (5.128) に対する調整則を表 5.6 に示しておく(1 自由度 PID 制御の場合と同じく，入力端に加わるステップ外乱を想定し，$H(s)=1$ と仮定しています)。より一般的なバッチモデルに対する調整則は文献[30,31,50]を参照されたい。

表 5.3　限界感度法

制御動作	K_P	T_I	T_D
P 制御	$0.5K_c$		
PI 制御	$0.45K_c$	$0.833T_c$	
PID 制御	$0.6K_c$	$0.5T_c$	$0.125T_c$

表 5.4　ステップ応答法

制御動作	K_P	T_I	T_D
P 制御	T/L		
PI 制御	$0.9T/L$	$3.33L$	
PID 制御	$1.2T/L$	$2L$	$0.5L$

表 5.5 Chien, Hrones & Reswick による最適調整則（バッチモデル (5.127) に対する 1 自由度 PID 調整計のパラメータ設定）

最適化指標	行き過ぎ条件	制御動作	K_P	T_I	T_D
外乱応答	なし	P 制御	$0.3T/LK$		
		PI 制御	$0.6T/LK$	$4L$	
		PID 制御	$0.95T/LK$	$2.38L$	$0.42L$
	20%	P 制御	$0.7T/LK$		
		PI 制御	$0.7T/LK$	$2.33L$	
		PID 制御	$1.2T/LK$	$2L$	$0.42L$
目標値応答	なし	P 制御	$0.3T/LK$		
		PI 制御	$0.35T/LK$	$1.17T$	
		PID 制御	$0.6T/LK$	T	$0.5L$
	20%	P 制御	$0.7T/LK$		
		PI 制御	$0.6T/LK$	T	
		PID 制御	$0.95T/LK$	$1.36T$	$0.47L$

表 5.6 田口・荒木による 2 自由度 PID 調節計の最適調整則

(a) 定位性プロセス $P(s)=e^{-Ls}/(1+Ts)$ ($L/T \leq 1$ の範囲とする)

K_P	$0.14+[1.2/\{(L/T)-0.0016\}]$
T_I	$\{0.0135+2.2(L/T)-1.45(L/T)^2+0.48(L/T)^3\}T$
T_D	$\{0.00028+0.41(L/T)-0.049(L/T)^2\}T$
α	$0.67-0.28(L/T)+0.040(L/T)^2$
β	$0.68-0.21(L/T)+0.039(L/T)^2$

(b) 無定位性プロセス $P(s)=e^{-Ls}/s$

K_P	$1.25/L$
T_I	$2.4L$
T_D	$0.41L$
α	0.66
β	0.68

5.9 より一般的立場からみた制御系設計

前節まではステップ入力に対する応答を使って目標値追従性と外乱抑制力を評価してきた。しかし，実際に加えられる目標値や外乱は必ずしもステップとは限らず，より一般的な波形も考えておかなければならない。しかし，ありうると予想されるすべての波形に対して過渡応答を求め，それを全部評価していくことは不可能である。そこで，一般波形に対する性能についてはフーリエ解析の考え方を使う。すなわち，一般的な波形は正弦波の集合（正確には，角周波数ごとに異なる振幅・位相をもつ正弦波を角周波数で積分したもの）としてとらえることができる。この事実に基づき「個々の正弦波に対する応答が望ま

しいものであれば制御系としての性能が良好である」と判断する。これは，結局，周波数応答関数を使って制御系を評価することになる。同じ手法がロバスト性および検出雑音の影響の評価についても使われる。なお，本節では図3.22の一般的な形の制御系を考える。

5.9.1 一般的な目標値・外乱に対する応答，ロバスト性および検出雑音の影響の評価

第一に，一般波形に対する[P1]目標値追従性の評価を考える。目標値が正弦波 $r = a_r \sin(\omega t + \theta_r)$ であるとき，制御系の定常応答は $y = |G_{yr}(j\omega)| a_r \sin\{\omega t + \theta_r + \arg G_{yr}(j\omega)\}$ となる (5.1.1)。フィードバック制御の目的は $y = r$ とすることだから，$|G_{yr}(j\omega)| = 1$, $\arg G_{yr}(j\omega) = 0$ であるのが望ましい。これを定量的に評価するには，1 と $G_{yr}(j\omega)$ の差(これは目標値から偏差への閉ループ周波数応答に他ならない)の大きさ

$$|1 - G_{yr}(j\omega)| = |G_{er}(j\omega)| \tag{5.133}$$

を使えばよい(小さい方が良い)。ただし，すべての周波数域で式(5.133)を名目上の制御対象について小さくすると，実際の制御対象に対する式(5.133)の値が非常に大きくなってしまう可能性が生じるので注意を要する(次項)。

第二に，[P2]外乱抑制力を考える。フィードバック制御を行わない状態で正弦波外乱 $d = a_d \sin(\omega t + \theta_d)$ が加われば，それに起因する制御量 y の定常応答成分は

$$y_{\text{open}} = |P_d(j\omega)| a_d \sin\{\omega t + \theta_d + \arg P_d(j\omega)\} \tag{5.134}$$

となる(説明を簡単にするため，共振が生じない場合だけ考える)。一方，フィードバック制御を行った場合の同成分は

$$y_{\text{closed}} = |G_{yd}(j\omega)| a_d \sin\{\omega t + \theta_d + \arg G_{yd}(j\omega)\} \tag{5.135}$$

となる。フィードバックによる外乱抑制効果はこの2つの成分の大きさの比 $|y_{\text{closed}}|/|y_{\text{open}}|$ で評価できる。式(3.67)より

$$\left|\frac{y_{\text{closed}}}{y_{\text{open}}}\right| = |S(j\omega)| \tag{5.137}$$

を得る。ただし，$S(s)$ は次式で定義される**感度関数**(この名前の由来はロバスト性のところで説明します)である。

$$S(s) = \frac{1}{1 + P(s)C(s)H(s)} = \frac{1}{1 + F(s)} \tag{5.138}$$

第三に，[P3]ロバスト性であるが，これは繰り返し説明したように「制御

対象にモデル化誤差や特性変動があっても制御系の特性変化が小さい」という性質である(3.6.1, 3.6.4). 目に見える形の特性変化としては制御系の伝達特性, とりわけ目標値から制御量への閉ループ伝達関数 $G_{yr}(s)$ の変化があるが, より基本的問題として安定性が損なわれないことを保証することが重要である. 前者を「制御系の感度」, 後者を「ロバスト安定性」という形でとり扱う. なお 3.4.5 で述べたように, 名目上の制御対象を $P(s)$, 実際の制御対象を $P_t(s)$, $P_t(s)$ と $P(s)$ の差を $\Delta P(s)$ で表す.

名目モデルについての目標値から制御量への閉ループ伝達関数を $G_{yr}(s)$, 実際の制御対象についての閉ループ伝達関数を $G_{yr,t}(s)$ とする(添字 t は true の意味です). 制御対象の伝達関数の誤差の真値に対する相対値を[†]

$$\delta_t P(s) = \frac{\Delta P(s)}{P_t(s)} \tag{5.139}$$

閉ループ伝達関数の変化の真値に対する相対値を

$$\delta_t G_{yr}(s) = \frac{G_{yr,t}(s) - G_{yr}(s)}{G_{yr,t}(s)} \tag{5.140}$$

とおく. 制御対象のモデル化誤差・特性変動がフィードバックによってどの程度抑制されるかは $\delta_t G_{yr}(s)/\delta_t P(s)$ で評価できる. $\delta_t G_{yr}(s)/\delta_t P(s)$ を**制御系の感度**という. 式(3.67)より

$$\frac{\delta_t G_{yr}(s)}{\delta_t P(s)} = \frac{1}{1+P(s)C(s)H(s)} = S(s) \tag{5.141}$$

を得る. $S(s)$ の「感度関数」という名称はこの等号に由来する. 感度関数の周波数応答の大きさ $|S(j\omega)|$ が小さい程, 角周波数 ω における目標値応答についてのロバスト性が高い. なお, $C(s)$ が積分性であると $\omega=0$ での感度が 0 になって「ステップ入力に対する定常偏差がロバストに 0 にできる(3.6.1)」ことになる.

ロバスト安定性については, すでにゲイン余裕 γ_m と位相余裕 ϕ_m という評価方法を示した(5.4.1). この 2 つは, それぞれゲインまたは位相の 1 つだけが変動した場合の安定性を保証するものであるが, 両者を同時に要求すればゲイン交点から位相交点の範囲で制御対象の周波数応答に誤差がある場合の安定性を保証できる[††]. 古典的設計法では, サーボ系について

[†] 3.4.5 で定義した $\delta P(s)$ とは分母が異なっていることに注意して下さい.

[††] この範囲で周波数応答が極端に変化しないことを前提とします(5.8.2). なお, 式(5.142), (5.143)の目安は, 行き過ぎ量・減衰比といった波形についての要求から算定されたもののようで, ロバスト安定性の立場から十分検討された結果ではありません(したがって, あまり信用しすぎないよう注意して下さい).

5.9 より一般的立場からみた制御系設計

$$\gamma_m \geqq 20 \, \text{dB}, \quad \phi_m \geqq 45° \tag{5.142}$$

プロセス制御系について

$$\gamma_m \geqq 3 \sim 10 \, \text{dB}, \quad \phi_m \geqq 20° \tag{5.143}$$

という値が経験的な目安とされている[18]。以上のように，古典的設計法の範囲では，ゲイン余裕・位相余裕という形の評価でほぼ十分であったといえる。しかし最近では，アクチュエータの性能向上，多数のセンサーの使用，状態フィードバックのような制御方式，多変数制御，高度な制御性能の要求などのため事情が変化している。それに対応したロバスト安定性の考え方を説明する。

従来のゲイン余裕・位相余裕という評価方法の1つの弱点は，ω_g, ω_{ph} の値を考慮せずに同じ大きさの余裕を要求するところにある。制御対象のモデルの相対誤差 $\delta P(s)$ の周波数応答の性質を調べれば†，ほとんどの場合高周波域ほど大きくなることがわかる[29]。この状況のもとで確実にロバスト安定性を保証するには周波数依存型の条件が必要となる。$\delta P(s)$ の大きさの上限が

$$|\delta P(j\omega)| \leqq |\delta P_{\max}(j\omega)| \tag{5.144}$$

であったとする。名目上の制御対象についての還送比 $P(s)C(s)H(s)$ がナイキストの安定条件を満たしているという前提（これは当然です）のもとで，式(5.144)の誤差があっても安定性が保証できるためには，

$$|T(j\omega)| < \frac{1}{|\delta P_{\max}(j\omega)|} \tag{5.145}$$

であればよい。ただし，$T(s)$ は次式で定義される**相補感度関数**である。

$$T(s) = \frac{P(s)C(s)H(s)}{1+P(s)C(s)H(s)} = \frac{F(s)}{1+F(s)} \tag{5.146}$$

1自由度単位フィードバック（図5.32）の場合には，$T(s)$ は目標値から制御量への閉ループ伝達関数 $G_{yr}(s)$ と一致するが，一般的には $T(s) \neq G_{yr}(s)$ である。

■ **問 5.25** 上の結果を証明せよ

最後に，検出雑音 d_m の影響であるが，これは d_m から制御量 y への閉ループ周波数応答 $G_{yd_m}(j\omega)$ の大きさで評価すればよい。式(3.67)をみれば，

$$G_{yd_m}(s) = -T(s) \tag{5.147}$$

であることがわかる。なお，検出雑音は外乱性入力の1つであり，その影響は広い意味で評価項目[P 2]に属するものと考えられる。ただし，これは「フィ

---

† ここで考える相対誤差は，3.4.5の式(3.80)で定義されるものです。

ードバック」を行うことによってはじめて生じる問題である点で，外乱 d の影響と性格を異にする．

5.9.2 感度関数・相補感度関数からみた制御系設計の全体像

前節の結果を簡単にまとめると，
- [T] 目標値追従性は $G_{yr}(j\omega)$ が1に近いほど良好である．
- [FS] 外乱抑制力および感度は $|S(j\omega)|$ が小さいほど良好である．
- [FT] ロバスト安定性および検出雑音の影響は $|T(j\omega)|$ が小さいほど良好である．

となる．ここで，つぎの2点に注意されたい．第1に，$G_{yr}(s)$ はフィードバック補償器 $C(s)$ およびフィードフォワード補償器 $C_f(s)$ の両方に依存するが，$S(s)$ と $T(s)$ は前者のみで定まる点である．この事実により目標値追従性（これを**伝達特性**とよぶ）を，外乱抑制力・感度・ロバスト安定性・検出雑音の影響の4項目（これらを一括して**フィードバック特性**とよぶ）から切り離して考えることが可能となる．第2に，フィードバック特性を評価する感度関数 $S(s)$ と相補感度関数 $T(s)$ の間に

$$S(s)+T(s)=1 \tag{5.148}$$

の関係がある点である．

■ 問 5.26 上の等式を確認せよ．

上の等式は

$$|S(j\omega)|+|T(j\omega)|\geqq 1 \tag{5.149}$$

なる不等関係を意味し，$|S(j\omega)|$ と $|T(j\omega)|$ を同時に小さくすることが不可能であることを示している．そのため，制御系設計においては $|S(j\omega)|$ と $|T(j\omega)|$ の間の妥協が必然となる．幸いなことに，伝達特性に対する要求，外乱および検出雑音の性質，およびモデル化誤差の性質を詳しく調べれば，$|S(j\omega)|$ は主として低周波域で小さくしなければならないこと，逆に，$|T(j\omega)|$ は主として高周波域で小さくしなければならないことがわかる．したがって，フィードバック特性については $|S(j\omega)|$ と $|T(j\omega)|$ がそれぞれの領域で小さくなるように $C(s)$ を設計することになる．ここで再び伝達特性に戻る．上述のようにフィードバック特性を調整すれば，高周波域では $|S(j\omega)|$ が1に近い（場合によっては1以上の）値となる．もし，その周波数域で $G_{yr}(j\omega)$

5.9 より一般的立場からみた制御系設計

表 5.7 制御系設計の概要

	性能	評価指標	設計目標	補償要素
伝達特性	目標値追従性	閉ループ周波数応答 $G_{yr}(j\omega)$	低周波域で $G_{yr}(j\omega) \fallingdotseq 1$ 高周波域で $G_{yr}(j\omega) \fallingdotseq 0$	フィードフォワード補償要素 $C_f(s)$ で調整できる。
フィードバック特性	外乱抑制力	感度関数 $S(j\omega)$	低周波域で小さくする	フィードバック補償要素 $C(s)$ だけで調整しなければならない。
	感度			
	安定余裕	相補感度関数 $T(j\omega)$	高周波域で小さくする	
	検出雑音の影響			

$\fallingdotseq 1$ としていれば,モデル化誤差の影響によって $|G_{yr}(j\omega)|$ が 0〜2 の間で変動し得る。これは決して望ましいことではなく,むしろ高周波域では $G_{yr}(j\omega) \fallingdotseq 0$ としておく方が良策といえる[†]。以上の知見を表 5.7 にまとめておく。

上述のように $|S(j\omega)|$ と $|T(j\omega)|$ には角周波数の各値について式 (5.149) の制約があるわけだが,全周波数域を通してみたときにつぎの制約がある[51]。

[定理 5.3]　Bode の積分定理——感度関数について

開右半平面 (Re $s>0$) にある還送比 $F(s)$ の極を $p_1, \cdots, p_N$ とする。
（ⅰ）$F(s)$ がプロパーな有理関数であれば

$$\int_0^\infty \log\left|\frac{S(j\omega)}{S(j\infty)}\right| d\omega = \pi \sum_{i=1}^N p_i + \frac{\pi}{2} \lim_{s \to \infty} \frac{s\{S(s) - S(\infty)\}}{S(\infty)} \quad (5.150)$$

（ⅱ）$F(s) = F_0(s) e^{-Ls}$ であって,$F_0(s)$ が強プロパーな有理関数であれば

$$\int_0^\infty \log\left|\frac{S(j\omega)}{S(j\infty)}\right| d\omega = \pi \sum_{i=1}^N p_i \quad (5.151)$$

[定理 5.4]　Bode の積分定理——相補感度関数について

開右半平面 (Re $s>0$) にある還送比 $F(s)$ の零点を $z_1, \cdots, z_M$ とする。
（ⅰ）$F(s)$ がプロパーな有理関数であれば

$$\int_0^\infty \log\left|\frac{T(j\omega)}{T(0)}\right| \frac{d\omega}{\omega^2} = \pi \sum_{i=1}^M \frac{1}{z_i} + \frac{\pi}{2} \frac{1}{T(0)} \lim_{s \to 0} \frac{dT(s)}{ds} \quad (5.152)$$

[†] 実際問題として,通常の制御対象は高周波減衰性を有しており,自然にこの性質が実現できます。むしろ,高周波域で $G_{yr}(j\omega) \fallingdotseq 1$ とすることは,アクチュエータの負担や制御対象の物理的性質から考えて,はじめから不可能である場合がほとんどです。

(ii) $F(s) = F_0(s)e^{-Ls}$ であって，$F_0(s)$ が強プロパーな有理関数であれば

$$\int_0^\infty \log\left|\frac{T(j\omega)}{T(0)}\right|\frac{d\omega}{\omega^2} = \pi\sum_{i=1}^M \frac{1}{z_i} + \frac{\pi}{2}L + \frac{\pi}{2}\frac{1}{T(0)}\lim_{s\to 0}\frac{dT(s)}{ds} \tag{5.153}$$

「Bode の積分定理」という名称は，これらの定理の基本的アイディアが Bode に帰着するという意味で使われているもので，このような一般的な形になったのはその後の研究者によるところが大きい．定理 5.3 はある周波数域で $|S(j\omega)|$ を小さくすれば，他の周波数域で $|S(j\omega)|$ が大きくなること，全周波数域で積分した $\log|S(j\omega)|$ の大きさは，制御対象の不安定極[†]の実部の和が大きい程大きいことなどを意味する．定理 5.4 は，$\log|T(j\omega)|$ についての類似の性質を述べたものであるが，こちらは実部が正の不安定零点 z_i に依存し，z_i が虚軸に近いほど $\log|T(j\omega)|/\omega^2$ の積分を劣化させる効果が大きいことになる．これが，「最小位相でない制御対象は，フィードバック制御しにくい」という事実(4.4)の数学的な説明である．

5.9.3 制御系設計と制御理論

前節でフィードバック制御系の性能には理論的な限界が存在することを述べた．制御理論の最も重要な役割はよい補償要素を見つける手段を整えるところにあるが，その前段階として，性能の本質的な限界を明らかにすることも重要である．すなわち，新しい制御器を考えるまえに，現存の制御性能と本質的な性能限界との差を評価して（この作業を **Performance Assessment** という）性能改善の余地が小さいならば制御器のリプレースは試みないといった姿勢が重要である．これまでのところ，線形性が成り立つという仮定のもとでの性能限界についてはかなり見通しのよい解答が得られている[51]．しかし，操作端の飽和や制御対象についての物理的制約などに起因する非線形性を考慮すれば，この限界はより狭められるはずである．その点について，個々の課題に対する具体的な知見はある(3.5.3)ものの，見通しのよい全体的な結果は全く不十分であり，今後の研究テーマである．

[†] 正確には，「還送比の不安定極」というべきですが，「検出器や補償要素に，わざわざ不安定なものを使うことはしない」という前提のもとで，上のように表現しました．$|T(j\omega)|$ についても同様です．

6
状態方程式

　前章までは，伝達関数によるシステムの表現を使ってフィードバック制御の問題を論じてきた。伝達関数は周波数応答と直結した表現であり，自動制御系を解析・設計する上で重要な手段である。ただし，序文でも述べたように，システムのもう1つの表現手段として状態方程式があり，両者が相補って現代の制御理論を形作っている。本章では，状態方程式に関する基本的事項，特に伝達関数との関連を例題中心に説明する。状態方程式に関するより詳しい一般理論を学びたい方は他の著書を参照されたい[†]。

6.1　線形システムの状態方程式

　状態方程式とは，システムの振舞を記述する標準型1階微分方程式系(すなわち，微分係数について「解かれた」形の連立微分方程式)である。線形システムの場合，**状態方程式**は

$$\left.\begin{aligned}\frac{dx_1}{dt} &= a_{11}x_1 + \cdots + a_{1n}x_n + b_{11}u_1 + \cdots + b_{1m}u_m \\ &\vdots \\ \frac{dx_n}{dt} &= a_{n1}x_1 + \cdots + a_{nn}x_n + b_{n1}u_1 + \cdots + b_{nm}u_m\end{aligned}\right\} \quad (6.1\,\text{a})$$

$$\left.\begin{aligned}y_1 &= c_{11}x_1 + \cdots + c_{1n}x_n + d_{11}u_1 + \cdots + d_{1m}u_m \\ &\vdots \\ y_p &= c_{p1}x_1 + \cdots + c_{pn}x_n + d_{p1}u_1 + \cdots + d_{pm}u_m\end{aligned}\right\} \quad (6.2\,\text{a})$$

という形になる。変数の中の $u_1, \cdots, u_m$ はシステムへ加えられる**入力**，$y_1, \cdots, y_p$ はシステムからとり出される**出力**である。$x_1, \cdots, x_n$ はシステムの性質を微分方程式で記述するために使われている変数であり，**状態変数**または**内部変数**とよばれる。また，n のことを**システムの次数**とよぶ。先に述べたよ

[†] 本シリーズでは，第3巻が状態方程式の理論にあてられる予定である。

うに式(6.1a), (6.2a)を状態方程式とよぶわけだが, 特に式(6.1a)の方を**状態遷移方程式**, 式(6.2a)を**出力方程式**とよぶ。ベクトルと行列を使えば,

$$\frac{d\boldsymbol{x}}{dt} = A\boldsymbol{x} + B\boldsymbol{u} \tag{6.1b}$$

$$\boldsymbol{y} = C\boldsymbol{x} + D\boldsymbol{u} \tag{6.2b}$$

と書くことができる。ここに, $\boldsymbol{x}$ は n 次元ベクトルで**状態ベクトル**, $\boldsymbol{u}$ は m 次元ベクトルで**入力ベクトル**, $\boldsymbol{y}$ は p 次元ベクトルで**出力ベクトル**とよばれる。A は a_{ik} を要素とする $n \times n$ の正方行列であり, B, C, D は, それぞれ要素が b_{ik} の $n \times m$ 行列, 要素が c_{ik} の $p \times n$ 行列, 要素が d_{ik} の $p \times m$ 行列である。本書では, A, B, C, D の要素がすべて定数である場合を考える(このようなシステムのことを**時不変線形システム**という)。

以上のように, m 個の入力と p 個の出力をもち状態ベクトルの次数が n のシステムを **m 入力 p 出力 n 次システム**とよぶ(必要に応じて,「m 入力」,「p 出力」,「n 次」の一部を省略して使います)。入・出力がベクトルであるという事実を特に強調したいときには, ブロック線図の信号を表す線を2重にして, 図6.1のように描く。ただし, こうすると手間・スペースを要するので, 信号がベクトルであっても, それを1本の線で表してしまうことも多い。なお, 式(3.25)のように1つの伝達関数で表されるシステムは $m=p=1$ の場合であり(これを**1入力1出力システム**または**スカラーシステム**とよぶ), B が n 次の縦ベクトル, C が n 次の横ベクトルになる。このようなときには, B と C の要素の添字を1個にして, つぎのように記す。

$$B = [b_1, \cdots, b_n]^T, \quad C = [c_1, \cdots, c_n]$$

3章および4章で説明に使った直流モータについて, 状態方程式を導いておく。3.1節で述べたように, 直流モータの振舞は微分方程式と代数方程式からなる式(3.1)～(3.5)で記述できる。ここで, 方程式中に微分係数が現れる2つの変数, すなわちモータの回転角と角速度とをあらためて x_1, x_2 とおく。x_1, x_2 およびシステムへの入力である電圧 u 以外の変数を(3.1)～(3.5)から消去して, dx_1/dt, dx_2/dt について解けば

$$u = \begin{bmatrix} u_1 \\ \vdots \\ u_m \end{bmatrix} \Longrightarrow \boxed{\text{システム}} \Longrightarrow y = \begin{bmatrix} y_1 \\ \vdots \\ y_p \end{bmatrix}$$

図 6.1 m 入力 p 出力システム

6.1 線形システムの状態方程式

$$\frac{dx_1}{dt} = x_2$$
$$\frac{dx_2}{dt} = -\frac{1}{T}x_2 + \frac{K}{T}u \qquad (6.3)$$

を得る.ただし,T,K は式(3.12)で与えられる定数である.これがモータについての状態遷移方程式である.出力方程式の方は,われわれが注目する量を状態変数の関数として表したものであるから,モータのどの変量に注目するかによって変わってくる.たとえばモータを使って位置を制御しようという場合であって,モータの回転角だけを問題にすればよいときには,出力方程式が

$$y = x_1 \qquad (6.4)$$

となる.このシステムは,3章の式(3.13)の伝達関数で与えられる1入力1出力システムに他ならない.この場合について,状態方程式の次元を表すパラメータおよび式(6.1 b),(6.2 b)の係数行列はつぎの通りになる.

$$n=2, \quad m=1, \quad p=1,$$
$$A = \begin{bmatrix} 0 & 1 \\ 0 & -1/T \end{bmatrix}, \quad B = \begin{bmatrix} 0 \\ K/T \end{bmatrix}, \quad C = [1, 0], \quad D = 0 \qquad (6.5)$$

一方,位置の制御を行う場合でも,角速度をフィードバックに使えば大幅に制御性能が改善できるから,角速度 x_2 も出力に含めておきたいという場合も多い.この場合には,3.1.2で述べたように,モータを1入力2出力のシステムとしてとらえることになり,出力方程式は

$$y \equiv \begin{bmatrix} y_1 \\ y_2 \end{bmatrix} = \begin{bmatrix} 1 & 0 \\ 0 & 1 \end{bmatrix} \begin{bmatrix} x_1 \\ x_2 \end{bmatrix} \qquad (6.6)$$

となる†.この場合の状態方程式のパラメータは

$$p=2, \quad C = \begin{bmatrix} 1 & 0 \\ 0 & 1 \end{bmatrix}, \quad D = \begin{bmatrix} 0 & 0 \\ 0 & 0 \end{bmatrix} \qquad (6.7)$$

である(n, m, A, B は式(6.5)と同じ).この状態方程式は,式(3.13)と(3.19)の2つの伝達関数で与えられる1入力2出力システムを表している.

■ **問 6.1** 台車の位置を出力としたときの図3.3のシステム(2入力1出力システム)の状態方程式を導け.

---

† 3章と記号が重複してしまいましたが,式(6.6)の y は,式から明らかなように2次元ベクトルであって,その第1要素 y_1 が3章で使っていた y,すなわちモータの回転角です.y_2 の方は角速度 ω です.

6.2 伝達関数行列

3.1節では，1入力1出力のシステムに対して「伝達関数」を定義した。これを m 入力 p 出力システムに拡張したものが「伝達関数行列」である。

図6.1のシステムで，入力 $u_k(t)$ のラプラス変換を $U_k(s)$，出力 $y_i(t)$ のラプラス変換を $Y_i(s)$ とする。定係数線型微分方程式で記述されるシステムでは，初期値を0としたときの入出力の関係を

$$Y_i(s) = G_{i1}(s) U_1(s) + \cdots + G_{im}(s) U_m(s) \qquad i=1,\cdots,p \qquad (6.8\,\text{a})$$

と表すことができる。ベクトルと行列を使えば

$$Y(s) = G(s) U(s) \qquad (6.8\,\text{b})$$

ただし

$$U(s) = [U_1(s), \cdots, U_m(s)]^T, \qquad Y(s) = [Y_1(s), \cdots, Y_p(s)]^T$$

$$G(s) = \begin{bmatrix} G_{11}(s) & \cdots & G_{1m}(s) \\ \vdots & \ddots & \vdots \\ G_{p1}(s) & \cdots & G_{pm}(s) \end{bmatrix} \qquad (6.9)$$

となる。式(6.9)の $p \times m$ 行列 $G(s)$ を**伝達関数行列**とよぶ。これまで使ってきた**伝達関数**は，1入力1出力システムの伝達関数行列に他ならない。3.1.2で扱ったシステムの中で，回転角と角速度の両方を出力と考えたときの直流モータの伝達関数行列は 2×1 行列であって

$$G(s) = \begin{bmatrix} G_{yu}(s) \\ G_{\omega u}(s) \end{bmatrix} \qquad (6.10)$$

となる。ただし，$G_{yu}(s)$，$G_{\omega u}(s)$ は式(3.13)，(3.19)で与えられる。一方，台車の位置を出力としたときの図3.3のシステムの伝達関数行列は 1×2 行列であって，

$$G(s) = [G_{yu_1}(s), G_{yu_2}(s)] \qquad (6.11)$$

となる。ただし，$G_{yu_1}(s)$，$G_{yu_2}(s)$ は式(3.22)で与えられる。

状態方程式(6.1)，(6.2)で表されるシステムの伝達関数行列を導いておく。式(6.1)，(6.2)をラプラス変換すれば

$$sX(s) - x_0 = AX(s) + BU(s) \qquad (6.12)$$

$$Y(s) = CX(s) + DU(s) \qquad (6.13)$$

ただし，$X(s)$ はベクトル $x(t)$ のラプラス変換

$$X(s) = [X_1(s), \cdots, X_n(s)]^T$$

である。また，x_0 は**初期値ベクトル**

6.3 状態方程式の諸形式

$$x_0 = [x_1(+0), \cdots, x_n(+0)]^T$$

である。式(6.12)を整理すれば

$$(sI - A)X(s) = BU(s) + x_0 \tag{6.14}$$

となる。$(sI-A)$ の逆行列を左からかけて

$$X(s) = (sI-A)^{-1}BU(s) + (sI-A)^{-1}x_0 \tag{6.15}$$

を得る。これを式(6.13)に代入すれば次式となる。

$$Y(s) = \{C(sI-A)^{-1}B + D\}U(s) + C(sI-A)^{-1}x_0 \tag{6.16}$$

ここで，初期値を 0 とすれば，伝達関数行列が

$$G(s) = C(sI-A)^{-1}B + D \tag{6.17}$$

であることがわかる。

■ **問 6.2** 3章で扱った直流モータの例(回転角と角速度を出力とする)，および図3.3のシステムの状態方程式に対して式(6.17)を適用し，それらの伝達関数行列が式(6.10)および式(6.11)となることを確かめよ。

6.3 状態方程式の諸形式

6.3.1 簡単な形の状態方程式

簡単な形の状態方程式について，出力のラプラス変換 $Y(s)$，伝達関数 $G(s)$ および初期値応答 $y_{\text{init}}(t)$ を求めておく。ただし，x_0，x_{i0} はそれぞれ状態変数 x，x_i の初期値である。

■ **例 6.1 一次遅れ**

$m = p = 1$，$n = 1$ の状態方程式

$$\frac{dx}{dt} = -ax + bu, \qquad y = cx \tag{6.18}$$

で与えられるシステムの $Y(s)$ と $G(s)$ はつぎの通りである。

$$Y(s) = G(s)U(s) + \frac{c}{s+a}x_0, \qquad G(s) = \frac{bc}{s+a} \tag{6.19}$$

このシステムの初期値応答は次式で与えられる。

$$y_{\text{init}}(t) = cx_0 e^{-at}$$

■ **問 6.3** 例6.1の式(6.19)を導け。また，$a=2$，$b=2$，$c=3$，$x_0=0.5$，$u(t)=$ ステップのときの出力 $y(t)$ を求めよ。

■ 例 6.2 高位の極をもつシステム

$m=p=1$, $n=3$ で行列 A が 3 重根に対応するジョルダンブロックになっている場合を考える。

$$\frac{dx}{dt}=\begin{bmatrix} -a & 1 & 0 \\ 0 & -a & 1 \\ 0 & 0 & -a \end{bmatrix}x+\begin{bmatrix} 0 \\ 0 \\ b \end{bmatrix}u, \quad y=[c_1, c_2, c_3]x \quad (6.20)$$

$Y(s)$ と $G(s)$ はつぎの通りになる。

$$Y(s)=G(s)U(s)+\frac{c_1x_{10}+c_2x_{20}+c_3x_{30}}{s+a}+\frac{c_1x_{20}+c_2x_{30}}{(s+a)^2}+\frac{c_1x_{30}}{(s+a)^3}$$

$$G(s)=\frac{bc_1}{(s+a)^3}+\frac{bc_2}{(s+a)^2}+\frac{bc_3}{s+a}$$

$$(6.21)$$

したがって，初期値応答 $y_{\text{init}}(t)$ は次式で与えられる。

$$y_{\text{init}}(t)=(c_1x_{10}+c_2x_{20}+c_3x_{30})e^{-at}+(c_1x_{20}+c_2x_{20})te^{-at}+\frac{c_1x_{30}}{2}t^2e^{-at}$$

■ 問 6.4
例 6.2 の式 (6.21) を導け。また，$a=2$，$b=3$，$c_1=1$，$c_2=c_3=0$，$x_{10}=1$，$x_{20}=x_{30}=0$，$u(t)=$ ステップであるときの出力 $y(t)$ を求めよ。

■ 問 6.5
例 6.2 において，行列 B と C がつぎの場合の伝達関数を求めよ。
$$B=[b_1, b_2, b_3]^T, \quad C=[c, 0, 0]$$

■ 例 6.3 振 動 系

$m=p=1$，$n=2$ の状態方程式 ($a>0$，$\beta_1>0$，$\beta_2>0$ とする)

$$\frac{dx}{dt}=\begin{bmatrix} -a & -\beta_1 \\ \beta_2 & -a \end{bmatrix}x+\begin{bmatrix} 0 \\ b \end{bmatrix}u, \quad y=[c_1, c_2]x \quad (6.22)$$

で与えられるシステムの $Y(s)$ と $G(s)$ はつぎの通りである。

$$Y(s)=G(s)U(s)+\frac{(c_1x_{10}+c_2x_{20})(s+a)+c_2\beta_2x_{10}-c_1\beta_1x_{20}}{(s+a)^2+\beta_1\beta_2} \quad (6.23)$$

$$G(s)=\frac{c_2(s+a)-c_1\beta_1}{(s+a)^2+\beta_1\beta_2}b$$

$\beta=\sqrt{\beta_1\beta_2}$ とおけば，初期値応答 $y_{\text{init}}(t)$ は次式で与えられる。

$$y_{\text{init}}(t)=(c_1x_{10}+c_2x_{20})e^{-at}\cos\beta t+\frac{c_2\beta_2x_{10}-c_1\beta_1x_{20}}{\beta}e^{-at}\sin\beta t$$

■ 問 6.6
例 6.3 の式 (6.23) を導け。また，$a=3$，$\beta_1=\beta_2=1$，$b=1$，$c_1=0$，$c_2=2$，$x_{10}=2$，$x_{20}=0$，$u(t)=$ ステップのときの $y(t)$ を求めよ。

■ 問 6.7
例 6.3 において，行列 B と C がつぎの場合の伝達関数を求めよ。
$$B=[b_1, b_2]^T, \quad C=[0, 1]$$

6.3 状態方程式の諸形式

6.3.2 モード分解型の状態方程式

一般に，行列 A がジョルダンの標準型になっているような状態方程式を**モード分解型**とよぶ．モード分解型は（フィードバックなどをかけないで）システムの動作を理解する上で便利である．ただし，複素極をもつようなシステムをモード分解型の状態方程式で表すと，係数が複素数になってしまってその便利さがかなり失われる．そのような場合には，共役複素数に対応するブロックを1つにまとめてしまった**実数の範囲のモード分解型**（こちらのことも単に**モード分解型**とよぶ）を用いることが多い．前項で例示した3つのシステムは実数の範囲のモード分解型の基本型である．もう少し一般的なモード分解型方程式を例示しておく．

■ **例 6.4** $m=p=1$，$n=5$ の状態方程式

$$\frac{dx}{dt} = \begin{bmatrix} -2 & 0 & 0 & 0 & 0 \\ 0 & -1 & 1 & 0 & 0 \\ 0 & 0 & -1 & 0 & 0 \\ 0 & 0 & 0 & -1 & -1 \\ 0 & 0 & 0 & 2 & -1 \end{bmatrix} x + \begin{bmatrix} 1 \\ 0 \\ 1 \\ 0 \\ -1 \end{bmatrix} u \tag{6.24}$$

$$y = \begin{bmatrix} 1 & 2 & 0 & -1 & 1 \end{bmatrix} x + 3u$$

は，モード分解型の方程式である．行列 A は，状態変数 x_1，(x_2, x_3)，(x_4, x_5) に対応する3つのブロックからなっている．A の各ブロックとそれに対応する B，C のブロックとが，例 6.1，例 6.2（ただし $n=2$），例 6.3 と同じシステムを作っていて，それぞれの伝達関数は次式で与えられる．

$$G_1(s) = \frac{1}{s+2}, \quad G_2(s) = \frac{2}{(s+1)^2}, \quad G_3(s) = -\frac{s+2}{(s+1)^2+2}$$

システム全体の伝達関数は，これらの和に D の要素 3 を加えたものとなる．

$$G(s) = \frac{1}{s+2} + \frac{2}{(s+1)^2} - \frac{s+2}{(s+1)^2+2} + 3 \tag{6.25}$$

6.3.3 可制御標準型の状態方程式

4.1節で扱った式(4.6)を1入力1出力システムの**可制御標準型**状態方程式という．係数行列を書き下しておくと

$$A_c = \begin{bmatrix} 0 & 1 & 0 & \cdots & 0 \\ 0 & 0 & 1 & \cdots & 0 \\ \vdots & \vdots & \vdots & & \vdots \\ 0 & 0 & 0 & \cdots & 1 \\ -a_0 & -a_1 & -a_2 & \cdots & -a_{n-1} \end{bmatrix}, \quad B_c = \begin{bmatrix} 0 \\ 0 \\ \vdots \\ 0 \\ 1 \end{bmatrix} \tag{6.26}$$

$$C_c = \begin{bmatrix} c_1 & c_2 & c_3 & \cdots & c_n \end{bmatrix}, \quad D = [d]$$

となる[†]。行列 A_c の形は**コンパニオン形式**とよばれ、その特性多項式が

$$\det(sI - A_c) = s^n + a_{n-1}s^{n-1} + \cdots + a_2s^2 + a_1s + a_0 \tag{6.27}$$

となる特徴をもっている。また $sI - A_c$ の余因子 $A_{ij}(s)$ は次式で与えられる。

$$A_{ij}(s) = \begin{cases} \sum_{k=i}^{n} a_k s^{k-i+j-1} & i \geq j, \ a_n = 1 \\ -\sum_{k=0}^{i-1} a_k s^{k-i+j-1} & i < j \end{cases} \tag{6.28}$$

これらのことを使えば、可制御標準型状態方程式で与えられるシステムの出力のラプラス変換 $Y(s)$ および伝達関数 $G(s)$ が次式の通りとなることが導ける(伝達関数の分子の係数の添字が、s のベキと一致していないことに注意して下さい。その理由は脚注の通りです)。

$$Y(s) = G(s)U(s) + \beta_1(s)x_{10} + \cdots + \beta_n(s)x_{n0} \tag{6.29}$$

$$G(s) = \frac{c_n s^{n-1} + \cdots + c_3 s^2 + c_2 s + c_1}{s^n + a_{n-1}s^{n-1} + \cdots + a_2 s^2 + a_1 s + a_0} + d \tag{6.30}$$

$$\beta_k(s) = c_1 A_{k1}(s) + \cdots + c_n A_{kn}(s) \tag{6.31}$$

■ **例 6.5** 1入力1出力3次システムの可制御標準型状態方程式は

$$\frac{dx}{dt} = \begin{bmatrix} 0 & 1 & 0 \\ 0 & 0 & 1 \\ -a_0 & -a_1 & -a_2 \end{bmatrix} x + \begin{bmatrix} 0 \\ 0 \\ 1 \end{bmatrix} u, \quad y = [c_1, \ c_2, \ c_3] x$$

で、出力のラプラス変換 $Y(s)$ および伝達関数 $G(s)$ は問 4.2 の通りになる。

6.3.4 可観測標準型の状態方程式

つぎの形の係数行列をもつ状態方程式を1入力1出力システムの**可観測標準型**状態方程式という。

$$A_0 = \begin{bmatrix} 0 & 0 & \cdots & 0 & -a_0 \\ 1 & 0 & \cdots & 0 & -a_1 \\ 0 & 1 & \cdots & 0 & -a_2 \\ \vdots & \vdots & \ddots & & \vdots \\ 0 & 0 & \cdots & 1 & -a_{n-1} \end{bmatrix}, \quad B_0 = \begin{bmatrix} b_1 \\ b_2 \\ b_3 \\ \vdots \\ b_n \end{bmatrix} \tag{6.32}$$

$$C_0 = [0 \ 0 \ \cdots \ 0 \ 1], \qquad D = [d]$$

[†] 4章では伝達関数を先に与えて、それに対応する微分方程式を書き下したので、出力方程式の係数が $b_0, \cdots, b_{n-1}$ となっています。式(6.26)では、「出力方程式の係数は行列 C の要素である」という立場から、これを $c_1, \cdots, c_n$ としました。両者の対応は、もちろん $c_1 = b_0, \cdots, c_n = b_{n-1}$ となります。

A_0, B_0, C_0 がそれぞれ可制御標準型の A_c, C_c, B_c の転置になっていること (B_0 と C_c については要素の記号が異なっていますが，これは表記法だけの問題です)，D は同じであることに注意されたい。このシステムの伝達関数は式 (6.30) の c_i を b_i でおきかえたものとなる。

■ **問 6.8** 3次のシステムについて，可観測標準型状態方程式を書き下して，その出力のラプラス変換 $Y(s)$ および伝達関数 $G(s)$ を計算してみよ。

6.4 伝達関数行列の実現

要素がプロパーな有理関数である行列 $G(s)$ を伝達関数行列としてもつような状態方程式を「$G(s)$ の**実現**」とよぶ[†]。本節では $G(s)$ の実現について，基本的な事項を説明しておく。

6.4.1　1入力1出力システムの実現

伝達関数

$$G(s) = \frac{1.5s^5 + 9s^4 + 24s^3 + 37.5s^2 + 33.5s + 14.5}{0.5s^5 + 3s^4 + 8s^3 + 12s^2 + 9.5s + 3} \quad (6.33\,\text{a})$$

を例としてその実現を求める方法を 3 通り説明する。いずれの方法においても

・分母・分子が同次であれば割り算を行っておく

・分母の最高次の係数を 1 としておく

ことが重要である。この操作によって $G(s)$ はつぎの形になる。

$$G(s) = \frac{3s^2 + 10s + 11}{s^5 + 6s^4 + 16s^3 + 24s^2 + 19s + 6} + 3 \quad (6.33\,\text{b})$$

■ **例 6.6　モード分解型による実現**

式 (6.33 b) の分数部分の分母を因数分解すれば

$$G(s) = \frac{3s^2 + 10s + 11}{(s+2)(s+1)^2(s^2+2s+3)} + 3 \quad (6.33\,\text{c})$$

[†] 状態方程式は，演算増幅器(オペアンプ)を使った電子回路として，ほぼそのままの形で「作る」ことができます。ここに，「方程式を作る」というのは，「電子回路の各部の電圧と方程式の変数とが対応していて，電圧の変化が方程式の解と一致するようにする」といった意味です。本文でいう「実現」とは，「伝達関数行列」という抽象的な形で表現されたシステムを「電子回路といった物理的システムとして作ったもの(実際には，それと直接対応する形の方程式にすぎませんが)」という意味です。

これをさらに部分分数展開すれば式(6.25)の形になる。部分分数の各項に対応する状態方程式を，例6.1，例6.2（ただし，$n=2$），例6.3を利用して作り，その係数行列を A_i, B_i, C_i, $D_i (i=1,2,3)$ とおく。3つの状態方程式を合成すれば式(6.24)が得られる。ただし，この場合の「合成」はつぎのように行う。

・行列 A は A_1, A_2, A_3 を対角に並べて作る。
$$A = \text{block diag}(A_1, A_2, A_3)$$
・行列 B は B_1, B_2, B_3 を縦に並べて作る。
・行列 C は C_1, C_2, C_3 を横に並べて作る。
・D の要素は式(6.33 c)の定数項（式(6.33 b)の定数項と同じ）とする。

■ **例 6.7 可制御標準型による実現**

式(6.33 b)から，可制御標準型の方程式がただちに得られる（係数行列だけ書いておく）。

$$A_c = \begin{bmatrix} 0 & 1 & 0 & 0 & 0 \\ 0 & 0 & 1 & 0 & 0 \\ 0 & 0 & 0 & 1 & 0 \\ 0 & 0 & 0 & 0 & 1 \\ -6 & -19 & -24 & -16 & -6 \end{bmatrix}, \quad B_c = \begin{bmatrix} 0 \\ 0 \\ 0 \\ 0 \\ 1 \end{bmatrix} \quad (6.34)$$

$$C_c = [11 \quad 10 \quad 3 \quad 0 \quad 0], \qquad D = [3]$$

ただし，A_c, B_c, C_c, D はつぎの通りに作ればよい。

・A_c の上の $n-1$ 行（この場合は第 1〜4 行）は定型で式(6.26)の通り，一番下の行には伝達関数の分数部分の分母の係数に負号をつけたものを入れる。ただし，0次の係数を一番左として順番に s^{n-1} の係数まで入れる。最高次の係数1は使わない。
・B_c は定型で式(6.26)の通り $[0, \cdots, 0, 1]^T$ である。
・C_c には，伝達関数の分数部分の分子の係数をそのまま入れる。ただし，0次の係数を一番左として順番に s^{n-1} の係数まで入れる（割り算を行っているから，分子に s^n の項はない）。
・D の要素は，式(6.33 b)の定数項とする。

■ **例 6.8 可観測標準型による実現**

可観測標準型の係数行列は

$$A_o = \begin{bmatrix} 0 & 0 & 0 & 0 & -6 \\ 1 & 0 & 0 & 0 & -19 \\ 0 & 1 & 0 & 0 & -24 \\ 0 & 0 & 1 & 0 & -16 \\ 0 & 0 & 0 & 1 & -6 \end{bmatrix}, \quad B_o = \begin{bmatrix} 11 \\ 10 \\ 3 \\ 0 \\ 0 \end{bmatrix} \quad (6.35)$$

$$C = [0 \quad 0 \quad 0 \quad 0 \quad 1], \qquad D = [3]$$

となる。作り方は可制御標準型と同様である。

6.4 伝達関数行列の実現

以上のように，1つの伝達関数に対して，その実現(状態方程式)は多数ある．実現の中で，次数が最小のものを**最小実現**という．上に例示した実現はすべて最小実現である．最小実現はお互い**等価**である．ただし，「等価な状態方程式」とは，「x に対して新しいベクトル $z = Rx$ (R は正則行列) を導入し，z を状態ベクトルとして方程式を書き換えることによって得られる状態方程式」のことである．

6.4.2 多入力多出力システムの実現

入・出力が複数個ある場合も，伝達関数行列を部分分数(係数が行列になる)に展開すれば，モード分解型の実現を容易に作ることができる．

■ **例 6.9** 図 3.22 の制御器の部分は，入力ベクトルが $[r, w]^T$，出力ベクトルが u である2入力1出力システムである．同図(b)で

$$C(s) = 5\left[1 + \frac{1}{5s} + \frac{s}{1+0.1s}\right], \qquad C_f(s) = -5\left[0.4 + \frac{0.5s}{1+0.1s}\right] \quad (6.36)$$

である場合について，モード分解型の状態方程式を作る．伝達関数行列は

$$\begin{aligned} G_{\text{ctrl}}(s) &= [C(s) + C_f(s), -C(s)] \\ &= \left[5\left(0.6 + \frac{1}{5s} + \frac{0.5s}{1+0.1s}\right), \; -5\left(1 + \frac{1}{5s} + \frac{s}{1+0.1s}\right)\right] \end{aligned} \quad (6.37\text{a})$$

である．これを部分分数展開すれば次式を得る．

$$G_{\text{ctrl}}(s) = \frac{1}{s}[1, -1] + \frac{10}{s+10}[-25, 50] + [28, -55] \quad (6.37\text{b})$$

第1項および第2項の実現は，u_1 および u_2 を出力としてつぎのように作ることができる．

$$\frac{dx_1}{dt} = [1, -1]\begin{bmatrix} r \\ w \end{bmatrix}, \qquad u_1 = x_1 \quad (6.38)$$

$$\frac{dx_2}{dt} = -10x_2 + [-25, 50]\begin{bmatrix} r \\ w \end{bmatrix}, \qquad u_2 = 10x_2 \quad (6.39)$$

この2つのシステムを結合し，さらに式(6.37b)の第3項 $[28, -55]$ を行列 D としてそれに入力ベクトルをかけた項を出力に加えれば

$$\frac{d}{dt}\begin{bmatrix} x_1 \\ x_2 \end{bmatrix} = \begin{bmatrix} 0 & 0 \\ 0 & -10 \end{bmatrix}\begin{bmatrix} x_1 \\ x_2 \end{bmatrix} + \begin{bmatrix} 1 & -1 \\ -25 & 50 \end{bmatrix}\begin{bmatrix} r \\ w \end{bmatrix} \quad (6.40)$$

$$u = [1, 10]\begin{bmatrix} x_1 \\ x_2 \end{bmatrix} + [28, -55]\begin{bmatrix} r \\ w \end{bmatrix}$$

という状態方程式が得られる．

1入力多出力システムおよび多入力1出力システムについては，それぞれ可制御標準型および可観測標準型の状態方程式を使って，つぎのように実現する

ことができる．この方法は導出の手数が少なくてすむという利点があるが，高次のシステムに使うと，次項で説明するように計算誤差が大きくなる可能性がある．

■ **例6.10 可制御標準型による1入力多出力システムの実現**
伝達関数行列が

$$G(s) = \begin{bmatrix} \dfrac{2s+3}{(s+1)(s+2)} \\ \dfrac{1}{s+3}+1 \end{bmatrix} \tag{6.41}$$

である1入力2出力システムの実現を作る．$G(s)$の要素の分数部分がすべて同じ分母をもつように通分し，分母を展開しておくと

$$G(s) = \begin{bmatrix} \dfrac{2s^2+9s+9}{s^3+6s^2+11s+6} \\ \dfrac{s^3+3s+2}{s^3+6s^2+11s+6}+1 \end{bmatrix} \tag{6.42}$$

となる．これから，つぎの可制御標準型の状態方程式を得る．

$$A_c = \begin{bmatrix} 0 & 1 & 0 \\ 0 & 0 & 1 \\ -6 & -11 & -6 \end{bmatrix}, \quad B_c = \begin{bmatrix} 0 \\ 0 \\ 1 \end{bmatrix}$$
$$C_c = \begin{bmatrix} 9 & 9 & 2 \\ 2 & 3 & 1 \end{bmatrix}, \quad D = \begin{bmatrix} 0 \\ 1 \end{bmatrix} \tag{6.43}$$

行列 A_c，B_c の作り方は例6.7と同じである．行列 C_c は，各行ごとに $G_1(s)$ および $G_2(s)$ の分子の係数を入れればよい．行列 D は $G_1(s)$，$G_2(s)$ の定数項である．

■ **問6.9** 例6.10について，状態方程式から式(6.17)を使って伝達関数行列を計算し，はじめに与えたものと一致することを確かめよ．

■ **問6.10** 例6.9の制御器について，可観測標準型の状態方程式を作れ．

6.4.3 状態方程式による計算の精度

ディジタル型制御器に制御則を組み込む場合や，動的システムのシミュレーションを行う場合には，ディジタル計算機によって動的システムの応答を求めることが要求される．応答を求める方法としては，システムを状態方程式の形で表現し，微分方程式を解くルーチンを使って答を求めるというのが標準的である．この場合，状態方程式の作り方によって大幅に精度が変わるので注意を要する．

6.4 伝達関数行列の実現

なぜ，そのようなことになるかを簡単な例で説明しておく。つぎのかけ算の計算

$$y = Ku \quad (6.44)$$

を考えよう。ただし，K は定数で，いろいろな入力 u に対して y を求めなければならないものとする。b, c を

$$bc = K \quad (6.45)$$

を満たす定数とすれば，上の計算をつぎのように行うことができる。

$$x = bu, \quad y = cx \quad (6.46)$$

すなわち，入力 u に対応する内部変数 x を式(6.46)第1式で求め，その内部変数に対する出力 y を第2式で決めるわけである。状態方程式を使った動的システムの応答の計算はちょうどこのようなことを行っているものと考えることができる。式(6.44)の単純なかけ算ではいちいち内部変数を導入する必要はないが，動的システムの応答の計算の場合にはそれが必須となる。

ここで，$K=4$ の場合を例に考えてみる。この K に対する b, c の選び方として，たとえばつぎの2通りがあり得る。

(i) $b = c = 2$

(ii) $b = 0.0001, \quad c = 40000$

(ii)の b, c を使った場合，固定小数点を使って一定桁数以下を切り捨てるような計算を行うと精度が悪くなる。

■ **例6.11** 式(6.46)の計算を10進小数点以下7桁目を切り捨てて行うものとする。上の例の(i)と(ii)の場合について入力 $u = 0.115714$ に対する誤差を求めてみる。(i)の場合には，$x = 0.230428, y = 0.460856$ となって誤差は生じない。(ii)の場合には u に 0.0001 をかけて小数7桁以下を切り捨てるので，$x = 0.000011$ となる。これに 40000 をかければ $y = 0.440000$ となるから，0.022856 の誤差が生じる。

上例では，かなり特殊な形(整数をかける計算は正確に行えるものとしている)で切捨て演算を扱っているので，問題を必ずしも正確に説明できていない面がある。しかし，少なくとも方程式の係数の大きさが(ある側面でみて)極端に異なっているときには誤差が大きくなるという結論は正しい。もちろん，この例のような単純な問題では，わざわざ(ii)のような選び方をする(すなわち，b と c の大きさを極端に違ったものにする)ことはほとんどないであろうが，状態方程式の場合にはその作り方によってこのような係数の選び方に「なってしまっている」可能性がある。では，どのような状態方程式を使えばよいかと

いうことであるが，その1つの解答として**平衡実現**(balanced realization)がある。平衡実現について説明するためには状態方程式についてもう少し進んだ理論が必要となるので，興味のある読者は状態方程式の理論を学んだ上で参考文献52)を参照していただきたい。ただ，今までにあげた状態方程式についてコメントしておくと，つぎのようになる。

- 可制御標準型，可観測標準型は，一般に誤差が大きくなりやすい。
- モード分解型で，入力行列 B と出力行列 C をバランスさせれば(つぎの例6.12参照)ほぼ良好な結果が得られる。

■ 例6.12　伝達関数

$$G(s) = \frac{3s+4}{(s+1)(s+2)}$$

の実現を求める。部分分数展開すれば

$$G(s) = \frac{1}{s+1} + \frac{2}{s+2}$$

これに基づいてモード分解型の方程式を作れば

$$\frac{dx}{dt} = \begin{bmatrix} -1 & 0 \\ 0 & -2 \end{bmatrix} x + \begin{bmatrix} 1 \\ \sqrt{2} \end{bmatrix} u$$

$$y = [1, \sqrt{2}] x$$

を得る($b_1 = c_1$, $b_2 = c_2$ と選んでいることに注意)。この方程式は結果的に平衡実現になっている。

練習問題

6.1 つぎのシステムの伝達関数を求めよ。

(1)
$$\frac{dx}{dt} = \begin{bmatrix} -3 & 0 & 0 \\ 0 & -1 & -3 \\ 0 & 2 & -1 \end{bmatrix} x + \begin{bmatrix} 1 \\ 0 \\ 2 \end{bmatrix} u, \quad y = [2, 1, 0] + u$$

(2)
$$\frac{dx}{dt} = \begin{bmatrix} 0 & 1 & 0 \\ 0 & 0 & 1 \\ -2 & -3 & -5 \end{bmatrix} x + \begin{bmatrix} 0 \\ 0 \\ 1 \end{bmatrix} u, \quad y = [0, 1, 1] x + 2u$$

(3)
$$\frac{dx}{dt} = \begin{bmatrix} 0 & 0 & -1 \\ 1 & 0 & -1 \\ 0 & 1 & 1 \end{bmatrix} x + \begin{bmatrix} 2 \\ 3 \\ 1 \end{bmatrix} u, \quad y = [0, 0, 1]$$

練習問題   211

6.2 つぎの伝達関数行列についてモード分解型および可制御標準型の実現を作れ.

(1) $\quad G(s)=\dfrac{2s+1}{(s+1)(s+2)(s+5)}$ 　　(2) $\quad G(s)=\begin{bmatrix}\dfrac{2}{s+3}\\[6pt]\dfrac{1}{(s+1)(s+3)}+\dfrac{5s}{s+2}\end{bmatrix}$

6.3 つぎの伝達関数行列についてモード分解型および可観測標準型の実現を作れ.

(1) $\quad G(s)=\dfrac{s+s+4}{s^3+4s^2+7s+6}$ 　　(2) $\quad G(s)=\left[\dfrac{1}{(s+3)(s-1)}+1,\ \dfrac{2}{s+2}+3\right]$

参 考 文 献

制御理論の歴史
1) A. T. Fuller : "The Early Development of Control Theory", *J. Dynamic Systems, Measurement, and Control*(*ASME*), **98**, Series G, 2, 109-118 and 3, 224-235(1976).
2) S. Bennett : "The Emergence of a Discipline : Automatic Control 1940-1960", *Automatica*, **12**, 113-121(1976).
3) S. Bennett : A History of Control Engineering 1800-1930, Peter Peregrinus (1979).
4) 示村悦二郎：自動制御とは何か, コロナ社(1990).
5) S. Bennett : A History of Control Engineering 1930-1955, Peter Peregrinus (1993).
6) S. Bennett : "Development of the PID Controller", *IEEE Control Systems Magazine*, **13**, 6, 58-65(1993).

数学および回路網
7) 微分積分法の教科書. たとえば, 笠原晧司：微分積分学, サイエンス社(1974); 桑垣・河合：微分学と積分学, 学術図書(1979).
8) 初等関数論の教科書. たとえば, 能代 清：初等関数論, 培風館(1954); 渡部・宮崎・遠藤：複素数関数, 培風館(1980).
9) 布川 昊：ラプラス変換と常微分方程式, 昭晃堂(1987).
10) 布川 昊：振動と制御の数学, コロナ社(1974).
11) 小川枝郎：応用数学概論, 培風館(1980).
12) 高木貞治：代数学講義, 共立出版(1965).
13) F. R. Gantmacher : Theory of Matrices, Vol. I & II, Chelsea(1959).
14) J. Hale : Theory of Functional Differential Equations, Springer(1977).
15) N. N. Krasovski : Stability of Motion, Stanford Univ. Press(1963).
16) H. W. Bode : Network Analysis and Feedback Amplifier Design, Van Nostrand(1945), 喜安善市訳：回路網と饋還の理論, 岩波書店(1955).

制御理論の教科書
17) 片山 徹：フィードバック制御系の基礎, 朝倉書店(1987).
18) 近藤文治編：基礎制御工学, 森北出版(1977).
19) 鈴木 隆：自動制御理論演習, 学献社(1969).
20) 小郷・美多：システム制御理論入門, 実教出版(1979).

21) 片山　徹：システム同定入門, 朝倉書店(1994).
22) 須田信英：線形システム理論, 朝倉書店(1993).
23) 前田・杉江：アドバンスト制御のためのシステム制御理論, 朝倉書店(1990).
24) 荒木光彦：ディジタル制御理論入門, 朝倉書店(1991).

ハンドブック・調査報告など

25) 計測自動制御学会編：改訂自動制御便覧, p. 157, pp. 165-166, p. 168, p. 964, コロナ社(1957).
26) 計測自動制御学会編：自動制御ハンドブック基礎編, pp. 481-484, オーム社(1983).
27) 日本電気計測器工業会：平成元年度 先端制御技術の動向調査研究事業報告(1990).
28) 計測自動制御学会制御技術部会制御技術調査WG：制御技術動向調査報告書(1996).

3章で参照した文献

29) 荒木光彦："周波数応答法の考え方——古典理論から H_∞ 理論へ", システム制御情報, **34**, 1, 2-8(1990).
30) 荒木光彦："2自由度制御系 I ——PID・微分先行型・I-PD制御系の統一的見方などについて", システムと制御, **29**, 10, 649-656(1985).
31) 荒木・田口："2自由度PID制御装置", システム制御情報, **42**, 1, 18-25(1998).
32) B. A. Francis and W. M. Wonham："The internal model principle for linear multivariable regulators", *J. Appl. Math. & Opt.*, **2**, 170-194(1975).

4章で参照した文献

33) 美多・吉田："多入出力サーボ系の逆振れ現象とその制御法", 計測自動制御学会論文集, **16**, 2, 182-188(1980).
34) 乗松・伊藤："零非正則制御系について", 電気学会雑誌, **81**, 871, 566-575(1961).
35) S. Jayasuriya & M. A. Franchek："A class of transfer functions with non-negative impulse response", *J. Dynamical Systems, Measurement and Control (Trnas. ASME)* **113**, 313-315(1991).
36) S. Jayasuriya & J-W. Song："On the synthesis of compensators for non-overshooting step response", *Proc. American Control Conference*, 683-684(1992).
37) A. Rachid："Some condition on zeros to avoid step-response extrema", *IEEE Trans. Automatic Control*, **AC-40**, 8, 1501-1503(1995).
38) 陶山・荒木："ステップ応答がオーバーシュートを生じない条件", 自動制御連合講演会予稿集, 45-46(1996).
39) A. T. Fuller(edit.)：Stbility of Motion, Taylor & Francis(1975).
40) R. Bellman & R. Kalaba(edit.)：Selected Papers on Mathematical Trends in

Control Theory, Dover(1964).
41) J. C. Willems: The Analysis of Feedback Systems, Cambridge, MA: MIT Press(1971).
42) M. Araki & M. Saeki: "A qualitaive condition for the well-posedness of interconnected dynamical systems", *IEEE Trans. Automatic Control*, **AC-28**, 5, 569-577(1983).
43) M. Araki: "Models of large-scale systems", Large Scale Systems Control and Decision Making(Edited by Tamura & Yoshikawa), Marcel Dekker (1990).

5章で参照した文献
44) 荒木光彦: "多変数制御系のCAD: INA法のその後(下)", システム制御, **26**, 8, 489-497(1982).
45) E. Soroka & U. Shaked: "On the robustness of LQ regulators", *IEEE Trans. Automatic Control*, **AC-29**, 7, 664-665(1984).
46) 荒木光彦: "2自由度PID制御系について", 計測自動制御学会実システムのモデリングと制御系設計研究専門委員会資料(1984).
47) 北森俊行: "制御対象の部分的知識に基づく制御系の設計法", 計測自動制御学会論文集, **15**, 4, 549-555(1979).
48) 宮崎誠一: "プロセス制御の実際(第19回)——DDCの制御のメリット", オートメーション, **26**, 1, 102-107(1981).
49) 須田信英他: PID制御, 朝倉書店(1992).
50) H. Taguchi & M. Araki: "Two-degree-of-freedom PID controller——Their functions and optimal tuning", *Proc. IFAC Workshop on Digital Control* (Terrassa, Spain, April 5-7, 2000).
51) M. M. Seron, J. H. Braslavsky & G. C. Goodwin: Fundamental Limitations in Filtering, Springer Verlag, pp. 47-84(1997).

6章で参照した文献
52) 大日方・アンダーソン: 制御システム設計——コントローラの低次元化, 朝倉書店, pp. 8-19(1999).

解　答

1章

練習問題

1.1 制御量は電車の速度ですが，それを直接測るのは難しいので，車軸の回転速度を検出して制御量の代わりに使うことになるでしょう．この場合，検出器は回転数を測る計器(タコメータやディジタルエンコーダ)になります．操作器はモータで，操作信号は加える電圧となるでしょう．(狭い意味の)制御対象は電車で，(図1.3で操作器と制御対象を結んでいる)操作量はモータの発生する回転力(トルク)であると考えられます．ただし，モータと車軸がきっちり結合されている場合には，操作器と制御対象が一体となっている(図1.3でいえば1つの「箱」である)とみなせますから，「操作量」を特に取り出して考える必要はありません．

1.2 (図は省略する．角はラジアンを単位とする．)

(1) $r_1 = 2\sqrt{2}$, $\theta_1 = \dfrac{1}{4}\pi$, $r_2 = 2$, $\theta_2 = \dfrac{5}{6}\pi$

$r_3 = \sqrt{5}$, $\theta_3 \doteqdot 1.15\pi$, $r_4 = 2$, $\theta_4 = \dfrac{5}{3}\pi$ $\left(\text{または} -\dfrac{1}{3}\pi, \cdots\right)$

(2) $s_1 + s_2 = (2-\sqrt{3}) + 3j$, $s_1 - s_3 = 4 + 3j$

$s_1 \times s_2 = -2(\sqrt{3}+1) - 2(\sqrt{3}-1)j = 4\sqrt{2} \exp\left(\dfrac{13}{12}\pi j\right)$

$s_2 \times s_4 = 4j = 4\exp\left(\dfrac{1}{2}\pi j\right)$

$\dfrac{s_2}{s_1} = -\dfrac{1}{4}(\sqrt{3}-1) + \dfrac{1}{4}(\sqrt{3}+1)j = \dfrac{1}{2}\sqrt{2}\exp\left(\dfrac{7}{12}\pi j\right)$

$\dfrac{s_4}{s_2} = -\dfrac{1}{2}\sqrt{3} + \dfrac{1}{2}j = \exp\left(\dfrac{5}{6}\pi j\right)$

(3) $s_1^2 = 8j$, $s_2^2 = 4\exp\left(\dfrac{5}{3}\pi j\right) = 2 - 2\sqrt{3}j$, $s_2^{-3} = -\dfrac{1}{8}j$, $s_4^3 = -8$

$s_1^{2/3} = 2\exp\left(\dfrac{1}{6}\pi j\right)$, $2\exp\left(\dfrac{3}{2}\pi j\right)$, $2\exp\left(\dfrac{5}{6}\pi j\right)$

$s_2^{-1/2} = \dfrac{1}{2}\sqrt{2}\exp\left(-\dfrac{5}{12}\pi j\right)$, $\dfrac{1}{2}\sqrt{2}\exp\left(-\dfrac{17}{12}\pi j\right)$

$s_2^{1/5} = 2^{1/5}\exp\left(\dfrac{1}{6}\pi j\right)$, $2^{1/5}\exp\left(\dfrac{17}{30}\pi j\right)$, $2^{1/5}\exp\left(\dfrac{29}{30}\pi j\right)$,

$2^{1/5}\exp\left(\dfrac{41}{30}\pi j\right)$, $2^{1/5}\exp\left(\dfrac{53}{30}\pi\right)$

$s_4^{1/2} = \sqrt{2}\exp\left(-\dfrac{1}{6}\pi j\right)$, $\sqrt{2}\exp\left(\dfrac{5}{6}\pi j\right)$

(4) $\ln s_1 = \dfrac{3}{2}\ln 2 + \left(\dfrac{1}{4} + 2k\right)\pi j$, $\ln s_2 = \ln 2 + \left(\dfrac{5}{6} + 2k\right)\pi j$, $k = 0, \pm 1, \pm 2, \cdots$

217

2章

問

2.1 （1） $\dfrac{4}{s} - \dfrac{3}{s+2} + \dfrac{15}{s^2+9}$

（2） $\dfrac{5}{s+2} + \dfrac{1}{(s+2)^2} - \dfrac{3s}{s^2+16} - \dfrac{2(s+3)}{(s+3)^2+16}$

（3） $\dfrac{\sqrt{3}}{s^2+4} + \dfrac{0.5s}{s^2+4}$

2.2 （1） $4 - e^{-3t} - 3e^{-t}\cos 2t + e^{-t}\sin 2t$　（2） $te^{-2t} + \dfrac{5}{2}\sin 2t$

2.3 省略

2.4 （1） $\dfrac{s^2 - 3s + 3}{(s+1)(s-1)(s-3)}$　（2） $\dfrac{1}{s(2s+1)(s+2)}$

（3） $\dfrac{2s+3}{(s+1)(s^2+2s+5)}$　（4） $\dfrac{as+b\omega}{s^2+\omega^2}$

2.5 $X_1(s) = \dfrac{3s^2 + 4s - 5}{s(3s+4)(s+2)}$, $X_2(s) = \dfrac{5s+8}{s(3s+4)(s+2)}$

2.6 （1） $\dfrac{3}{8}e^{-t} + \dfrac{1}{4}e^{-3t} + \dfrac{3}{8}e^{-5t}$　（2） $-2e^{-t} + 3e^{-t/2} - e^{-t/3}$

（3） 問2.4の(1)　$\dfrac{7}{8}e^{-t} - \dfrac{1}{4}e^{t} + \dfrac{3}{8}e^{3t}$

　　　 問2.4の(2)　$\dfrac{1}{2} - \dfrac{2}{3}e^{-t/2} + \dfrac{1}{6}e^{-2t}$

例2.6　$x_1(t) = -\dfrac{3}{4} - \dfrac{1}{5}e^{-t} + \dfrac{39}{20}e^{4t}$, $x_2(t) = \dfrac{1}{2} + \dfrac{1}{5}e^{-t} + \dfrac{13}{10}e^{4t}$

問2.5　$x_1(t) = -\dfrac{5}{8} + \dfrac{15}{8}e^{-4t/3} - \dfrac{1}{4}e^{-2t}$

$x_2(t) = 1 - \dfrac{1}{2}e^{-4t/3} - \dfrac{1}{2}e^{-2t}$

2.7 （1） $-\dfrac{1}{9}e^{-t} - \dfrac{1}{3}te^{-t} + \dfrac{1}{9}e^{2t}$　（2） $-e^{-t} + \dfrac{1}{2}t^2 e^{-t} + e^{-2t} + te^{-2t}$

2.8 （1） $\dfrac{1}{4}e^{-2t} - \dfrac{1}{12}e^{-t}(3\cos\sqrt{3}\,t - \sqrt{3}\sin\sqrt{3}\,t)$

（2） $\dfrac{1}{4}e^{t} - \dfrac{1}{4}e^{-t}(\cos 2t - \sin 2t)$

（3） 問2.4の(3)　$\dfrac{1}{4}e^{-t} - \dfrac{1}{4}e^{-t}(\cos 2t - 4\sin 2t)$

　　　問2.4の(4)　$a\cos\omega t + b\sin\omega t$

（4） $\dfrac{1}{2}e^{-t} + \dfrac{1}{2}e^{-2t}(\cos t - 5\sin t)$

2.9 （1） $A_{11} = \dfrac{1}{1!}\lim_{s\to -1}\dfrac{d}{ds}\left[\dfrac{1}{s-2}\right] = \lim_{s\to -1}\dfrac{-1}{(s-2)^2} = -\dfrac{1}{9}$

（2） $A_{12} = \dfrac{1}{1!}\lim_{s\to -1}\dfrac{d}{ds}\left[\dfrac{2s+3}{(s+2)^2}\right] = \lim_{s\to -1}\dfrac{-2(s+1)}{(s+2)^3} = 0$

解　答　　　　　　　　　　　　　　　　　　　　　　　　　　　　　　　　　　219

$$A_{11} = \frac{1}{2!} \lim_{s \to -1} \frac{d^2}{ds^2}\left[\frac{2s+3}{(s+2)^2}\right] = \frac{1}{2!} \lim_{s \to -1} \frac{d}{dt}\left[\frac{-2(s+1)}{(s+2)^3}\right]$$

$$= \lim_{s \to -1} \frac{2s+1}{(s+2)^4} = -1$$

$$A_{21} = \frac{1}{1!} \lim_{s \to -2} \frac{d}{ds}\left[\frac{2s+3}{(s+1)^3}\right] = \lim_{s \to -2} \frac{(-4s-7)}{(s+1)^4} = 1$$

2.10　省略

2.11　（1）定数, e^{-3t}, te^{-3t}, $t^2 e^{-3t}$；$2/27$ に収束

　　　（2）定数, $\sin 2t$, $\cos 2t$, $t\sin 2t$, $t\cos 2t$；発散

　　　（3）定数, t, e^{-2t}；発散

　　　（4）e^{-t}, e^t；発散

2.12　（1）可；$f(t) = \frac{2}{27} - \frac{2}{27}e^{-3t} - \frac{2}{9}te^{-3t} + \frac{1}{6}t^2 e^{-3t}$　　（2）～（4）不可

2.13　問 2.6(1) 1　(2) 0　(3) 省略

　　　問 2.7(1) 0　(2) 0

　　　問 2.8(1) 0　(2) 0　(3) 省略　(4) 1

2.14　省略

2.15　（1）$f(t) = \begin{cases} 0 & t < 1 \\ \frac{4}{3}e^{-2(t-1)} + \frac{5}{3}e^{-5(t-1)} & t \geq 1 \end{cases}$

　　　（2）$f(t) = \begin{cases} 0 & t < 3 \\ 2 - 2e^{-4(t-3)} & t \geq 3 \end{cases}$

2.16　$f_1 * f_2(t) = \int_0^t (t-\tau)e^{-2\tau}d\tau = \frac{1}{2}t + \frac{1}{4}e^{-2t} - \frac{1}{4}$

　　　$F(s) = \frac{1}{2s^2} + \frac{1}{4(s+2)} - \frac{1}{4s} = \frac{1}{s^2(s+2)} = F_1(s)F_2(s)$

練習問題

2.1　（1）$\frac{2}{s} + \frac{1}{s^2} - \frac{4}{s+1} + \frac{6}{s^2+4}$　　（2）$\frac{2}{s^3} + \frac{4}{(s+3)^2} + \frac{5(\sqrt{3}s+2)}{2(s^2+4)}$

2.2　（1）$4 - \frac{11}{2}e^{-t} + \frac{7}{2}e^{-3t}$　　（2）$1 + \frac{1}{2}t^2 - e^{-t}$

　　　（3）$1 - e^{-t/2}$　　（4）$5\cos 4t + \frac{3}{4}\sin 4t$

　　　（5）$e^{-2t}(3\cos t - \sin t)$　　（6）$e^{-t/2}\sin\frac{1}{2}t$

　　　（7）$2e^{-t} - e^{-t}(\cos t + 2\sin t)$　　（8）$-1 + \frac{3}{2}e^{-t/2}$

2.3　（1）$\frac{3}{2}e^{-t} - e^{-2t} + \frac{1}{2}e^{-3t}$　　（2）$-\frac{1}{3} + \frac{1}{4}e^t + \frac{1}{12}e^{-3t}$

　　　（3）$\frac{1}{3}e^{-2t} + \frac{2}{3}e^{-t}(\cos\sqrt{2}t + \sqrt{2}\sin\sqrt{2}t)$

2.4　解答は初期値，最終値の順に記す．最終値定理が適用できないものについては

「不可」と記して，（ ）内にその理由となる $sF(s)$ の極の値を記す．
(1) 2, 4   (2) 0, 不可$(s=0)$ (3) 0, 1
(4) 5, 不可$(s=\pm 4j)$ (5) 3, 0   (6) 0, 0
(7) 1, 0   (8) $\dfrac{1}{2}, -1$

2.5 (1) 定数，e^{-t}, e^{-5t} ; $f(\infty)=\dfrac{1}{5}$ (2) 定数，t, e^{-t}, e^{-5t}
(3) e^{t}, e^{-t}, e^{-5t}
(4) 定数，$e^{-t}\sin t$, $e^{-t}\cos t$; $f(\infty)=\dfrac{1}{2}$
(5) e^{-3t}, $e^{-t}\sin\sqrt{3}\,t$, $e^{-t}\cos\sqrt{3}\,t$; $f(\infty)=0$
(6) e^{-t}, e^{-3t} ; $f(\infty)=0$

2.6 (1) $\left(\dfrac{1}{s^2}+\dfrac{5}{s^2+25}+\dfrac{1}{s+2}\right)e^{-2s}$
(2) $t\geqq 1$ で $f(t)=(t-1)^2+3(t-1)+2-2e^{-2}e^{-2(t-1)}$ と変形できるから，
$$F(s)=\left(\dfrac{2}{s^3}+\dfrac{3}{s^2}+\dfrac{2}{s}-\dfrac{2e^{-2}}{s+2}\right)e^{-s}$$

2.7 (1) $f(t)=\begin{cases} 0 & t<3 \\ \dfrac{1}{2}(1-e^{-2(t-3)}) & t\geqq 3 \end{cases}$

(2) $f(t)=\begin{cases} 0 & t<0 \\ 1 & 0\leqq t<2 \\ e^{-(t-2)} & t\geqq 2 \end{cases}$

(3) $f(t)=\begin{cases} 0 & t<0 \\ 1 & 0\leqq t<2 \\ 0 & t\geqq 2 \end{cases}$

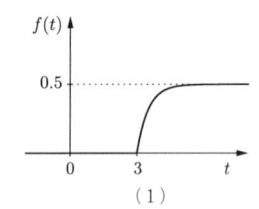

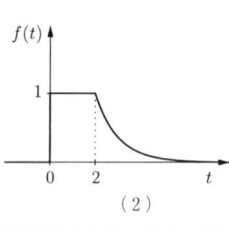

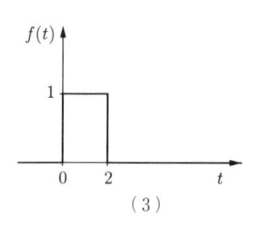

図 A2.1 練習問題 2.7 の逆ラプラス変換

2.8 省略

3 章
問
3.1 省略

3.2 $\dfrac{Cs}{1+RCs}$

解　　答　　　　　　　　　　　　　　　　　　　　　　　　　　　221

3.3　(1) 式(3.27)とたたみ込み積分の公式により
$$|y(t)| = \left|\int_0^t g(\tau)u(t-\tau)d\tau\right| \leq M\int_0^t |g(\tau)|d\tau$$
を得る。$g(t)$ の各項について問の不等式が成立するから，$g(t)$ についても，適当な正数 K, b を選べば，
$$|g(t)| < Ke^{-bt}$$
が成立する。上の不等式に代入して
$$|y(t)| = M\int_0^t Ke^{-b\tau}d\tau = \frac{MK}{b}(1-e^{-bt}) \leq \frac{MK}{b}$$
(2) 2.5.1 の表 2.3(b) を使えば確認できる。

3.4　省略

3.5　タンク内の液の体積を V とすれば，$dV/dt = u$ が成立する。一方，底面積を A とすれば $V = Ah$ である。初期値を 0 としてラプラス変換して整理すれば，$AsH(s) = U(s)$ を得る。

3.6　$Y(s) = \dfrac{1}{s(1+Ts)} = K\left(\dfrac{1}{s} - \dfrac{T}{1+Ts}\right)$ より式(3.38)を得る。微分して $y'(t) = \dfrac{K}{T}e^{-t/T}$ となるから，$y'(0) = \dfrac{K}{T}$ が得られる[b1]。$t = t_1$ での接線の方程式は
$$y(t) - K(1-e^{-t_1/T}) = \frac{K}{T}e^{-t_1/T}(t-t_1)$$
だから，$y(t) = K$ となる時刻は，$t = t_1 + T$ である[b2]。式(3.38)を z の式に代入して
$$z = \ln[K-y(t)] = \ln Ke^{-t/T} = \ln K - \frac{t}{T}$$
となる[b]。$t = T$, $2T$, $\cdots$ でのステップ応答の値は各自計算せよ。$z_0 = z \cdot \log e$ であるから，その傾きは $\dfrac{-\log e}{T}$ ($\log e = 0.434\cdots$) である。

3.7　単位時間の流出量を $q_0 + ky$ とする（k は比例係数）と，タンク内の液の増減について $dV/dt = q_0 + u - (q_0 + ky)$ が成立。底面積を A とすれば，$V = A(h_0 + y)$ だから，$A(dy/dt) = -ky + u$ を得る。ラプラス変換して $Y(s)$ について解けば，
$$Y(s) = \frac{1/k}{1+(A/k)s}$$
を得る。なお，脚注にあるように，流出量についての比例係数は $\dfrac{1}{2}h_0^{-1/2}$ という因子を含む。

3.8　式(3.45)〜(3.50) の導出は省略。$0 < \zeta < 1$ の場合には，
$$Y(s) = \frac{K\omega_n^2}{s(s^2 + 2\zeta\omega_n s + \omega_n^2)} = K\left\{\frac{1}{s} - \frac{s + 2\zeta\omega_n}{s^2 + 2\zeta\omega_n s + \omega_n^2}\right\}$$
と分解できる。これから，式(3.51)を得る。式(3.51)を微分すれば，
$$y'(t) = \frac{K}{\sqrt{1-\zeta^2}\,T}e^{-\zeta t/T}\left\{\zeta\sin\left(\sqrt{1-\zeta^2}\frac{t}{T} + \theta\right) - \sqrt{1-\zeta^2}\cos\left(\sqrt{1-\zeta^2}\frac{t}{T} + \theta\right)\right\}$$
$y'(t) = 0$ より，

$$\tan\left(\sqrt{1-\zeta^2}\frac{t}{T}+\theta\right)=\frac{\sqrt{1-\zeta^2}}{\zeta}$$

を得る。$\frac{\sqrt{1-\zeta^2}}{\zeta}=\tan\theta$ であるから $t_n=\frac{nT\pi}{\sqrt{1-\zeta^2}}$ で $y'(t)=0$, すなわち $y(t)$ が極値をとる。$A_n=\{y(t_n)-K\}/K$ を求めれば, n が奇数のとき $A_n=e^{-\zeta t_n/T}$, n が偶数のとき $A_n=-e^{-\zeta t_n/T}$ であることがわかる。これから, 式(3.53)～(3.55)を得る。

3.9 図3.15について, 回路を流れる電流を i, コイルの電圧を v とすれば $d(Li)/dt=v$, $d(Cy)/dt=i$, $u=v+Ri+y$ が成立する。ラプラス変換して整理すれば $Y(s)=\{1/(1+RCs+LCs^2)\}U(s)$ を得る。したがって伝達関数は二次遅れで, $K=1$, $T=\sqrt{LC}$, $\zeta=R\sqrt{C}/2\sqrt{L}$ である。

図3.16については, 左側のタンク内の液の深さが h_1, 右側の深さが h_0 のとき基準流量 q_0 が流れるものとする。時刻 t での左側の深さを h_1+x, 左側から右側への流量を q_0+v_1, 右側のタンクから流れ出す流量を q_0+v_2 とすれば, それぞれのタンク内の液の増減について(タンクの底面積を A_1, A_2 とする)

左側タンク $\quad \dfrac{d}{dt}A_1(h_1+x)=q_0+u-(q_0+v_1)$

右側タンク $\quad \dfrac{d}{dt}A_2(h_2+y)=q_0+v_1-(q_0+v_2)$

問3.7と同様 $v_2=K_2y$ とする。また, v_1 は左右のタンクの深さの変化分の差に比例するものと考えて, $v_1=k_1(x-y)$ とする。以上の4式をラプラス変換して整理すれば

$$Y(s)=\frac{k_1}{A_1A_2s^2+\{(k_1+k_2)A_1+k_1A_2\}s+k_1k_2}U(s)$$

を得る。したがって, 伝達関数は二次遅れで各係数はつぎの通りである。

$$K=\frac{1}{k_2}, \quad T=\sqrt{\frac{A_1A_2}{k_1k_2}}, \quad \zeta=\frac{(k_1+k_2)A_1+k_1A_2}{2\sqrt{k_1k_2A_1A_2}}$$

3.10 「一次遅れ＋積分」のステップ応答は, $Y(s)=\dfrac{K}{s^2(1+Ts)}$ を逆ラプラス変換すれば求められ

$$y(t)=K\{t-T(1-e^{-t/T})\}$$

となる。「一次遅れ＋むだ時間」のステップ応答は, 一次遅れのステップ応答 $x(t)=K(1-e^{-t/T})$ $(t\geq 0)$ を L だけ遅らせたもので, 次式の通りである。

$$y(t)=\begin{cases} 0 & t<L \\ K\{1-e^{-(t-L)/T}\} & t\geq L \end{cases}$$

3.11 （1） 微分器1台。実数極 $-1/3$ と複素極 $(-3\pm\sqrt{11}j)/10$ をもち, $s=0$ に零点をもつ。相対次数2, ゲイン定数5

（2） 積分器2台, むだ時間有。複素極 $(-1\pm\sqrt{3}j)/4$ と積分器の極 0 (2位)をもち, 零点はない。相対次数は4, ゲイン定数は2

（3） 実数極 $-1, -2, -3$ をもち零点はない。相対次数は3, ゲイン定数は7/6

（4） 積分器1台。実数極 0 (積分器の極)と -1 (3位)および -5 をもち, 零

解　答

点は -2，相対次数は 4，ゲイン定数は $2/5$

3.12 省略

3.13 式(3.65)〜(3.67)の導出，および分子に関する規則の確認は省略する。具体例について，分母多項式は $\Phi(s)=(1+s)(1+0.1s)^2+K$ となる。それぞれの閉ループ伝達関数は

$$G_{yr}(s)=\frac{K_r}{\Phi(s)}, \quad G_{yd}(s)=\frac{1}{\Phi(s)}, \quad G_{ydm}(s)=-\frac{K}{\Phi(s)}$$

$$G_{ur}(s)=\frac{K_r(1+s)(1+0.1s)^2}{\Phi(s)}, \quad G_{ud}(s)=-\frac{K}{\Phi(s)}$$

$$G_{udm}(s)=-\frac{K(1+s)(1+0.1s)^2}{\Phi(s)}$$

である。図 3.22(b) の形のブロック線図は省略する。

3.14　(1)　既約である。
　　　　(2)　既約でない。

3.15　式(3.76)に条件 $H(s)=1$, $C_f(s)=0$, $C(s)=K$ を代入すればよい。

3.16 省略

3.17　(1)　式(3.98)，式(3.38)および図 3.10 を利用すればよい。
　　　　(2)　省略。
　　　　(3)　「傾き」のラプラス変換は $sG_{yr}(s)$ および $sG_{yd}(s)$ となることを利用すればよい。

3.18　式(3.93)に式(3.106)および $K_f=0$ を代入して整理すればよい。閉ループ系の特性方程式は $T_P s^2+s+KK_P=0$ である。閉ループ極は

$$s=\frac{1}{2T_P}(-1\pm\sqrt{1-4KK_PT_P})$$

となる。これから，根軌跡が

・2点 $s=0$, $s=-1/T_P$ から出発し，実軸を通って 2 位の実数極に対応する点 $-1/2T_P$ に至る$(K=1/4K_PT_P)$。

・その後，複素極となり，虚軸に平行な直線 $x=-1/2T_P$ を上下方向に進む。

ことがわかる（各自作図せよ）。極が実数である間$(K<1/4K_PT_P)$は非振動的応答を示す。複素極になると$(K>1/4K_PT_P)$，その虚部／実部の比が大きくなるに従って応答がより振動的になる(4.2.1参照)。

3.19　$\zeta=1/\sqrt{2}$ とするには $K=1/2$, $\zeta'=1$ とするには $K=1/4$ と設定すればよい。

3.20　$P(s)=RCs/(1+RCs)$。回路の左側と右側とはコンデンサでつながっているだけなので，直流電圧を伝えられない。

練 習 問 題

3.1　$G_{yu}(s)=\dfrac{1}{(R_1C_1s+1)(R_2C_2s+1)+R_1C_2s}$

となるから

$$K=1, \quad T=\sqrt{R_1C_1R_2C_2}, \quad \zeta=\frac{R_1C_1+R_2C_2+R_1C_2}{2\sqrt{R_1C_1R_2C_2}}$$

を得る。
$$\zeta-1=\frac{(\sqrt{R_1C_1}-\sqrt{R_2C_2})^2+R_1C_2}{2\sqrt{R_1C_1R_2C_2}}>0$$
であるから，この二次遅れは非振動的である。

3.2 ステップ応答は $t\geqq 0$ の値を記し，(1), (2)の概形は省略する。

(1) 相対次数 1, 極 $-1/5$, 零点なし。$y_{\text{step}}(t)=3(1-e^{-t/5})$

(2) 相対次数 1, 極 -2, 零点なし。$y_{\text{step}}(t)=\frac{1}{2}(1-e^{-2t})$

(3) 相対次数 0, 極 $-1/4$, 零点 -1, $y_{\text{step}}(t)=\frac{1}{4}+\frac{3}{4}(1-e^{-t/4})$

(4) 相対次数 0, 極 -10, 零点 -1, $y_{\text{step}}(t)=10-9(1-e^{-10t})$

(5) 相対次数 2, 極 $\frac{1}{2}(-1\pm\sqrt{3}j)$, 零点なし，
$$y_{\text{step}}(t)=1-\frac{2\sqrt{3}}{3}e^{-t/2}\sin\left(\frac{\sqrt{3}}{2}t+\frac{\pi}{3}\right)$$

(6) 相対次数 2, 極 $-2, -3$, 零点なし，$y_{\text{step}}(t)=\frac{1}{3}(1-3e^{-2t}+2e^{-3t})$

(7) 相対次数 2, 極 $-1, -2, -4$, 零点 -3,
$$y_{\text{step}}(t)=\frac{3}{8}-\frac{2}{3}e^{-t}+\frac{1}{4}e^{-2t}+\frac{1}{24}e^{-4t}$$

(8) 相対次数 1, 極 $\frac{1}{2}(-1\pm\sqrt{3}j)$, 零点 -0.5
$$y_{\text{step}}(t)=\frac{1}{2}-e^{-t/2}\sin\left(\frac{\sqrt{3}}{2}t+\frac{5}{6}\pi\right)$$

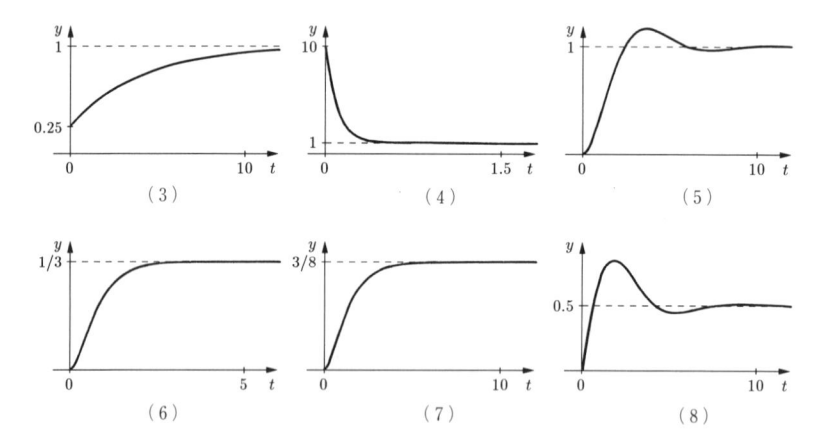

図 A3.1 練習問題 3.2 のステップ応答

3.3 (1) $y_{\text{step}}(t)=\begin{cases} 0 & t<3 \\ 1-e^{-(t-3)/2} & t\geqq 3 \end{cases}$

解　答

(2)　$y_{\text{step}}(t) = \begin{cases} 1 - e^{-t/2} & 0 \leq t < 2 \\ e^{-(t-2)/2} - e^{-t/2} & t \geq 2 \end{cases}$

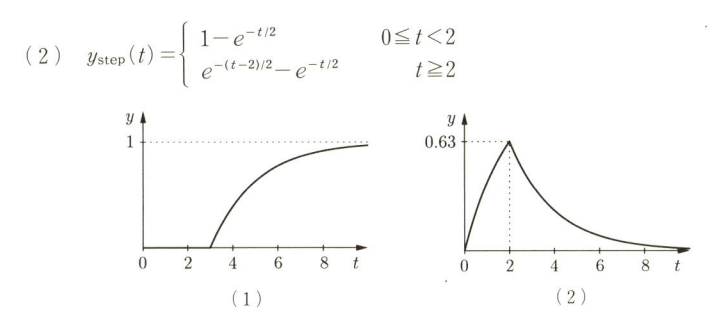

図 A3.2　練習問題 3.3 のステップ応答

3.4　(1)　$\dfrac{2}{3s^2 + 10s + 5}$　　(2)　$\dfrac{3s+1}{2s^3 + 5s^2 + 13s + 4}$

3.5　$G_{yr}(s)$, $G_{yd}(s)$ は式 (3.85 a)，定常偏差は

$$\varepsilon_{r,\text{step}} = \lim_{s \to 0} \frac{1 - P(s) C_f(s)}{1 + P(s) C(s)}, \quad \varepsilon_{r,\text{ramp}} = \lim_{s \to 0} \frac{1 - P(s) C_f(s)}{s\{1 + P(s) C(s)\}}$$

$$\varepsilon_{d,\text{step}} = \lim_{s \to 0} \frac{-P(s)}{1 + P(s) C(s)}$$

により計算すればよい。

(1)　$G_{yr}(s) = \dfrac{2(K + K_f)}{2s^2 + 3s + 1 + 2K}$, 　$G_{yd}(s) = \dfrac{2}{2s^2 + 3s + 1 + 2K}$

$K = 2$, $K_f = 0$ のとき $\varepsilon_{r,\text{step}} = \dfrac{1}{5}$, 　$\varepsilon_{r,\text{ramp}} = \infty$, 　$\varepsilon_{d,\text{step}} = -\dfrac{2}{5}$

$K = 2$, $K_f = 0.5$ のとき $\varepsilon_{r,\text{step}} = 0$, 　$\varepsilon_{r,\text{ramp}} = \dfrac{3}{5}$ (これは名目モデル
についての定常偏差である。ゲイン定数にモデル化誤差があれば
$\varepsilon_{r,\text{ramp}} = \infty$ となることに注意せよ。), 　$\varepsilon_{d,\text{step}} = -\dfrac{2}{5}$

(2)　$G_{yr}(s) = \dfrac{10Ks + 2K}{10s^3 + 15s^2 + (10K + 5)s + 2K}$

$G_{yd}(s) = \dfrac{10s}{10s^3 + 15s^2 + (10K + 5)s + 2K}$

$K = 2$ のとき $\varepsilon_{r,\text{step}} = 0$, 　$\varepsilon_{r,\text{ramp}} = \dfrac{5}{4}$, 　$\varepsilon_{d,\text{step}} = 0$

$K = 20$ のとき $\varepsilon_{r,\text{step}} = 0$, 　$\varepsilon_{r,\text{ramp}} = \dfrac{1}{8}$, 　$\varepsilon_{d,\text{step}} = 0$

(3)　$G_{yr}(s) = \dfrac{5Ks + K}{2s^3 + 3s^2 + (5K + 1)s + K}$, 　$G_{yd}(s) = \dfrac{5s + 1}{2s^3 + 3s^2 + (5K + 1)s + K}$

$K = 0.8$ のとき $\varepsilon_{r,\text{step}} = 0$, 　$\varepsilon_{r,\text{ramp}} = \dfrac{5}{4}$, 　$\varepsilon_{d,\text{step}} = -\dfrac{5}{4}$

$K = 8$ のとき $\varepsilon_{r,\text{step}} = 0$, 　$\varepsilon_{r,\text{ramp}} = \dfrac{1}{8}$, 　$\varepsilon_{d,\text{step}} = -\dfrac{1}{8}$

3.6　$G_{yr}(s) = \dfrac{K'}{1 + 2\zeta' T's + (T's)^2}$, 　$G_{yd}(s) = \dfrac{K''}{1 + 2\zeta' T's + (T's)^2}$

$$K'=1, \quad K''=\frac{2}{2K+1}, \quad T'=\frac{10}{\sqrt{2K+1}}, \quad \zeta'=\frac{\zeta}{\sqrt{2K+1}}$$

K を 1.5, 4, 12 と変化させると K'' が 0.5, 0.111…, 0.08 と減少し, 外乱の影響が抑制され, また T' も 5, 3.33…, 2 と減少して応答が早くなる. ただし, それとともに ζ' が小さくなる. 開ループ伝達関数の減衰係数 ζ が 4 の場合 (これは, 非振動的な制御対象の一例として示したものです) には $\zeta'=2$, 1.33…, 0.8 という程度の変化で, 応答波形の行き過ぎはそれ程大きくならない. しかし, 開ループ伝達関数の ζ が 0.8 の場合 (振動的な制御対象の例です) には, $\zeta'=0.4$, 0.266…, 0.16 となって, 目標値応答が振動的になり行き過ぎ量も非常に大きくなる. 図 3.13 を参照しながら各応答の概形を描いてみられたい.

3.7 (1), (2) とも $G_{yu}(s) = \dfrac{b_2 s^2 + b_1 s + b_0}{s^3 + a_2 s^2 + a_1 s + a_0} + d$

3.8 $\quad U(s) = \dfrac{e^{-s}}{s} - \dfrac{e^{-4s}}{s}, \quad Y(s) = \dfrac{2e^{-s}}{s(1+5s)} - \dfrac{2e^{-4s}}{s(1+5s)}$

$$y(t) = \begin{cases} 0 & t<1 \\ 2\{1 - e^{-(t-1)/5}\} & 1 \leq t < 4 \\ 2\{e^{-(t-4)/5} - e^{-(t-1)/5}\} & t \geq 4 \end{cases}$$

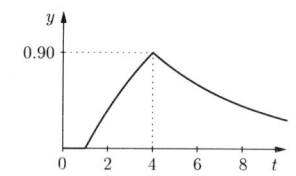

図 **A3.3** 練習問題 3.8 の出力

4 章

問

4.1 省略

4.2 $\beta_1(s) = (s^2 + a_2 s + a_1) b_0 - a_0 b_1 - a_0 s b_2$
$\beta_2(s) = (s + a_2) b_0 + (s^2 + a_2 s) b_1 - (a_1 s + a_0) b_2$
$\beta_3(s) = b_0 + s b_1 + s^2 b_2$

4.3 (1) $y_{\text{res}}(t) = \left(\dfrac{3}{2} t - \dfrac{9}{4}\right) e^{-t}, \quad y_{\text{sys}}(t) = 3 e^{-2t},$

$y_{\text{inp}}(t) = -\dfrac{3}{4} e^{-3t}, \quad y_{\text{init}}(t) = 0$

(2) $y_{\text{res}}(t) = t - 2, \quad y_{\text{sys}}(t) = 2 e^{-t/2}, \quad y_{\text{inp}}(t) = 0, \quad y_{\text{init}}(t) = 0$

(3) ラプラス変換して $X_1(s), X_2(s)$ を消去すれば

$$Y(s) = \dfrac{s+4}{(s+2)(s+3)} U(s) + \left\{\dfrac{2}{s+2} x_1(0) + \dfrac{1}{s+3} x_2(0)\right\}$$

を得る. 第 1 項が $Y_0(s)$, 第 2 項 (中かっこ) が $Y_{\text{init}}(s)$ である. これより,

$$y_{\text{res}}(t) = -(t+1) e^{-2t}, \quad y_{\text{sys}}(t) = \dfrac{2}{3} e^{-3t},$$

解　答　　　　　　　　　　　　　　　　　　　　　　　　　　　227

$$y_{\text{Inp}}(t)=\frac{1}{3}, \quad y_{\text{Init}}(t)=e^{-2t}+e^{-3t}$$

4.4　前半は省略。後半については

$$Y_0(s)=\frac{1}{s}\times\frac{b_n s^n+\cdots+b_0}{s^{r_1}(a_n s^{n-r_1}+\cdots+a_{r_1})}$$

であるから，部分分数展開をしたときの $1/s^{r_1+1}$ の係数は b_0/a_{r_1} となる。

4.5　（1）システムは安定だから入力の不安定極の成分が定常応答になる。$U(s)=5/(s^2+1)$ で，不安定極は $s=\pm j$ である。$Y(s)=5/(s+1)(s+2)(s^2+1)$ を実数の範囲で部分分数展開すれば

$$Y(s)=\frac{5}{2}\frac{1}{s+1}-\frac{1}{s+2}+\frac{-(3/2)s+(1/2)}{s^2+1}$$

第3項が定常応答のラプラス変換である。これを逆ラプラス変換すれば次式を得る。

$$y_{\text{ss}}(t)=-\frac{3}{2}\cos t+\frac{1}{2}\sin t=\frac{\sqrt{10}}{2}\sin(t+\psi)$$

$$\text{ただし}\quad \sin\psi=-\frac{3}{\sqrt{10}}, \quad \cos\psi=\frac{1}{\sqrt{10}}$$

（この場合の答は，周波数応答を使うともっと簡単に求めることができる。問5.1およびその解答参照。）

（2）システムの不安定極 $s=0$ に対応する成分（すなわち定数）が定常応答になる。$Y(s)=1/s(s+1)(s+2)$ を部分分数展開したときの $1/s$ の係数は $1/2$ である。したがって，$y_{\text{ss}}(t)=1/2$ である。

（3）ラプラス変換して $X_1(s)$, $X_2(s)$ を消去すれば

$$Y(s)=\frac{s}{s^2+1}U(s)+\frac{sx_1(0)+x_2(0)}{s^2+1}$$

システムの極は $s=\pm j$ である。入力は $U(s)=2/s$ で極は $s=0$ である。これらの極はすべて不安定である。したがって，$y(t)$ すべてが定常応答になる。

$$y_{\text{ss}}(t)=y(t)=2-2\cos t+\sin t$$

（4）入力をラプラス変換すれば $U(s)=3/s$ となる。システム，入力共通の不安定極 $s=0$ の成分（広義の共振成分）が定常応答になる。$y_{\text{ss}}(t)=3t-6$

4.6　式(3.50)より $\alpha=\zeta\omega_n$, $\beta=\sqrt{1-\zeta^2}\omega_n$ である。ω_n を消去して ζ について解けば式(4.24)が得られる。式(3.25)の2条件の等価性は不等式を変形すれば導ける。

4.7　$T_0/T=\lambda$, $t/T=\tau$ とおけば

$$y(\tau)=1-\frac{1}{\sqrt{1-\zeta^2}}e^{-\zeta\tau}\{\sin(\sqrt{1-\zeta^2}\tau+\theta)-\lambda\sin\sqrt{1-\zeta^2}\tau\}$$

$$=1-\frac{a}{\sqrt{1-\zeta^2}}e^{-\zeta\tau}\sin(\sqrt{1-\zeta^2}\tau+\psi) \quad\quad\quad (\text{A 4.1})$$

ただし，$a=\sqrt{1-2\lambda\zeta+\lambda^2}$, $\psi=\text{Tan}^{-1}\dfrac{\sqrt{1-\zeta^2}}{\zeta-\lambda}$ である。二次遅れの応答を同様に表しておくと

$$y(\tau)=1-\frac{1}{\sqrt{1-\zeta^2}}e^{-\zeta\tau}\sin(\sqrt{1-\zeta^2}\tau+\theta)$$

ただし，$\theta = \mathrm{Tan}^{-1}\dfrac{\sqrt{1-\zeta^2}}{\zeta}$ である．式(A 4.1)の $y(\tau)$ を微分すれば

$$\frac{dy}{d\tau} = \frac{a}{\sqrt{1-\zeta^2}} e^{-\zeta\tau}\{\zeta \sin(\sqrt{1-\zeta^2}\,\tau + \psi) - \sqrt{1-\zeta^2}\cos(\sqrt{1-\zeta^2}\,\tau + \psi)\}$$

である．$\tau = 0$ で $dy/d\tau = \lambda$ となる．$dy/d\tau = 0$ の解は

$$\tau_n = \frac{\theta - \psi + n\pi}{\sqrt{1-\zeta^2}} \qquad n = 0, 1, 2, \cdots$$

となる．ψ の定義式より，$\lambda < 0$ のとき $-\pi/2 < \psi < \theta$，$\lambda > 0$ のとき $\theta < \psi < \pi$ であるから，τ_p を二次遅れのピーク時間(式(3.54)で $T=1$ とおいたもの)とすれば
(ⅰ) $\lambda < 0$ のとき，$0 < \tau_0 < \tau_p < \tau_1$ であって
$$\tau = \tau_0 \text{ で最小値 } y(\tau_0) = 1 - ae^{-\zeta\tau_0} < 0 \text{ をとる．}$$
(ⅱ) $\lambda > 0$ のとき，$\tau_0 < 0 < \tau_1 < \tau_p$ であって
$$\tau = \tau_1 \text{ で最大値 } y(\tau_1) = 1 + ae^{-\zeta\tau_1} \text{ をとる．}$$
ここで，$ae^{-\zeta\tau_0}$ をあらためて
$$K(\lambda) \equiv ae^{-\zeta\tau_0} = \{(\zeta - \lambda)^2 + 1 - \zeta^2\}^{1/2} e^{\zeta(\psi - \theta)/\sqrt{1-\zeta^2}}$$
とおけば
$$y(\tau_0) = 1 - K(\lambda), \qquad y(\tau_1) = 1 + K(\lambda) A_p \qquad (\text{A 4.2})$$
と表せる．ただし，A_p は式(3.53)で与えられる二次遅れの行き過ぎ量である．この式から $\lambda < 0$ の場合の逆応答の大きさ(負のピークの絶対値)は $K(\lambda)$ であり，$\lambda > 0$ の場合の行き過ぎ量は $K(\lambda) A_p$ であることがわかる．したがって，本文[a]，[b]の性質は $K(\lambda)$ の増減を調べてみればわかる．$K(0) = 1$ であり，

$$\frac{d}{d\lambda} \ln K(\lambda) = \frac{\lambda}{(\lambda - \zeta)^2 + (1 - \zeta^2)}$$

であるから，$K(\lambda)$ は $\lambda = 0$ で最小値1をとり，$|\lambda|$ が大きい程 $K(\lambda)$ は大きいことがわかる．これより，本文[a]，[b]の結論を得る．

4.8 正の零点を $z_1, \cdots, z_L$ とすれば(L は奇数)，条件を満たし最終値が正であるプロパーな伝達関数は

$$G(s) = \frac{-(s - z_1) \times \cdots \times (s - z_L) \times (b_M s^M + \cdots + b_0)}{a_n s^n + a_{n-1} s^{n-1} + \cdots + a_0}$$

と表せる．ただし，
$$z_i > 0, \quad b_i > 0, \quad a_i > 0, \quad L + M \leq n$$
であり，ステップ応答 $y(t)$ の最終値は $z_1 \cdots z_L b_0 / a_0$ である．$k = n - (L+M)$ とおく．初期値定理により，
$$y_{\mathrm{step}}(+0) = \lim_{s \to \infty} G(s)$$
$$= \lim_{s \to \infty} \frac{-(1 - z_1 s^{-1}) \times \cdots \times (1 - z_L s^{-1})(b_M + b_{M-1} s^{-1} + \cdots + b_0 s^{-M}) s^{-k}}{a_n + a_{n-1} s^{-1} + \cdots + a_0 s^{-n}}$$

であるから，$k = 0$ のとき $y(+0) = -b_M/a_n < 0$，$k \geq 1$ のとき $y(+0) = 0$ を得る．$k \geq 1$ のときには
$$\mathcal{L}[y'(t)] = sY(s) - y(+0) = sY(s)$$
であるから

解　答

$$y'(+0) = \lim_{s \to \infty} \frac{-(1-z_1 s^{-1}) \times \cdots \times (1-z_L s^{-1})(b_M + b_{M-1} s^{-1} + \cdots + b_0 s^{-M}) \times s^{-k+1}}{a_n + a_{n-1} s^{-1} + \cdots + a_0 s^{-n}}$$

ゆえに，$k=1$ のとき $y'(+0) = -b_M/a_n < 0$，$k \geq 2$ のときは $y'(+0) = 0$，以下同様にすれば

$$y^{(i)}(+0) = 0 \quad i = 0, 1, \cdots, k-1$$

$$y^{(k)}(+0) = -\frac{b_M}{a_n} < 0$$

が導ける。

4.9 この2つの問題では，近くに零点をもたない方の極に対応する成分も，かなり大きく変化することに注意せよ。

（1）　$y_a(t) = \dfrac{1}{4} - \dfrac{2}{7} e^{-t/2} + \dfrac{1}{28} e^{-4t}$, $\quad y_b(t) = \dfrac{1}{4} + \dfrac{1}{20} \dfrac{2}{7} e^{-t/2} - \dfrac{37}{5} \dfrac{1}{28} e^{-4t}$

（2）　$y_a(t) = 1 - 2e^{-t} + \sqrt{2} e^{-3t} \sin\left(t + \dfrac{\pi}{4}\right)$, $\quad y_b(t) = 1 - e^{-t} + 0.05 e^{-3t} \sin t$

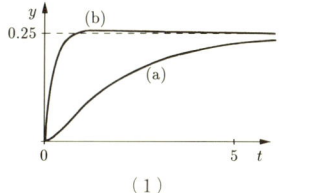

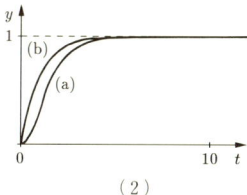

図 A4.1　問4.9のステップ応答

4.10 省略

4.11 省略

4.12 （i）〜（vi）については各自確認されたい。（vii）については

$$\frac{(s+c)^2}{(s+a)(s+b)} + \frac{d^2}{(s+a)(s+b)}$$

と分解できる。第1項は（iv）の $c=d$ の場合であるから，$2c \geq a+b$ であればインパルス応答は負にならない。第2項は $d/(s+a)$ と $d/(s+b)$ の積であるから，（ii）および[a]の乗算に関する結果からインパルス応答は負にならない（したがって，ステップ応答が行き過ぎない）。

4.13 $B(s)/A(s)$ が安定で，実数極が L 個，複素極が $2M$ 個と仮定する。問の文中にあるように実数極は $-\alpha$，複素極は $-\alpha \pm j\beta$ という形で表せる。共役複素極に対応する $A(s)$ の因子の積は

$$(s+\alpha-j\beta)(s+\alpha+j\beta) = s^2 + 2\alpha s + \alpha^2 + \beta^2 = s^2 + as + b$$

$a>0$，$b>0$ となる。したがって，$A(s)$ は

$$A(s) = a_n(s+\alpha_1) \times \cdots \times (s+\alpha_L)(s^2 + a_1 s + b_1) \times \cdots \times (s^2 + a_M s + b_M)$$

と表せる。α_i, a_i, b_i がすべて正だから，上式を展開したときの s^k の係数はすべて a_n と同符号となる。

4.14 （1）　不安定　（2）　安定

4.15 3.5.4の問題は，$K_P = 1$, $a = 21$, $b = 120$, $c = 100$ の場合であり，$K = 24.2$

のときの特性方程式は
$$s^3+21s^2+120s+2520=0$$
となる。この方程式の根は $-21, \pm 2\sqrt{30}j$ である。制御対象のゲイン定数に誤差がある場合については，式(3.104)の $K_P(1+\delta)$ が例4.7の K_P に対応するから，ロバスト安定条件は
$$KK_P(1+\delta)<24.2 \qquad -0.5 \leqq \delta \leqq 0.5$$
となる。これより
$$K<\frac{24.2}{1.5}\fallingdotseq 16.13$$

4.16 特性方程式
$$\Phi(s)=K\times(2-s)+(1-0.5s)(1+2s)\times(1+s)(1+3s)=0$$
が $s=2$ に根をもつから不安定である。小さな K に対して，閉ループ伝達関数の中の $G_{yr}(s)$，$G_{ydm}(s)$ などは安定だが，$G_{ur}(s)$，$G_{udm}(s)$ などが不安定。

4.17 特性方程式
$$\Phi(s)=K\times(1-s)+(1-s)(1+2s)\times(1+s)=0$$
が $s=1$ に根をもつから不安定である。閉ループ伝達関数の中の $G_{ur}(s)$ が不安定である。

4.18 図3.27について確認しておく（問3.18の根軌跡については省略する）。
（ⅰ），（ⅱ）は明らか。
（ⅲ） $s_0=-7$ で，根軌跡の漸近線はこの点で交わっている。
（ⅳ） $G(s)$ の極は -10 に2個，-1 に1個ある。したがって，実軸上では $s\leqq -1$ の部分が根軌跡となる。
（ⅴ） $1/P(s)$ を微分すれば
$$\frac{d}{ds}\left[\frac{1}{P(s)}\right]=1.2+0.42s+0.03s^2$$
となる。したがって，式(4.54)の根は $s=-4, -10$ である。この中の $s=-4$ で根軌跡が実軸から分岐している。

4.19 特性方程式は $5s^2+(6-KT)s+K+1=0$ となり，安定条件は $K<6/T$ である。したがって，ステップ外乱に対する定常偏差 ε_d は
$$\varepsilon_d=\frac{1}{1+K}>\frac{1}{1+(6/T)}\equiv \varepsilon_{d,\mathrm{low}}$$
という形で制約される。零点 $1/T$ が小さいほど定常偏差の下限が大きくなり，$1/T\to 0$（すなわち $T\to\infty$）では $\varepsilon_{d,\mathrm{low}}\to 1$ となる。

5章

問

5.1 式(5.2)は本文中の説明に従って容易に導出できる。式(5.5)を導いておく。公式(1.15)により，式(5.4)の入力は
$$u(t)=\frac{1}{2j}(e^{j\omega t}-e^{-j\omega t})$$
と表せる。$s=\pm j\omega$ が $G(j\omega)$ の極でない場合を考える。式(5.2)により，入力 $u_a(t)=e^{j\omega t}$ および入力 $u_b(t)=e^{-j\omega t}$ に対する出力中の入力固有成分はそれぞれ

解　答

$$y_{a,\text{inp}}(t) = G(j\omega)\,e^{j\omega t}, \qquad y_{b,\text{inp}}(t) = G(-j\omega)\,e^{-j\omega t}$$

である。線形性により式(5.4)の入力に対する出力中の入力固有成分は

$$y_{\text{inp}}(t) = \frac{1}{2j}\{G(j\omega)\,e^{j\omega t} - G(-j\omega)\,e^{-j\omega t}\}$$

となる。$G(s)$ が実数を係数にもつ有理関数だから、$G(j\omega)$ と $G(-j\omega)$ は共役複素数になる。すなわち

$$G(j\omega) = x + jy, \qquad G(-j\omega) = x - jy$$

と表せる $(x, y$ は実数$)$。また、$e^{j\omega t}$、$e^{-j\omega t}$ について

$$e^{j\omega t} = \cos\omega t + j\sin\omega t, \qquad e^{-j\omega t} = \cos\omega t - j\sin\omega t$$

である(式(1.14)参照)。上の4式を使って計算すれば、式(5.5)、(5.6)が得られる。

$s = \pm j\omega$ が $G(j\omega)$ の極である場合については、式(5.3)を使って同様の計算を行えば、c が t の多項式になることがわかる。

問4.5(1)については、「システムが安定で、入力が角周波数1、振幅5の正弦波である」から、定常応答 y_{ss} は式(5.5)で $\omega = 1$ としたあと、結果を5倍すれば求められる。すなわち、

$$y_{ss}(t) = c\sin(t + \theta)$$
$$c = 5 \times |G(j1)|, \qquad \theta = \arg G(j1)$$

となる(一般に、入力の振幅が1ではないときには、c が「入力の振幅×$|G(j\omega)|$」となることに注意して下さい)。$G(j1)$ は

$$G(j1) = \frac{1}{(j1+1)(j1+2)} = \frac{1}{10} - \frac{3}{10}j$$

であるから、c と θ は4章の解答欄の通りとなる。

5.2 $G(j\omega)$ の実部と虚部を x, y としたとき、

$$\left(x - \frac{K}{2}\right)^2 + y^2 = \left(\frac{K}{2}\right)^2$$

が成立することを示せばよい。

5.3 省略((3)については、問5.4の解答参照)

5.4　(1)　$|G(j\omega)|$ の分母の2乗は

$$f = (1 - T^2\omega^2)^2 + 4\zeta^2 T^2\omega^2$$

となる。$x = T^2\omega^2$ とおけば

$$f = (x + 2\zeta^2 - 1)^2 - (4\zeta^4 - 4\zeta^2)$$

と表せる。$x \geq 0$ での f の増減を調べれば結論を得る。

(2)　$G(j\omega)$ の実部と虚部を x, y とおけば

$$x = -\frac{KT}{1 + T^2\omega^2}, \qquad y = -\frac{K}{\omega(1 + T^2\omega^2)}$$

である。これより、つぎのことがわかる。

$\omega \to +0$　で　$x \to -KT, \; y \to -\infty$
$\omega \to +\infty$　で　$x \to -0, \; y \to -0, \; y/x \to 0$

5.5 $G(j\omega)$ の実部 x と虚部 y はそれぞれ

$$x = -\frac{K\sin L\omega}{\omega}, \qquad y = -\frac{K\cos L\omega}{\omega}$$

となる．したがって，ベクトル軌跡は本文の図 5.13 の通りになる．また，
$$\omega \to +0 \text{ のとき } x \to -KL, \ y \to -\infty$$
であることがわかる．

5.6 5.1.2 の性質 [VL 1]，[VL 2]，[VL 3] を使って，ベクトル軌跡の概形を予想した上で，実軸負の部分との交点を求めればよい．ただし，虚軸上に極をもつ場合には，極付近でのナイキスト軌跡の振舞の確認が必要になる．

（1）ベクトル軌跡は実軸正の点から出発し，原点を 1 周してから実軸正の部分へ接するように原点へ収束する（図 A 5.1）．

$$P(j\omega) = \frac{1}{a\omega^4 - c\omega^2 + 1 - \omega(b\omega^2 - d)j}$$

$a = T_1^2 T_2^2, \quad b = 2(T_1 + T_2)T_1 T_2, \quad c = T_1^2 + 4T_1 T_2 + T_2^2, \quad d = 2(T_1 + T_2)$

一巡伝達関数 $KP(s)$ が安定だから，5.2.1 で述べた「ナイキストの安定条件（特殊形）」を使えばよい．実軸負の部分との交点を求めるために分母の虚部を 0 とおけば

$$\omega = 0 \text{ および } \omega = \pm 1/\sqrt{T_1 T_2}$$

を得る．ベクトル軌跡が実軸負の部分と交わるのは後の 2 つの ω の値で，そのとき $P(j\omega) = -T_1 T_2/(T_1 + T_2)^2$ である．よって，制御系は $0 < K < (T_1 + T_2)^2/T_1 T_2$ で安定，$K \geq (T_1 + T_2)^2/T_1 T_2$ で不安定である．

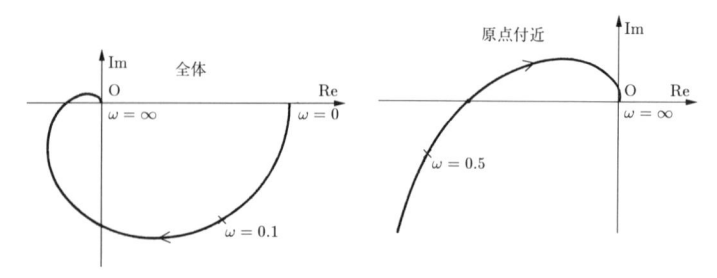

図 A5.1 問 5.6(1) のベクトル線図（$T_1 = 1, T_2 = 3$）

（2）ベクトル軌跡は実軸正の点から出発して，実軸負の部分へ接するように原点へ収束する（図 A 5.2）．$P(j\omega)$ の分子が実数になるよう変形すれば

$$P(j\omega) = -\frac{1 + T_0^2 \omega^2}{(b\omega^2 - 1) + T_0 \omega^2 (a\omega^2 - c) + \omega\{(a - T_0 b)\omega^2 - (c - T_0)\}j}$$

$a = T_1 T_2 T_3, \quad b = T_1 T_2 + T_2 T_3 + T_3 T_1, \quad c = T_1 + T_2 + T_3$

ナイキスト軌跡が実軸と交わる条件は

$$\omega\{(a - T_0 b)\omega^2 - (c - T_0)\} = 0$$

$c > a/b$ であるから，上式が $\omega = 0$ 以外の解をもつのは，

$$T_0 > c \text{ または } T_0 < \frac{a}{b}$$

のときである．その ω の値で

$$P(j\omega) = -\frac{a - T_0 b}{bc - a}$$

となるから，ベクトル軌跡が実軸負の部分と交わるのは $T_0 < a/b$ のときである。したがって，つぎの結論を得る。

(a) $T_0 < a/b$ のとき，$0 < K < K_c$ で安定，$K \geqq K_c$ で不安定である。
$$K_c = \frac{bc-a}{a-T_0 b} = \frac{(T_1+T_2+T_3)(T_1 T_2+T_2 T_3+T_3 T_1) - T_1 T_2 T_3}{T_1 T_2 T_3 - T_0(T_1 T_2+T_2 T_3+T_3 T_1)}$$

(b) $T_0 \geqq a/b$ のとき，すべての $K > 0$ に対して制御系は安定である。

（a） $T_0 = 0.2 < a/b$ のとき

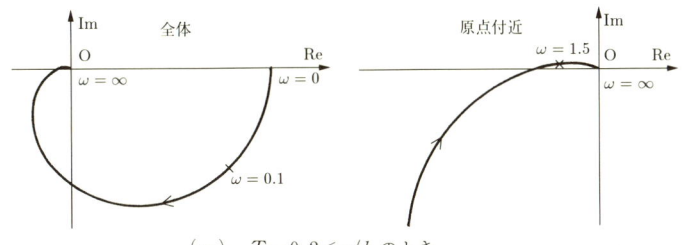

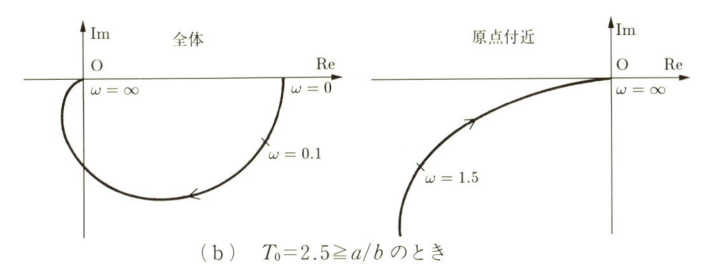

（b） $T_0 = 2.5 \geqq a/b$ のとき

図 A5.2 問 5.6(2) のベクトル線図 ($T_1 = 1$, $T_2 = 2$, $T_3 = 3$)

（3） $K = 1$ とおけば，一巡伝達関数は
$$F_0(s) = \frac{1+Ts}{Ts(1+T_1 s)(1+T_2 s)}$$

となる。$F_0(s)$ の極は $s = 0, -1/T_1, -1/T_2$ (すべて1位)だから前2問と同様に 5.2.1 のナイキストの条件の特殊形が使える。ベクトル軌跡は
$$T < \frac{T_1 T_2}{T_1+T_2} \quad \text{のときに} \quad \omega^2 = \frac{1}{T_1 T_2 - T(T_1+T_2)}$$

で実軸負の部分と交わり，そのときの $F_0(j\omega)$ は
$$F_0(j\omega) = -\frac{T_1 T_2 - T(T_1+T_2)}{T(T_1+T_2)}$$

である。一方，$s = 0$ 付近のナイキスト軌跡の振舞は図 5.9 と同様である。したがって，つぎの結論を得る。

(a) $T < T_1 T_2/(T_1+T_2)$ のとき，$0 < K < K_c$ で安定，$K \geqq K_c$ で不安定である。
$$K_c = \frac{T(T_1+T_2)}{T_1 T_2 - T(T_1+T_2)}$$

(b) $T \geqq T_1 T_2/(T_1+T_2)$ のとき，すべての $K > 0$ で安定である。

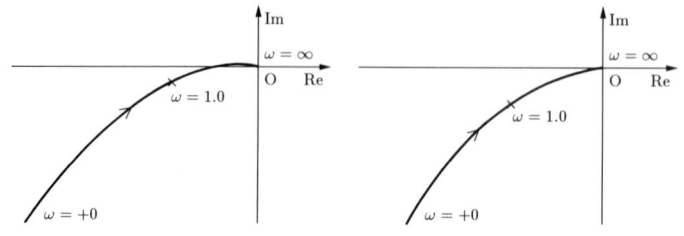

(a) $T=0.5<T_1T_2/(T_1+T_2)$ のとき　(b) $T=1.5\geq T_1T_2/(T_1+T_2)$ のとき

図 A5.3　問 5.6(3)のベクトル線図($T_1=1$, $T_2=2$)

（4）ナイキスト軌跡が図 A 5.4 のようになるので，すべての $K>0$ について制御系は安定である．

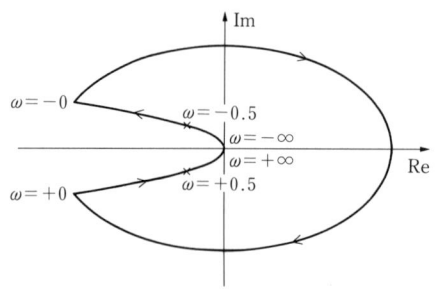

図 A5.4　問 5.6(4)のベクトル線図($T=2$)

5.7　$F(s)=KP(s)$ の極は $s=1/T_1, -1/T_2$ である．不安定極が 1 個あるから，ベクトル軌跡が点 -1 を反時計まわりに 1 回まわれば安定である．

$$F(j\omega)=K\frac{(1+T_1T_2)\omega^2+(T_1-T_2)\omega j}{(1+T_1T_2)^2\omega^4+(T_1-T_2)^2\omega^2}$$

$K>0$ のとき，$\mathrm{Re}\,F(j\omega)>0$ であるから，ベクトル軌跡が点 -1 を回ることはない．$K<0$ のときの $F(s)$ のベクトル軌跡は図 A 5.5 の通りになるから，つぎの結果を得る．

(a)　$T_1>T_2$ のとき，$K<-1$ で制御系は安定であり，それ以外の K について不

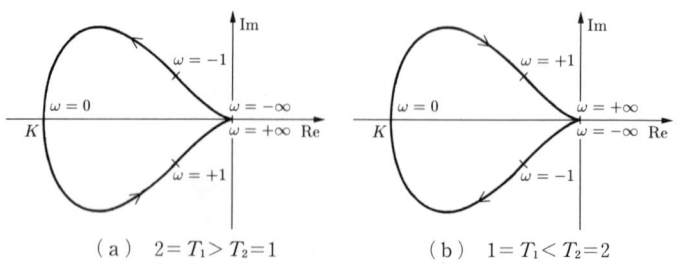

(a) $2=T_1>T_2=1$　　(b) $1=T_1<T_2=2$

図 A5.5　問 5.7のベクトル線図($K<0$)

解　答

　　　　安定である。
　　(b)　$T_1 < T_2$ のとき，すべての K について制御系は不安定である。

5.8　$T_{01} = T_{02} = 1$，$T_1 = T_2 = T_3 = 10$ のときの $P(s)$ のベクトル軌跡は図 A5.6 の通りである（実軸負の部分を横切る部分だけ記す）。この図から条件付安定であることがわかる。

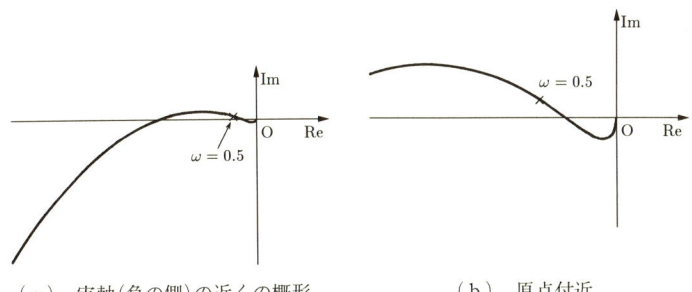

　　　（a）　実軸（負の側）の近くの概形　　　　　（b）　原点付近

図 A5.6　問 5.8 のベクトル線図

5.9　還送比 $F(s) = e^{-Ls}/(1+Ts)$ のベクトル軌跡の $\omega > 0$ の部分は図 5.6 の図形となる。安定条件は，一番左の位相交点で $-1 < \mathrm{Re}\, F(j\omega)$ となることである。一番左の位相交点は，$\omega > 0$ の範囲で最小の位相交点周波数 $\omega_{\min}$ に対応している。以上の知見のもとに，まず位相交点角周波数を求める。

$$F(j\omega) = \frac{K}{1+T^2\omega^2}\{\cos L\omega - T\omega \sin L\omega - j(\sin L\omega + T\omega \cos L\omega)\}$$

位相交点各周波数は，$F(j\omega)$ の虚部が 0 となる ω であるから

$$\sin L\omega + T\omega \cos L\omega = 0 \quad \text{すなわち} \quad \tan L\omega = -T\omega$$

ここで

$$\tan x = -\frac{T}{L}x, \quad x > 0$$

の最小根を $x_{\min}$ とすれば

$$\omega_{\min} = \frac{1}{L}x_{\min}, \quad F(j\omega_{\min}) = -K\left(1+\frac{T^2}{L^2}x_{\min}^2\right)^{-1/2}$$

である。したがって，安定条件は

$$-1 < F(j\omega_{\min}) \quad \text{すなわち} \quad K < \left(1+\frac{T^2}{L^2}x_{\min}^2\right)^{1/2} = K_c$$

である。$L=2$，$T=3$ のとき $T/L=1.5$ であるから，表より

$$x_{\min} = 1.907$$

ゆえに安定限界のゲインの値は

$$K_c = 3.03$$

5.10　定義に従って計算せよ。

5.11　ゲイン曲線は次式で与えられる。

$$y_g = -10\log(1+\omega^2 T^2)$$

これから式 (5.44)，(5.45) が得られる。位相曲線は

で与えられる．これから，式(5.47)，(5.48)は明らか．つぎに，$\omega=\omega_{BK}=1/T$ での接線を求める．上式より

$$\frac{dy_{ph}}{d\omega} = -\frac{180°}{\pi}\frac{T}{1+\omega^2 T^2}$$

一方，式(5.32)を微分して

$$\frac{dx_\omega}{d\omega} = \frac{1}{\ln 10}\frac{1}{\omega}$$

ゆえに

$$\frac{dy_{ph}}{dx_\omega} = \frac{dy_{ph}}{d\omega}\bigg/\frac{dx_\omega}{d\omega} = -\frac{180°\ln 10}{\pi}\frac{\omega T}{1+\omega^2 T^2}$$

$\omega=\omega_{BK}=1/T$ で $y=-45°$ であるから，接線は式(5.49 a)で与えられる．さらに近似式

$$\pi \log e \fallingdotseq \log 25$$

を使えば，式(5.49 b)を得る．

5.12 図 A 5.7 の通り．
5.13 図 A 5.7 の通り．

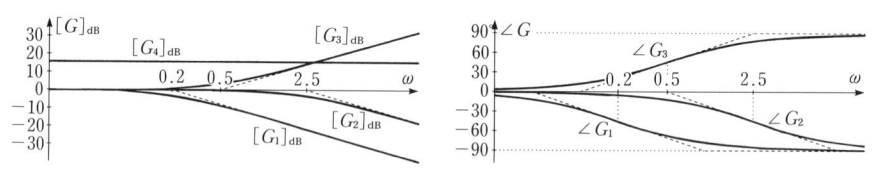

図 A5.7 問 5.12 および問 5.13 のボード線図

5.14 具体例で示しておく．$T=1$, $\gamma=10$ とすれば，伝達関数は

$$G_1(s) = \frac{1+s}{1+10s} = 0.1 + \frac{0.9}{1+10s}$$

となり，ステップ応答は

$$y_1(t) = 0.1 + 0.9(1-e^{-t/10}) = 1 - 0.9e^{-t/10}$$

である．また，$T=1$, $\gamma=0.2$ とすれば伝達関数は

$$G_2(s) = \frac{1+s}{1+0.2s} = 5 - \frac{4}{1+0.2s}$$

となり，ステップ応答は

$$y_2(t) = 5 - 4(1-e^{-t/0.2}) = 1 + 4e^{-5t}$$

である．図 A 5.8 にボード線図の，図 A 5.9 にステップ応答の概形を示す．ボード線図から $G_1(s)$ は低周波域のゲインを相対的に大きくする働きがあり，$G_2(s)$ の方は $\omega=1/\alpha T \sim 1/T$ 近辺で位相を進める働きがあることがわかる．またステップ応答の初期の形から，$G_1(s)$ は「積分に似た動作」，$G_2(s)$ は「微分に似た動作」をすることがわかる．

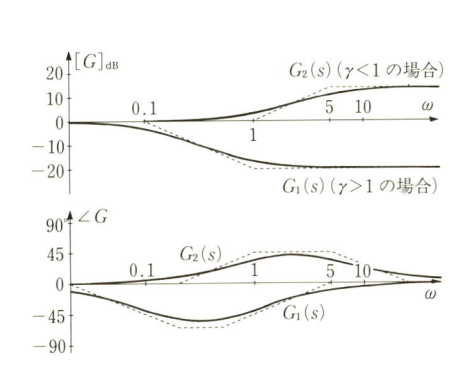

図 A5.8　問5.14のボード線図
（$\gamma=10$ および $\gamma=0.2$）

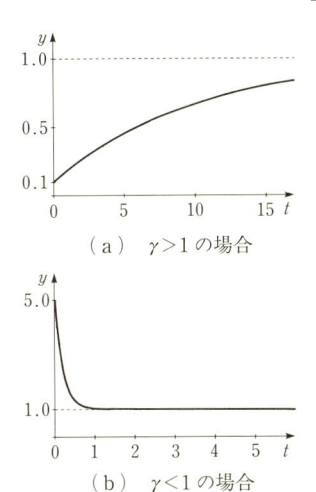

図 A5.9　問5.14のステップ応答
（$\gamma=10$ および $\gamma=0.2$）

5.15　図 A 5.10 の通り。

5.16　$P(s)$ のボード線図は図 A 5.11 の通りである。$K=1$ のときの還送比 $F_1(s)$ は $P(s)$ に等しい。$\omega=0.75$ で $\angle P°≒-180°$（したがって，$\omega=0.75$ が位相交点角周波数），$[P]_{dB}=4.44\,dB$ であるから，制御系は不安定である。

$K=0.1$ のときの還送比は $F_2(s)=0.1P(s)$ である。$F_2(s)$ のボード線図は，$P(s)$ のボード線図でゲイン曲線だけを $[0.1]_{dB}=-20\,dB$ 下方へ平行移動させることによって得られる（位相曲線は不変）。したがって，位相交点角周波数は $K=1$ の場合と同じく $\omega=0.75$ で，そのときのゲインは $4.44-20=-15.56\,dB$ になる。したがって制御系は安定で，ゲイン余裕は $15.56\,dB$ である。位相余裕 φ_m は，$|F_2(j\omega)|=1$ すなわち $[P(j\omega)]_{dB}=20$ となる角周波数 ω_g が約 0.24 で，そのときの位相角 $\angle P(j\omega)°$ が約 $-130°$ であるから $\varphi_m≒180°-130°=50°$ となる。

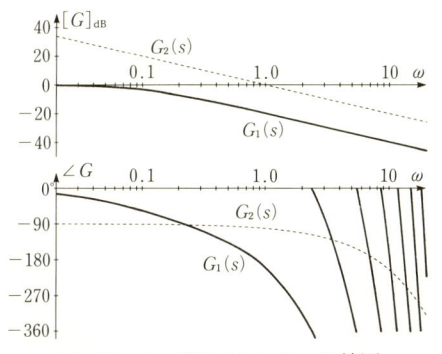

図 A5.10　問5.15のボード線図

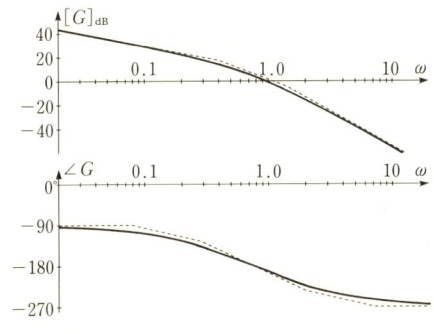

図 A5.11　問5.16の $P(s)$ のボード線図

安定限界の K の値とは，位相交点角周波におけるゲインが $[1]_{dB}=0\,dB$ となる K の値に他ならない。したがって安定限界の K の値は
$$[K]_{dB}=-4.44 \quad \text{すなわち} \quad K=10^{-4.44/20}=0.60$$
である。

5.17 ゲイン線図は $[G]_{dB}=0$ の直線になる。位相線図は図 A 5.12 の通り。

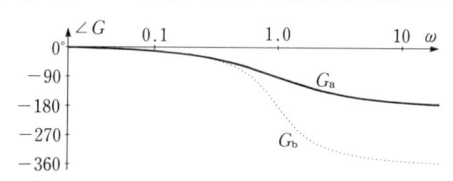

図 A5.12 問 5.17 の位相曲線

5.18 式 (5.72) の積分は
$$\theta(\omega_1)=\frac{2}{\pi}\int_0^\infty \frac{\ln c(\omega)}{(\omega/\omega_1)-(\omega_1/\omega)}\frac{d\omega}{\omega}$$
と変形できる。したがって，本文の変数変換により
$$\theta=\frac{1}{\pi}\int_{-\infty}^\infty \frac{\alpha(x)}{\sinh x}dx, \quad \alpha(x)=\ln c(\omega)=\ln c(\omega_1 e^x)$$
を得る。ここで，公式
$$\int\frac{1}{\sinh x}=-\log\coth\frac{|x|}{2}$$
を利用して部分積分を行えば次式を得る。
$$\theta=\left[-\log\coth\frac{|x|}{2}\alpha(x)\right]_{-\infty}^\infty+\int_{-\infty}^\infty\left(\log\coth\frac{|x|}{2}\right)\frac{d\alpha(x)}{dx}dx$$
定数項は 0 になるから，式 (5.75) を得る。

5.19 $G(s)$ が安定であるから，$G(s)/s$ の極はすべて $\mathrm{Re}\,s\leq 0$ に存在する。そこでブロムウィッチの積分路 Br を
$$s=c+j\omega \quad c>0\,;\,\omega=-\infty\sim\infty$$
と選べば
$$y(t)=\frac{1}{2\pi j}\int_{Br}G(s)\frac{1}{s}e^{st}ds$$
が成り立つ。右辺の積分を計算するために，図 A 5.13 の閉路 ACBDEFGHA を考える。ただし，A$(c,-Rj)$, B(c,Rj), D$(0,Rj)$, H$(0,-Rj)$ であり，EFG は原点を中心とする半径 ρ の小円の右半分である。閉路の中に被積分関数の極は存在しないから，閉路積分は 0 になる。また，$R\to\infty$ のとき
$$\int_{BD}G(s)\frac{1}{s}e^{st}ds, \quad \int_{HA}G(s)\frac{1}{s}e^{st}ds$$
は 0 に収束する。したがって，
$$\int_{Br}G(s)\frac{1}{s}e^{st}ds=\lim_{R\to\infty}\lim_{\rho\to 0}\left(\int_{\Gamma_1}+\int_{GFE}+\int_{\Gamma_2}\right)G(s)\frac{1}{s}e^{st}ds$$
が成り立つことがわかる。ただし，Γ_1 は虚軸の $-Rj$ から G まで，Γ_2 は虚軸の E から Rj までの部分である。$s=0$ が 1 位の極であるから，小円 GFE 上の積分

解　答

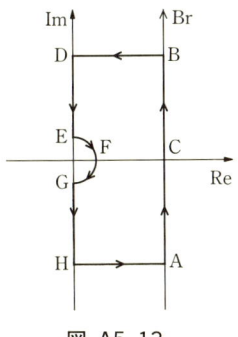

図 A5.13

については，$\rho \to 0$ のとき
$$\frac{1}{2\pi j}\int_{\text{GFE}} G(s)\frac{1}{s}e^{st}ds \longrightarrow \frac{1}{2}\text{Res}\left[0\,;\,G(s)\frac{1}{s}e^{st}\right]$$
となる。Res[ ] を計算すれば
$$\text{Res}[0]=\lim_{s\to 0}s\times G(s)\frac{1}{s}e^{st}=G(0)$$
虚軸上の積分については，$s=j\omega$ とおいて計算することにより
$$\lim_{R\to\infty}\lim_{\rho\to 0}\left(\int_{\Gamma 1}+\int_{\Gamma 2}\right)G(s)\frac{1}{s}e^{st}ds$$
$$=\int_0^\infty \frac{1}{\omega}\{\text{Im}[G(j\omega)]\cos\omega t+\text{Re}[G(j\omega)]\sin\omega t\}d\omega$$
を得る。以上より式(5.81)が得られる。なお，式(5.81)右辺の被積分関数の各項は $\omega\to 0$ で有限値をとる（したがって，こちら側は特異積分でない）ことに注意されたい。

5.20 $K_{\text{AM}}=K$ は自明。近似モデルのピーク角周波数・ピーク値が ω_p, $M_\text{p}K$ となるという条件から
$$\omega_\text{p}=\omega_{\text{AM}}\sqrt{1-2\zeta_{\text{AM}}^2},\qquad M_\text{p}K=\frac{K_{\text{AM}}}{2\zeta_{\text{AM}}\sqrt{1-\zeta_{\text{AM}}^2}}$$
第2式に $K_{\text{AM}}=K$ を代入して整理すれば
$$\zeta_{\text{AM}}^4-\zeta_{\text{AM}}^2+\frac{1}{4M_\text{p}^2}=0$$
を得る。これを $X=\zeta_{\text{AM}}^2$ の2次方程式として眺める。$M_\text{p}>1$ であるから，判別式 $=1-M_\text{p}^{-2}>0$ である。さらに，係数の値を考慮すれば，
$$0<X_1<\frac{1}{2}<X_2$$
を満たす2根 X_1, X_2 をもつことがわかる。したがって，ζ_{AM} についての正根はつぎの ζ_1, ζ_2 である。
$$\zeta_1\equiv\sqrt{X_1}<\frac{1}{\sqrt{2}}<\sqrt{X_2}\equiv\zeta_2$$
近似モデルがピークをもつという条件から $\zeta_{\text{AM}}=\zeta_1$ を得る。根の公式により X_1

を求め，ζ_1 を計算すれば

$$X_1=\frac{1}{2}\left\{1-\left(1-\frac{1}{M_{\mathrm{p}}^2}\right)^{1/2}\right\}, \quad \zeta_1=\sqrt{X_1}=\frac{1}{\sqrt{2}}\left\{1-\left(1-\frac{1}{M_{\mathrm{p}}^2}\right)^{1/2}\right\}^{1/2}$$

ω_{p} の式から ω_{AM} を解いて上の ζ_1 を代入すれば

$$\omega_{\mathrm{AM}}=\frac{\omega_{\mathrm{p}}}{\sqrt{1-2\zeta_{\mathrm{AM}}^2}}=\omega_{\mathrm{p}}\left(1-\frac{1}{M_{\mathrm{p}}^2}\right)^{-1/4}$$

上式と ζ_1 の式を式(5.92)の第1式に代入すれば式(5.93)を得る．

5.21　$c=\theta_{\mathrm{c}}/\omega_{\mathrm{c}}$ とおけば，理想フィルタの周波数応答は

$$G(j\omega)=\begin{cases} Ke^{-c\omega j} & |\omega|\leq\omega_{\mathrm{c}} \\ 0 & |\omega|>\omega_{\mathrm{c}} \end{cases}$$

と表せる．この式を式(5.81)に代入すれば式(5.94)が得られる．式(5.94)より，$t=\theta_{\mathrm{c}}/\omega_{\mathrm{c}}\equiv T_{\mathrm{D}}$ で $y(t)=K/2$ となることがわかる．微分すれば

$$\frac{dy}{dt}=\frac{K\omega_{\mathrm{c}}}{\pi}\frac{\sin(\omega_{\mathrm{c}}t-\theta_{\mathrm{c}})}{\omega_{\mathrm{c}}t-\theta_{\mathrm{c}}}$$

この式から，ピーク時刻 T_{p} および $t=\theta_{\mathrm{c}}/\omega_{\mathrm{c}}$ での接線を求めれば

$$T_{\mathrm{p}}=\frac{\theta_{\mathrm{c}}}{\omega_{\mathrm{c}}}+\frac{\pi}{\omega_{\mathrm{c}}}, \quad 接線：y=\frac{K}{2}+\frac{K\omega_{\mathrm{c}}}{\pi}(t-T_D)$$

接線の方程式から $y=0$ および $y=K$ の直線との交点を求めれば，その時間間隔 T_{r} が式(5.96)の第3式となることがわかる．

5.22　問 5.16 表 5.2 のデータを使って例 5.11 と同様に行えばよい．図は省略する．

5.23　問 5.14 の解答の図 A 5.9(a) 参照．

5.24　問 5.14 の解答の図 A 5.9(b) 参照．

5.25　名目上の制御対象についての還送比 $F(s)$ のナイキスト軌跡と点 -1 との間の距離は $|1+P(j\omega)C(j\omega)H(j\omega)|$ である．一方，モデル化誤差によるナイキスト軌跡の変動の大きさは $|\delta P(j\omega)P(j\omega)C(j\omega)H(j\omega)|$ である．前者が後者より大きいことを保証すればよい．

5.26　定義式から明らか．

6 章

問

6.1　台車の位置を x_1，速度を x_2 とおけば，ベクトル行列型のパラメータはつぎの通りになる．

$$n=2, \quad m=2, \quad p=1,$$
$$A=\begin{bmatrix} 0 & 1 \\ -(K_1+K_2) & -F \end{bmatrix}, \quad B=\begin{bmatrix} 0 & 0 \\ K_1 & K_2 \end{bmatrix}$$
$$C=[1,\ 0], \quad D=[0,\ 0]$$

6.2　直流モータについては，行列 A, B は式(6.5)で，C, D は式(6.7)で与えられる．図 3.3 のシステムについては上記(問 6.1 の解答)の通りである．計算は各自行うこと．

6.3　導出は省略．数値例については

解　答

$$Y(s) = \frac{6}{s+2}\frac{1}{s} + \frac{1.5}{s+2} = \frac{3}{s} - \frac{1.5}{s+2}, \qquad y(t) = 3 - 1.5e^{-2t}$$

6.4 $[sI-A]^{-1} = \begin{bmatrix} 1/(s+a) & 1/(s+a)^2 & 1/(s+a)^3 \\ 0 & 1/(s+a) & 1/(s+a)^2 \\ 0 & 0 & 1/(s+a) \end{bmatrix}$

以下の導出は省略。数値例については

$$Y(s) = \frac{3}{(s+2)^3}\frac{1}{s} + \frac{1}{s+2}, \qquad y(t) = \frac{3}{2} - \frac{1}{2}e^{-2t} - 3te^{-2t} - \frac{3}{4}t^2 e^{-2t}$$

6.5 前問で求めた $[sI-A]^{-1}$ に左から C を，右から B をかけて

$$G(s) = \frac{b_1 c}{s+a} + \frac{b_2 c}{(s+a)^2} + \frac{b_3 c}{(s+a)^3}$$

6.6 $[sI-A]^{-1} = \dfrac{1}{(s+\alpha)^2 + \beta_1 \beta_2}\begin{bmatrix} s+\alpha & -\beta_1 \\ \beta_2 & s+\alpha \end{bmatrix}$

以下の導出は省略。数値例については

$$Y(s) = \frac{2(s+3)}{(s+3)^2+1}\frac{1}{s} + \frac{2}{(s+3)^2+1}, \qquad y(t) = \frac{3}{5} - \frac{3}{5}e^{-3t}\cos t + \frac{7}{5}e^{-3t}\sin t$$

6.7 前問で求めた $[sI-A]^{-1}$ に左から C を，右から B をかけて

$$G(s) = \frac{b_2(s+\alpha) + b_1 \beta_2}{(s+\alpha)^2 + \beta_1 \beta_2}$$

6.8 $Y(s) = G(s)U(s) + \dfrac{x_{30}s^2 + x_{20}s + x_{10}}{s^3 + a_2 s^2 + a_1 s + a_0}, \qquad G(s) = \dfrac{b_3 s^2 + b_2 s + b_1}{s^3 + a_2 s^2 + a_1 s + a_0}$

6.9 省略

6.10 伝達関数行列の分数部分を通分すれば

$$G_{\text{ctrlI}}(s) = \left[\frac{-249s + 10}{s^2 + 10s} + 28, \ \frac{499s - 10}{s^2 + 10s} - 55\right]$$

これから，つぎの可観測標準型の状態方程式を得る。

$$\frac{d}{dt}\begin{bmatrix} x_1 \\ x_2 \end{bmatrix} = \begin{bmatrix} 0 & 0 \\ 1 & -10 \end{bmatrix}\begin{bmatrix} x_1 \\ x_2 \end{bmatrix} + \begin{bmatrix} 10 & -10 \\ -249 & 499 \end{bmatrix}\begin{bmatrix} r \\ y \end{bmatrix}$$

$$u = [0, \ 1]\begin{bmatrix} x_1 \\ x_2 \end{bmatrix} + [28, \ -55]\begin{bmatrix} r \\ y \end{bmatrix}$$

練習問題

6.1 （1）$\dfrac{2}{s+3} - \dfrac{3}{(s+1)^2+6} + 1$　　（2）$\dfrac{s^2+s}{s^3+5s^2+3s+2} + 2$

　　（3）$\dfrac{s^2+3s+2}{s^3-s^2+s+1}$

6.2 （1）モード分解型の一例

$$\frac{dx}{dt} = \begin{bmatrix} -1 & 0 & 0 \\ 0 & -2 & 0 \\ 0 & 0 & -5 \end{bmatrix} x + \begin{bmatrix} -1/2 \\ 1 \\ -\sqrt{3}/2 \end{bmatrix} u, \qquad y = [1/2, \ 1, \ \sqrt{3}/2] x$$

可制御標準型

$$\frac{dx}{dt}=\begin{bmatrix} 0 & 1 & 0 \\ 0 & 0 & 1 \\ -10 & -17 & -8 \end{bmatrix}x+\begin{bmatrix} 0 \\ 0 \\ 1 \end{bmatrix}u, \quad y=[1,\ 2,\ 0]x$$

（2） モード分解型の一例

$$\frac{dx}{dt}=\begin{bmatrix} -1 & 0 & 0 \\ 0 & -2 & 0 \\ 0 & 0 & -3 \end{bmatrix}x+\begin{bmatrix} 1/\sqrt{2} \\ \sqrt{10} \\ 1 \end{bmatrix}u$$

$$y=\begin{bmatrix} 0 & 0 & 2 \\ 1/\sqrt{2} & -\sqrt{10} & -1/2 \end{bmatrix}x+\begin{bmatrix} 0 \\ 5 \end{bmatrix}u$$

可制御標準型

$$\frac{dx}{dt}=\begin{bmatrix} 0 & 1 & 0 \\ 0 & 0 & 1 \\ -6 & -11 & -6 \end{bmatrix}x+\begin{bmatrix} 0 \\ 0 \\ 1 \end{bmatrix}u$$

$$y=\begin{bmatrix} 4 & 6 & 2 \\ -28 & -39 & -10 \end{bmatrix}x+\begin{bmatrix} 0 \\ 5 \end{bmatrix}u$$

6.3 （1） モード分解型の一例

$$\frac{dx}{dt}=\begin{bmatrix} -2 & 0 & 0 \\ 0 & -1 & -1 \\ 0 & 2 & 1 \end{bmatrix}x+\begin{bmatrix} \sqrt{2} \\ 0 \\ 1 \end{bmatrix}u$$

$$y=[\sqrt{2},\ 0,\ 1]x$$

可観測標準型

$$\frac{dx}{dt}=\begin{bmatrix} 0 & 0 & -6 \\ 1 & 0 & -7 \\ 0 & 1 & -4 \end{bmatrix}x+\begin{bmatrix} 4 \\ 1 \\ 1 \end{bmatrix}u$$

$$y=[0,\ 0,\ 1]x$$

（2） モード分解型の一例

$$\frac{dx}{dt}=\begin{bmatrix} 1 & 0 & 0 \\ 0 & -3 & 0 \\ 0 & 0 & -2 \end{bmatrix}x+\begin{bmatrix} 1/2 & 0 \\ 1/2 & 0 \\ 0 & \sqrt{2} \end{bmatrix}u$$

$$y=[1/2,\ -1/2,\ \sqrt{2}]x+[1,\ 3]u$$

可観測標準型

$$\frac{dx}{dt}=\begin{bmatrix} 0 & 0 & 6 \\ 1 & 0 & -1 \\ 0 & 1 & -4 \end{bmatrix}x+\begin{bmatrix} 2 & -3 \\ 1 & 2 \\ 0 & 1 \end{bmatrix}u$$

$$y=[0,\ 0,\ 1]x+[1,\ 3]u$$

索　引

あ 行

I 制御　79
I-PD 制御　186
I 補償　79
アウター関数　156
アクチュエータ　3
安定因子　39
安定極　39
安定限界　119, 134, 176
安定性　62, 110
　　伝達関数の——　39, 41, 42, 43
　　フィードバック制御系の——　62,
　　　114, 122, 130, 151
　　むだ時間システムの——　112, 140
　　——の必要条件　107
安定多項式　107
安定判別法
　　簡易——　152
　　ナイキストの——　130
　　フルビッツの——　109
　　ラウスの——　107
安定余裕　6
安定零点　39
行き過ぎが生じない条件　77, 105
行き過ぎ時間　50, 85, 162, 164, 170, 183
行き過ぎ量　50, 77, 85, 161, 170, 183
位数　8, 9
位相遅れ補償　179
位相遅れ要素　150, 178
位相角　125, 128
位相曲線　142
位相交点　134, 139, 152, 153
位相交点角周波数　139, 152, 160, 170
位相進み・遅れ補償　6, 174, 182
位相進み補償　181
位相進み要素　150, 180
位相余裕　153, 160, 170, 183, 184
一次遅れ（要素）　46, 126, 144, 201

　　——の比例制御　70
一次遅れ＋積分　54, 126
　　——の比例制御　75, 109, 134
一次遅れ＋むだ時間　54, 130, 187
一次進み要素　53
1 自由度制御　67
1 自由度 PID 制御　186
1 自由度比例制御　58, 69
一巡伝達関数　61, 115, 131
1 入力 1 出力システム　40, 198
インディシャル応答　42
インナー・アウター分解　156
インナー関数　156
インパルス応答　40, 95, 105
インパルス関数　14, 19
インパルス成分　97
wellposedness 条件　113
s 関数　13
s 領域の解　20
s 領域の関数　13, 56
n 型　81
n 次遅れ（要素）　54
遅れ時間　85
オフセット　64
折れ点　144
折れ点角周波数　144

か 行

解析的延長　9
外乱　4, 58, 65
外乱応答　71, 86
外乱性信号　58, 62, 65
外乱抑制力　73, 83, 87, 120, 191, 194
開ループ系　59
開ループ周波数応答　165, 167
開ループ制御　4
開ループ伝達関数　59
ガウス平面　7

243

可観測標準型　204, 206, 208, 210
可制御標準型　202, 206, 208, 210
過渡応答　40, 96, 99, 157
加熱用タンク　44, 47
ガバナー　4
加法的誤差　66
簡易安定判別法　152
頑健さ　80
還送差　61, 115
還送比　61
感度　194
感度関数　6, 191, 194
寄生要素　89, 114
基本パラメータ　186
逆応答　103
逆数要素　147
既約分数表現　63, 115
逆ラプラス変換　13
　——の計算　16, 22
　——に現れる関数　27
共振(成分)　97, 112, 147
強プロパー　8, 113
極　8, 39, 96, 100, 106
極座標表示　9, 167
虚数単位　7
虚部　7
近似微分要素　185
クロスオーバー角周波数　139
加え合わせ点　56
　——の統合・分離・移動　57
計算の精度　208
ゲイン　125, 127
　——の値　43
ゲイン位相曲線　151
ゲイン位相線図　151
ゲイン曲線　141
ゲイン交点　139, 152, 153
ゲイン交点角周波数　139, 152, 160, 170
ゲイン定数　43, 46, 49, 55, 100, 155
ゲインフィードバック　5, 70
ゲイン要素　43, 147
ゲイン余裕　153, 160, 170, 183, 184
限界感度試験　188
限界感度法　189
限界ゲイン　188
限界周期　188
検出　2
検出器　2, 59, 78
検出雑音　4, 58, 66, 194
　——の影響　193
検出信号　3, 58
検出量　3
減衰係数　49, 76
減衰比　50, 85, 161, 183
減衰レベル　160, 171
現代制御理論　6
広義の共振成分　96, 97, 124
高周波域　177
古典制御理論　6, 174
古典的周波数応答法　173, 174
古典的設計法　171, 174
古典的汎用設計法　174
　——の前提条件　175, 180
根軌跡　75, 77, 109, 118
コントローラ　3

さ　行

サーボ機構　89, 173
サーボ系　75, 89, 173, 174, 182, 192
　——の調整法　77, 101
最終値　30, 46, 49, 51, 84
最終値公式　30
最小位相　39, 101, 103, 107, 155
最小実現　207
三次遅れ系の比例制御　74, 109, 119, 133, 175
CHR法　189
時間軸方向に平行移動　31
次数　39, 197
指数関数　9, 10
システム　35, 40
　——の応答　40, 93
　——の次数　197
システム固有成分　96, 97, 124
自然対数　9, 46, 143
実現　60, 205
実数極　28, 49
実部　7
時定数　46

索　引

自動制御系　2, 3
自動制御システム　2
自動制御装置　1
自動調節(機構)　90, 173
自動販売機　2
支配極　101
時不変線形システム　198
シミュレーション　75
遮断角周波数　160, 171
自由度　67, 165
周期的な関数(のラプラス変換)　17
収束域(ラプラス積分の)　11
縦属結合　53
収束座標(ラプラス積分の)　11
周波数応答　6, 124, 129, 157
　　――の特徴量　159, 171
周波数応答試験　189
周波数スペクトル　33
周波数制御　90
周波数伝達関数　124
出力　36, 197
出力側に加わる外乱　65
出力ベクトル　198
出力方程式　198
蒸気機関　4
条件付安定　139
状態遷移方程式　198
状態ベクトル　198
状態変数　197
状態方程式　197
乗法的誤差　66
常用対数　10, 46, 142
初期値
　むだ時間の――　52, 121
　――の項　20
初期値応答　94, 98
初期値公式　30
初期値ベクトル　200
自励振動　140, 188
信号　4
信号線　56
振動的な二次遅れ　50
真にプロパー　8
推移定理　31
ステップ応答　41, 95, 100, 102, 104, 157, 158
　　――の特徴量　84
ステップ応答試験　188
ステップ応答法　189
ステップ関数　14
ステップ信号　4, 64
制御器　2, 59
制御系　2, 59
　通常の――　90
　――の型　81
　――の感度　192
　――の自由度　67
　――の性能評価　86, 153, 172
　――の性能限界　84, 119
　――の分類　89
制御装置　3, 59
制御則　2
制御対象　3
　広い意味の――　4, 59, 66
　――の伝達関数　66
制御量　3, 58
制御理論　7
正弦波信号　4, 64
静止状態応答　94, 95, 124
性能評価　63, 86, 172
正則(領域で)　8
正則(s_0 で)　8
整定時間　77, 86, 183
積分器　18, 44, 54, 126, 143
　　――を含む条件　54
積分時間　44, 185
積分制御　79
積分性制御　79
積分性補償　6, 79
積分補償　79
積分要素　18, 44, 144
絶対値　7, 9, 156
設定値　186
零点　9, 39, 102, 106, 119
全域通過　155
漸近線　145, 146
　　――の合成　149
線形化モデル　48
線形システム　37, 94
操作　3

操作器　3, 59
　　――の能力　72
操作信号　4, 58
操作量　4
相対誤差　66
相対次数　8, 39, 119, 155
相補感度関数　193, 194
速応性　85, 183
速応性改善用の補償要素　180
速度制御　90

た　行

台車　38, 51, 199, 200
代表根　87
ダイポール　104
多価関数　9
たたみこみ積分　32
立ち上がり時間　85, 164
多変数システム　38, 60
単位フィードバック制御系　68, 80, 165
遅延時間　85, 164
中間周波域　175, 177
貯液用タンク　45, 47, 52
直接制御装置　5
直流モータ　35, 38
直列結合　53, 57, 127, 148
直交座標表示　9
追値制御系　88
定位性プロセス　187
低周波域　175, 177
定常位置偏差　64
定常応答　62, 98, 125
定常ゲイン　42
定常成分　62, 99
定常速度偏差　64
定常偏差　6, 64, 78, 183
　　――の下限　120, 175
定常偏差抑制用の補償要素　177
定値制御系　88
t 関数　13
t 領域の解　20
t 領域の関数　13, 56
ディテクタ　3
定 α 曲線　166, 167

定 M 曲線　166, 167
デカード　142
デシベル値　142
デルタ関数　14
伝達関数　6, 37, 40, 200
　　――の安定性　43
　　――の移動　57
伝達関数行列　200
伝達システム　35
伝達特性　194
伝達要素　35, 56
等価変換
　　ブロック線図の――　56
動特性の変更　82, 90
特性根　63
特性多項式　20, 63, 69
特性方程式　63, 69, 115

な　行

ナイキスト軌跡　131
ナイキスト経路　131
ナイキストの安定条件　6, 131, 136, 140
内部変数　197
内部モデル原理　89
ニコルス線図　167, 170, 183
二次遅れ（要素）　48, 126, 146
二次系近似法　161, 170
二次進み要素　53
2 自由度制御　6, 67, 74
2 自由度化パラメータ　186
2 自由度 PID 制御　186
2 自由度比例制御　70
入出力安定性　112
入出力関係　39, 40
入力　35, 197
入力側に加わる外乱　65
入力固有成分　96, 97, 124
入力ベクトル　198
ネガティブフィードバック　57, 61
ノミナルな安定性　83, 86

は　行

パイプ　53
歯車機構　44
バッチモデル　186

索引

Performance Assessment　194
PI 制御　79
PID 調節計　6, 173, 185
　　——の最適調整法　174, 189
PI 補償　79, 179
PI 要素　178
ピーク角周波数　160, 171
ピーク値　147, 160, 171, 184
引き出し点　56
非振動的な二次遅れ　50
微分器　18, 54
　　——を含む条件　54
微分ゲイン　185
微分時間　185
微分先行型 PID 制御　186
微分方程式の解法　19
微分要素　18, 53
評価指標　86
比例ゲイン　185
比例制御　5, 69, 70, 75
比例積分制御　79
比例積分補償　79
比例要素　43
不安定因子　39, 115
　　——の相殺　115, 116, 131
不安定性
　　伝達関数の——　39
　　フィードバック制御系の——　62
不安定零点　39, 119
フィードバックゲイン　70
フィードバック結合　57
フィードバックシステム　4
フィードバック制御　4, 58
フィードバック制御系の安定条件
　　114, 115
フィードバック特性　194
フィードバックの効果　72, 74, 82
フィードバックパス　58
フィードバック方程式　60
フィードバック補償要素　58, 82, 83
フィードバックループ　4
フィードフォワードゲイン　70, 74
フィードフォワード制御　4, 90
フィードフォワードパス　59
フィードフォワード補償要素　58

フーリエ変換　33
負帰還ループ　61
複素極　24, 28, 49
複素数　7
複素正弦波　9, 123
複素平面　7
部分分数展開　22
　　実数の範囲の——　25
　　——による逆ラプラス変換の計算
　　22
プラント　3, 71
プラント変動　186
フルビッツ多項式　107
フルビッツの安定条件　6, 110
フルビッツの行列式　109
プログラム制御　90
プロセス制御　54, 89, 173, 174, 186, 193
ブロック　56
ブロック線図　6, 55
プロパー　8
ブロムヴィッチ積分　13, 26
ブロムヴィッチの積分路　13, 26
分岐点　56
平衡実現　210
閉ループ極　61, 74, 82, 139
閉ループ系　4, 59
閉ループ周波数応答　165, 167
閉ループ制御　4
閉ループ伝達関数　59, 60, 61, 68, 82
並列結合　57
ベクトル軌跡　125, 132
　　——の合成　129, 130
ベクトル線図　125
部屋の暖房　1, 40, 42, 47, 65, 70, 73
偏角　7, 9, 156
偏差　5, 63
ボード　61
　　——の積分定理　194
　　——の定理　156
　　——の等式　6
ボード線図　141, 157
　　——の合成　148
ホール線図　166
補償要素　2, 58, 67
ポテンショメータ　43

ま 行

未定係数法　22
無限遠点　7
むだ時間(要素)　52, 54, 85, 129, 147, 187
　——の初期値　121
むだ時間システム　6, 120, 129
　——の安定条件　122, 140
無定位性プロセス　187
名目上の制御対象　66
名目モデル　66
モータ　53, 93, 96, 99, 198, 200
モード　98
モード分解型　203, 205, 207, 210
目標値　3, 58
目標値応答　71, 86
目標値追従性　87, 191, 194
目標値補償要素　58, 84
モデル化誤差　66, 73, 80

や 行

有界入力有界出力性　41, 43, 112
有理関数　8
予見制御　90

ら 行

ラウスの安定条件　6, 108
ラウス表　107

ラプラス積分　11
　——の収束域　11
　——の収束座標　11
ラプラス変換　12
　周期的な関数の——　17
　微分・積分の——　17
　——の推移定理　31
　——の線形性　13
ラプラス変換可能　11
ラプラス変換対　13
ラプラス変換表　15
ランプ応答　42
ランプ信号　42, 64
リアプノフの安定性　111
離散事象の制御　2
リセットタイム　185
理想フィルタ近似　163
留数定理(による逆ラプラス変換の計算)　22, 26, 27
領域　8
臨界制動　77
ループ成形　175
連続量の制御　2
連立微分方程式の解法　21
ロバスト安定条件　109
ロバスト安定性　83, 120, 183, 192, 194
ロバスト性　80, 87, 191
ロバスト制御　6

荒木 光彦 略歴
あらき みつひこ

- 1943 年　東京都で生まれる
- 1966 年　京都大学工学部電子工学科卒
- 1971 年　同博士課程終了，工学博士
  京都大学工学部助手，
  同講師，助教授を経て
- 1986 年　京都大学教授
- 2003 年　京都大学大学院工学研究科長・
  工学部長
- 2005 年　京都大学副学長
- 2006 年　松江工業高等専門学校校長
  IFAC フェロー，IEEE フェロー

主要著書

Large Scale Systems Control and Decision Making (共著, Marcel Dekker, 1990)
ディジタル制御理論入門 (朝倉書店, 1991)
PID 制御 (共著, 朝倉書店, 1992)
技術者の姿 (世界思想社, 2007)

Ⓒ 荒木光彦　2000

2000 年 11 月 10 日　初 版 発 行
2024 年 10 月 25 日　初版第16刷発行

システム制御シリーズ 1
古典制御理論 基礎編

著　者　荒木光彦
発行者　山本　格

発行所　株式会社　培風館
東京都千代田区九段南4-3-12・郵便番号102-8260
電話(03) 3262-5256(代表)・振替 00140-7-44725

中央印刷・牧 製本

PRINTED IN JAPAN

ISBN 978-4-563-06901-8　C3353